职业教育课程改革创新规划教材·电子技术轻松学

可编程控制器 PLC 应用技术
（西门子机型）

施　永　主　编

陆锡都　副主编

王振宁　朱　曦　薛　枫　参　编

U0256453

电子工业出版社

Publishing House of Electronics Industry

北京·BEIJING

内 容 简 介

本书是可编程控制器（PLC）的入门教材。全书采用"项目教学"模式，以目前企业运用较广泛的西门子 S7－200 和 S7－300 系列 PLC 为蓝本，从技术应用的角度出发，由浅入深地设计了若干项目，并将知识点分散到各个项目中，使读者在完成项目的过程中掌握 PLC 控制系统的设计步骤、结构组成和控制原理，并逐渐掌握相关指令的基本用法、程序设计方法和系统的安装调试方法。

本书共分可编程序控制器应用基础、可编程序控制器在顺序控制中的应用、可编程序控制器在典型控制中的应用和可编程序控制器通信基础四部分，所列举的项目大多来源于实际，力求通俗易懂，注重技术应用，实用性强，可作为职业技术院校电类、机电类及其他相关专业的教材，也可作为工程技术人员的培训教材或自学参考用书。

为方便教师教学，本书还配有电子教学参考资料包，详见前言。

图书在版编目（CIP）数据

可编程控制器 PLC 应用技术. 西门子机型/施永主编. —北京：电子工业出版社，2013. 4
（电子技术轻松学）
职业教育课程改革创新规划教材
ISBN 978－7－121－20180－6

Ⅰ. ①可…　Ⅱ. ①施…　Ⅲ. ①plc 技术－中等专业学校－教材　Ⅳ. ①TM571. 6

中国版本图书馆 CIP 数据核字（2013）第 075961 号

策划编辑：张　帆
责任编辑：张　帆
印　　刷：北京虎彩文化传播有限公司
装　　订：北京虎彩文化传播有限公司
出版发行：电子工业出版社
　　　　　北京市海淀区万寿路 173 信箱　邮编 100036
开　　本：787×1092　1/16　印张：17.25　字数：441.6 千字
版　　次：2013 年 4 月第 1 版
印　　次：2022 年 6 月第 9 次印刷
定　　价：29.80 元

前　言

可编程控制器（PLC）是一种将传统的继电器控制系统与计算机控制技术紧密结合的自动化控制装置，由于它解决了计算机控制系统程序设计复杂、控制困难，弥补了当时计算机技术人员不够普及等问题，且具有优良的控制性能和极高的可靠性，所以一经问世就得到了广泛应用，如今已集计算机、现场控制和网络通信技术于一体，在工业生产自动化控制中具有无可替代的地位。

正是由于 PLC 工业自动化控制中的重要地位，目前 PLC 控制技术已成为当代电气工程人员所必须掌握的一门技术。作为培养一线技术工人的技工学校、职业学校及培训机构也大多开设了 PLC 课程或项目，关于这方面的教材和参考用书比比皆是，但真正采用任务驱动、突出技能，体现学为所用的并不是很多，由此也限制各个学校任务驱动型项目教学的开展，为此编者结合多年的 PLC 教学经验，精心挑选了 14 个典型的控制任务，采用任务驱动的形式，并以目前应用较为广泛的西门子 S7 – 200 和 S7 – 300 型 PLC 为教学载体，将一些常用的知识点分散到各个控制任务中，使学生能在掌握各知识点的同时，及时提高相关编程能力和操作技能，力求为他们将来的就业开辟一片新天地。

为了提高学生独立分析问题、解决问题的能力，本书在每个控制任务后增设了"巩固提高"教学环节，主要是针对本控制任务所涉及的知识点，对控制任务进行了一些修改和拓展，并让学生独立完成，由此真正体现知识和技能的递进性，既方便了教师的教学，又方便了学生的学习和巩固。

西门子 PLC 以指令齐全和功能强大而著称，所以书中不可能对其面面俱到，考虑到本书主要是针对中等职业学校的学生编写的，因此对于部分功能指令、高速计数器的应用等方面的知识本书并未涉及。尽管书中设计了一些目前应用越来越广泛的网络通信方面的任务，但本书仍只能算是一本 PLC 控制技术的基础教程，而本书的重点是立足于学生实际能力的培养，并在任务驱动型教学模式下的教材开发方面进行一些尝试。

本书由施永任主编，陆锡都任副主编，朱曦、王振宁、薛枫参加了本书的编写工作。项目一由陆锡都和薛枫共同编写；项目二由王振宁编写；项目三由朱曦编写；项目四由施永编写，并负责全书的总体方案设计；另外，周惠文还负责了全书的修改和统稿及附录的编写工作。

由于时间仓促，加上编者水平有限，书中难免有错漏之处，恳请各位读者批评指正。

编者 E-mail：syon68@ 126. com。QQ：870237378

为了方便教师教学，本书还配有教学指南、电子教案和习题答案（电子版）。请有此需要的教师登录华信教育资源网（www. hxedu. com. cn）免费注册后再进行下载，有问题请在网站留言板留言或与电子工业出版社联系（E-mail：hxedu@ phei. com. cn）。

编　者

2013. 3

目 录

项目一

可编程序控制器应用基础

任务1　三相交流异步电动机正反转控制

 知识点

- 了解 PLC 的基本工作原理；
- 了解继电器控制与 PLC 控制的区别；
- 掌握西门子 S7 - 200 和 S7 - 300 PLC 输入/输出点的编号及 I/O 分配的基本方法；
- 掌握相关指令的基本使用方法。

 技能点

- 掌握 STEP 7 V4.0 和 V5.4 编程软件的基本使用方法；
- 能根据继电器控制原理图，运用 PLC 基本指令设计控制程序；
- 能够绘制 I/O 接线图，并能安装、调试 PLC 控制的三相交流异步电动机正反转控制系统。

 任务引入

在如今的工业生产中，电能仍是主要的动力来源，而电动机又是将电能转换为机械能的主要设备，因此，大部分生产机械中都要用到电动机，并且在很多情况下都要求电动机既能正转又能反转。改变三相交流异步电动机的转向需要改变接入电动机的三相电源的相序，其方法很简单，只需对调接入电动机的任意两根电源相线即可。本任务我们学习用可编程序控制器实现三相交流异步电动机的正反转控制。

 任务分析

1. 控制要求

（1）能够用按钮控制三相交流异步电动机的正、反转启动和停止；

（2）具有短路保护和过载保护等必要的保护措施。

2. 任务分析

继电器控制的三相交流异步电动机正反转电路电气原理图如图 1-1 所示。

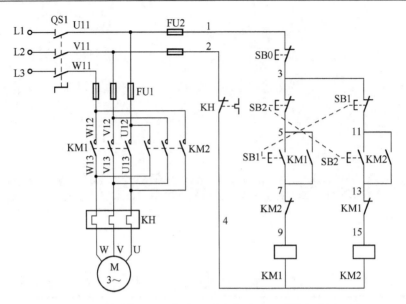

图 1-1　继电器控制的三相交流异步电动机正反转电路原理图

三相交流异步电动机的双重联锁正反转控制电路原理比较简单，就是通过交流接触器 KM1 和 KM2 来改变通入三相交流异步电动机 M 的三相交流电的相序，从而实现电动机的正反转。其主要元器件的功能如表 1-1 所示。

表 1-1　元器件功能表

元件代号	元件名称	用　途	元件代号	元件名称	用　途
KM1	交流接触器	正转控制	SB0	停止按钮	停止控制
KM2	交流接触器	反转控制	KH	热继电器	过载保护
SB1	正转启动按钮	正转启动控制	FU1	熔断器	主电路短路保护
SB2	反转启动按钮	反转启动控制	FU2	熔断器	控制电路短路保护

 知识链接

1. 基础知识

1）可编程控制器的工作原理

可编程序控制器实际上是一个特殊的计算机系统，系统上电后首先对硬件和软件进行初始化，然后以扫描的方式工作，周而复始不断循环。每一次扫描称为一个扫描周期，约为几十个微秒到十几个毫秒甚至更短，主要可以分成输入采样、程序执行和输出刷新三个阶段，当然还包括执行如：通信处理、CPU 自诊断测试等其他功能的时间。其框图如图 1-2 所示。

（1）输入采样阶段。

PLC 在每个扫描周期都将和输入端子相连接的外部输入元件（如：按钮、行程开关、传感器等）的状态（接通或断开）信号采样到输入映像区中，并存储起来保持一个扫描周期不变，以参与用户程序执行的运算。

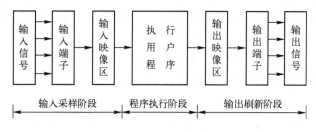

图 1-2　PLC 一个扫描周期的工作过程

（2）程序执行阶段。

PLC 按"自左向右，自上而下"的顺序扫描执行用户程序的每一条指令，并从输入映像区和输出映像区中取出相关数据参与用户程序的运算、处理，程序执行的结果保存在输出映像区内。

（3）输出刷新阶段。

在整个程序执行完毕后，PLC 将输出映像区中的执行结果送到输出状态锁存器锁存，并通过输出端子输出驱动用户负载设备。

2）可编程控制器控制系统和继电器逻辑控制系统的比较

传统继电器控制系统如图 1-3 所示，控制信号对设备的控制作用是通过控制线路板的接线来实现的。在这种控制系统中，要实现不同的控制要求必须改变控制电路的接线。

图 1-4 是可编程控制器控制系统图，它通过输入端子接收外部输入信号，按下 SB1 输入继电器 I0.0 线圈得电，I0.0 常开闭合、常闭断开；而对于输入继电器 I0.1 来说，由于外接的是 SB2 的常闭，因此未按下 SB1 时，输入继电器 I0.1 得电，其常开闭合、常闭断开，而当按下 SB2 时，输入继电器 I0.1 线圈失电，I0.1 的常开触点恢复断开、常闭触点恢复闭合。因此，输入继电器只能通过外部输入信号驱动，不能由程序驱动。

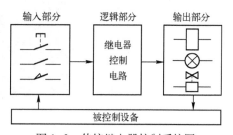

图 1-3　传统继电器控制系统图

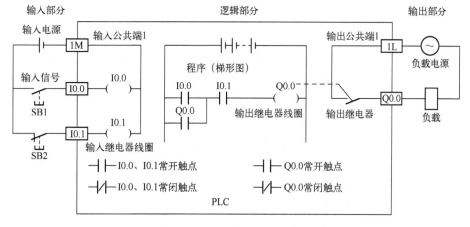

图 1-4　可编程控制器控制系统图

输出端子是 PLC 向外部负载输出信号的窗口，输出继电器的触点接到 PLC 的输出端子上，若输出继电器得电，其触点闭合，负载电源加到负载上，负载开始工作。而输出继电器由事先编好的程序（梯形图）驱动，因此修改程序即可实现不同的控制要求，非常灵活方便。应注意负载电源和负载的匹配，即负载电源是交流还是直流，额定电压、额定电流和额定功率都由负载决定。

其实 PLC 一般有继电器输出型、晶体管输出型和晶闸管输出型三种，为方便起见，若不特殊说明，本书所用 PLC 均指继电器输出型。

3）西门子 S7 系列可编程序控制器

西门子 S7 系列 PLC 主要有 S7 – 200、S7 – 300 和 S7 – 400 三种，S7 – 200 结构为整体式，具有较高的性价比；S7 – 300 和 S7 – 400 则采用模块式结构，由模块和机架组成，用户可根据需要选择模块，并将其插到机架的插槽上，指令更加丰富，功能更为完善，使用较为灵活。本书主要介绍 S7 – 200 和 S7 – 300 系列。

（1）西门子 S7 – 200 可编程序控制器。

西门子 S7 – 200 可编程序控制器（CPU 224XP）的面板图如图 1-5 所示。

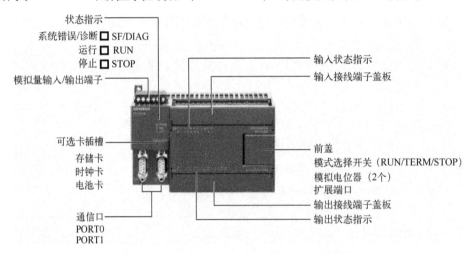

图 1-5　S7 – 200（CPU 224XP）PLC 面板图

输入继电器 I：在可编程序控制器中，外部电路中的控制电信号要作为控制源，必须通过输入继电器传送到 PLC 内部。西门子 S7 系列 PLC 的输入继电器均以八进制编码。如 S7 – 200（CPU 224XP）型可编程序控制器共有 16 点输入，其编号为 I0.0 ～ I0.7、I1.0 ～ I1.7，用做于外部开关等控制器件连接。

输出继电器 Q：在可编程序控制器中，输出继电器通过输出点将负载和负载电源连接成一个回路，这样负载的状态就由程序驱动输出继电器控制。输出继电器得电，输出点动作，电源加到负载上，负载得到驱动。西门子 S7 系列 PLC 的输出继电器同样以八进制编码。如 S7 – 200（CPU 224XP）型可编程序控制器共有 10 点输出，其编号为 Q0.0 ～ Q0.7、Q1.0 ～ Q1.1，用于连接外部负载器件。

（2）西门子 S7 – 300 可编程序控制器。

西门子 S7 – 300 可编程序控制器（CPU 314）的面板图如图 1-6 所示。

西门子 S7 – 300 可编程序控制器采用模块化结构设计，用户可以根据自己的应用要求来

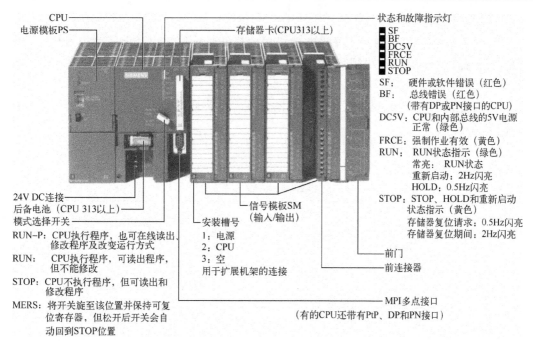

图 1-6　S7-300（CPU 314）PLC 面板图

选择模块安装在正确的插槽上。如 S7-300 的 4 号槽上安装的是信号模板 SM323（16 点数字量输入、16 点数字量输出、DC 24V），输入/输出点的编号同样为八进制，输入点地址为 I0.0～I0.7、I1.0～I1.7，输出点地址为 Q0.0～I0.7、Q1.0～Q1.7。

另外，西门子 S7 系列 PLC 的输入/输出点还可以以字节、字或双字的方式表示。如 IB0 表示 I0.0～I0.7 八位组成的一个字节；QW0 则表示由 QB0 和 QB1 两个字节组成的一个字，其中 QB0 为高八位，QB1 为低八位，而 QW1 则由 QB1 和 QB2 两个字节组成，在以后编程时应特别注意要错开两个字的重叠部分，如：QW0 和 QW1 的重叠字节为 QB1，因此在编程时用了 QW0 后，尽量不要再用 QW1，可以用 QW2，以避免重叠字节对程序造成影响。双字 QD0 则由 QW0 和 QW1 组成，输入的表示也类似。具体的寻址方式如图 1-7 所示。

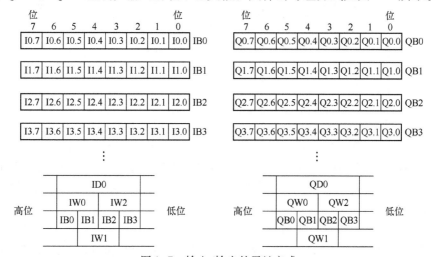

图 1-7　输入/输出的寻址方式

2. 梯形图程序

图 1-4 中的程序为三相交流异步电动机单向运转的控制程序。由图可以看出，它和继电器控制电路十分相似。继电器控制的三相交流异步电动机正反转控制电路也很容易转化为 PLC 梯形图程序。

在转化之前，首先要进行输入/输出点的分配，主要通过输入/输出分配表或输入/输出接线图来实现。

1）输入/输出分配表

三相交流异步电动机正反转控制电路的输入/输出分配表如表 1-2 所示。

表 1-2　输入/输出分配表

输　入			输　出		
输入继电器	元件代号	作　用	输出继电器	元件代号	作　用
I0.0	SB0	停止	Q0.0	KM1	正转控制
I0.1	SB1	正转启动	Q0.1	KM2	反转控制
I0.2	SB2	反转启动			
I0.3	KH	过载保护			

2）输入/输出接线图

（1）S7-200 输入/输出接线图。

用西门子 S7-200 型可编程序控制器实现三相交流异步电动机正反转控制的输入/输出接线图如图 1-8 所示。

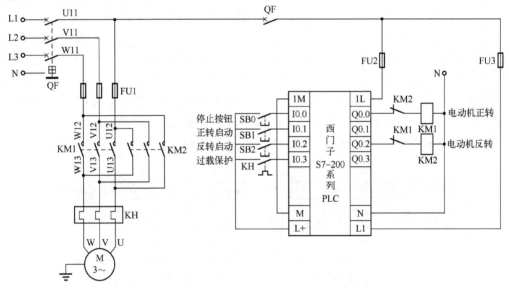

图 1-8　电动机正反转控制 S7-200 PLC 输入/输出接线图

图 1-8 中输入端直流电源可用 PLC 自带的内装式 24V 直流电源。PLC 负载端电源电压应根据负载的额定电压来选定，在此负载选用 220V 交流接触器，故 PLC 负载端电源电压为交流 220V。

（2）S7-300 输入/输出接线图。

用西门子 S7-300 型可编程序控制器实现三相交流异步电动机正反转控制的输入/输出接线图如图 1-9 所示。

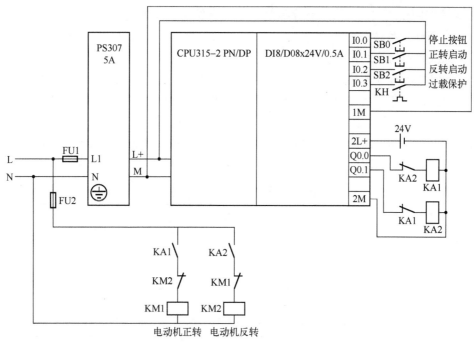

图 1-9　电动机正反转控制 S7-300 PLC 输入/输出接线图

图 1-9 中由于 S7-300 的输入/输出模块的负载电压为 24V 直流电，而控制交流电动机正反转的接触器为交流 220V，所以 PLC 通过控制 24V 直流继电器进而再控制交流接触器以实现对交流电动机的正反转控制。

3）继电器电路转化为梯形图（LAD）

由表 1-2 和图 1-8（或图 1-9）可以看出，输入元件分别和输入继电器 I0.0～I0.3 相对应，而控制三相交流异步电动机正反转的接触器 KM1、KM2（或继电器 KA1、KA2）分别由输出继电器 Q0.0 和 Q0.1 控制，即输出继电器。Q0.0 得电，最终控制接触器 KM1 得电；Q0.1 得电，则最终控制 KM2 得电。现将图 1-1 的控制电路改画成 PLC 梯形图程序如图 1-10 所示。

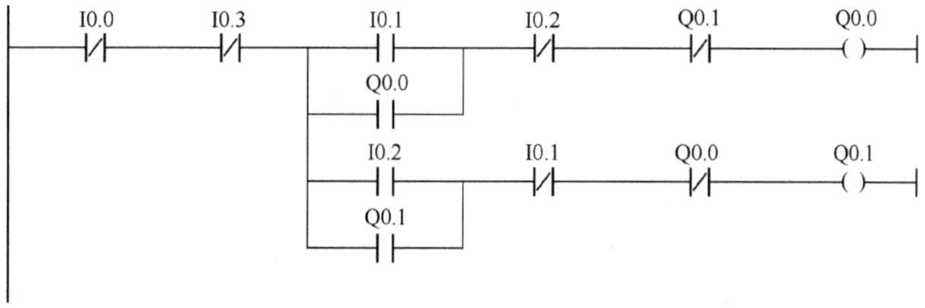

图 1-10　继电器控制电路转化的梯形图

由图 1-10 可以看出 PLC 梯形图和继电器控制电路十分相似，图中只是将和热继电器 KH 常开触点对应的输入点 I0.3 常闭触点移至前面，因为 PLC 程序规定输出继电器线圈必须和右母线直接相连，中间不能有任何元件。

3. 相关 PLC 指令

西门子 S7 系列 PLC 除可使用直观的梯形图（LAD）编写程序外，还可以采用指令语句

（STL）和功能图块（FBD）进行程序设计，下面介绍与本任务相关的语句指令。

1）S7 - 200 相关指令

（1）标准触点与线圈指令。

标准触点指令有常开触点指令和常闭触点指令两类，其操作数是为 BOOL 类型。程序执行时，对应数据参考值在存储器和过程映像区（操作数为 I、Q 时）获得，当位值为 0 时，常开触点断开，常闭触点闭合；当位值为 1 时，常开触点闭合，常闭触点断开。线圈输出指令将运算新值写入输出点的过程映像寄存器，指令执行时，将输出过程映像寄存器中相应的位接通或断开，驱动线圈输出。指令的用法见表 1-3。

表 1-3 标准触点与输出指令表

指令名称	指令格式		操 作 数	作 用
	LAD	STL		
装载	??.? —┤ ├—	LD bit	I、Q、M、SM、V、S、T、C	初始装载一个常开触点
取反后装载	??.? —┤ / ├—	LDN bit	I、Q、M、SM、V、S、T、C	初始装载一个常闭触点
与	??.? —┤ ├—	A bit	I、Q、M、SM、V、S、T、C	串联一个常开触点
与非	??.? —┤ / ├—	AN bit	I、Q、M、SM、V、S、T、C	串联一个常闭触点
或	??.? —┤ ├—	O bit	I、Q、M、SM、V、S、T、C	并联一个常开触点
或非	??.? —┤ / ├—	ON bit	I、Q、M、SM、V、S、T、C	并联一个常闭触点
输出	??.? —（ ）	= bit	Q、M、SM、V、S、T、C	驱动线圈输出

（2）逻辑堆栈指令。

堆栈一般用来暂存逻辑运算结果，常用的逻辑堆栈指令如表 1-4 所示。

表 1-4 常用逻辑堆栈指令表

指令名称	指令格式	操 作 数	指令名称	指令格式	操 作 数
栈装载与	ALD	无	逻辑读栈	LRD	无
栈装载或	OLD	无	逻辑出栈	LPP	无
逻辑入栈	LPS	无			

逻辑堆栈指令无操作数，常用逻辑堆栈指令执行前后，堆栈数据变化示意图如图 1-11 所示。

ALD：堆栈装载"与"指令，执行时将堆栈第一层和第二层的值进行逻辑"与"操作，结果放入栈顶。执行完指令后，栈深度减 1。该指令可用于实现电路块串联。

OLD：堆栈装载"或"指令，执行时将堆栈第一层和第二层的值进行逻辑"或"操作，结果放入栈顶。执行完指令后，栈深度减 1。该指令可用于实现电路块并联。

LPS：逻辑入栈指令，指令复制栈顶的值，并将该值推入堆栈，原堆栈中的值下移一层，原栈底值被推出并消失。

LRD：逻辑读栈指令，复制堆栈中的第二个值到栈顶，旧的栈顶值被新的复制值取代，堆栈其余各层值不变，也没有上移和下移操作。

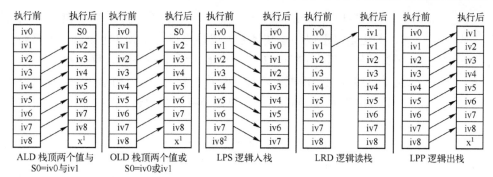

图 1-11　常用逻辑堆栈指令操作执行

下方标注（从左到右）：
ALD 栈顶两个值与　S0=iv0 与 iv1
OLD 栈顶两个值或　S0=iv0 或 iv1
LPS 逻辑入栈
LRD 逻辑读栈
LPP 逻辑出栈

LPP：逻辑出栈指令，弹出栈顶值，第二个栈值成为新的栈顶值，其余各层的值上移一层。

运用上述指令可写出图 1-10 所示梯形图程序（LAD）对应的指令语句（STL）。

2）S7-300 相关指令

S7-300 的指令集中也有 A、AN、O、ON 和 = 指令，其用法和 S7-200 指令集中对应指令基本相同，但 S7-300 的指令集中没有 LD 和 LDN 指令，而用 A（或 AN）指令直接将常开触点（或常闭触点）与左母线相连。S7-300 的指令集中也无专用的堆栈指令，当需要暂存当前运算结果时，则将其暂存于 LB20 开始的局域数据区内；另外 S7-300 还设置了将当前逻辑操作位的结果 RLO（Result of Logic Operation）保存的指令，即连接符并将结果向下传输。

图 1-12 为一梯形图（LAD）转化为指令语句（STL）的例子。

右侧指令栏：
```
LDN    I0.0
AN     I0.3
LPS
LD     I0.1
O      Q0.0
ALD
AN     I0.2
AN     Q0.1
=      Q0.0
LPP
LD     I0.2
O      Q0.1
ALD
AN     I0.1
AN     Q0.0
=      Q0.1
```

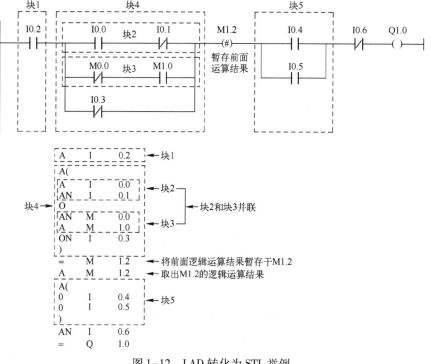

图 1-12　LAD 转化为 STL 举例

AN	I	0.0
AN	I	0.3
=	L	20.0
A	L	20.0
A(		
O	I	0.1
O	Q	0.0
)		
AN	I	0.2
AN	Q	0.1
=	Q	0.0
A	L	20.0
A(		
O	I	0.2
O	Q	0.1
)		
AN	I	0.1
AN	Q	0.0
=	Q	0.1

图 1-12 中块 2 和块 3 由或指令 O 并联，再和 I0.3 常闭并联成为块 4，并由括号形成一个整体后，通过与指令 A 和块 1 串联；然后将当前逻辑运算结果暂存在 M1.2 中，再取出结果和块 5 串联。也可不暂存运算结果直接和块 5 串联，不影响程序的执行结果。由图 1-12 还可看出，在进行块并联和块串联时通常用括号将一个块连成整体，以使指令语句结构清晰。

图 1-10 对应的 S7-300 的指令语句如下：

指令语句中 I0.0 常闭和 I0.3 常闭串联后，自动将当前运算结果暂存在局域数据区 L20.0 内，在正转控制程序写完后自动取出该结果，并在该点处继续写反转控制程序，起到了和 S7-200 堆栈指令相同的作用。

3）编程技巧提示

在梯形图编写时，并联多的支路应尽量靠近母线，以使程序简单明了。为此可将三相交流异步电动机正反转控制程序改画成如图 1-13 所示。

```
     I0.1      I0.0      I0.3      I0.2      Q0.1      Q0.0
  ├──┤ ├──┬──┤/├──────┤/├──────┤/├──────┤/├──────( )──┤
  │  Q0.0 │
  ├──┤ ├──┘
  │  I0.2      I0.0      I0.3      I0.1      Q0.0      Q0.1
  ├──┤ ├──┬──┤/├──────┤/├──────┤/├──────┤/├──────( )──┤
  │  Q0.1 │
  └──┤ ├──┘
```

图 1-13　改画后的梯形图程序

图 1-13 所示梯形图和图 1-10 所示梯形图执行结果相同，但省去了块串联和堆栈（或数据暂存）指令，减少了程序步数，使程序更加简单明了。

 技能训练

1. 训练目标

（1）能够正确编制、输入和传输三相交流异步电动机正反转 PLC 控制程序。

（2）能够独立完成三相交流异步电动机正反转 PLC 控制线路的安装。

（3）按规定进行通电调试，出现故障能根据设计要求独立检修，直至系统正常工作。

2. 训练内容

1）程序的输入

（1）输入 S7-200 梯形图程序。

① 双击"V4.0 STEP 7 MicroWIN"图标，进入编程界面，如图 1-14 所示。

② 单击"指令"前的"＋"号，打开指令树，选择"位逻辑"中的"常开"触点，双击或将其拖拽至网络 1，如图 1-15 所示。

③ 单击触点上方"?? .?"将其修改为"I0.1"。用同样的方法输入常闭触点，如图 1-16 所示。

④ 双击线圈或将其拖拽至图 1-16 所示光标处，并将其命名为"Q0.0"，如图 1-17 所示。

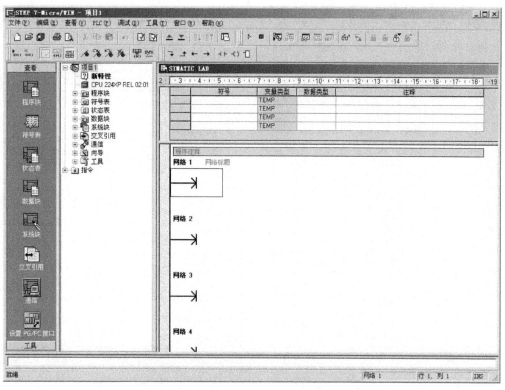

图 1-14　V4.0 STEP 7 MicroWIN 编程界面

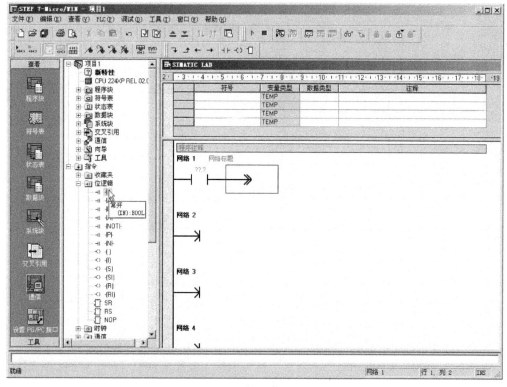

图 1-15　输入常开触点

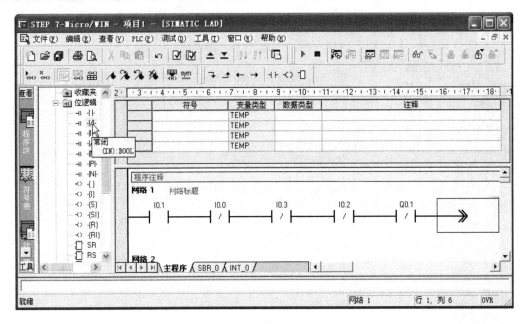

图 1-16　触点的输入

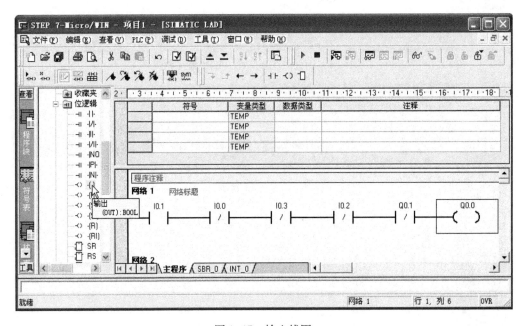

图 1-17　输入线圈

⑤ 在 I0.0 常开触点下方输入常开触点"Q0.0"，如图 1-18 所示。

⑥ 将光标停留在 Q0.0 常开触点处，单击"向上连线"按钮，如图 1-19 所示。

⑦ 实现 Q0.0 常开和 I0.1 常开的并联，完成正转控制程序的输入，如图 1-20 所示。

⑧ 双击"网络 1"，单击"复制"按钮或按"Ctrl + C"键，如图 1-21 所示。

⑨ 单击"粘贴"按钮或按"Ctrl + V"键将网络 1 复制到网络 2，并对各元件标号进行修改，完成正反转控制程序的输入，如图 1-22 所示。

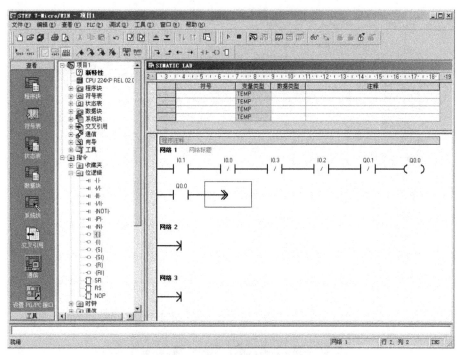

图 1-18　输入 Q0.0 常开触点

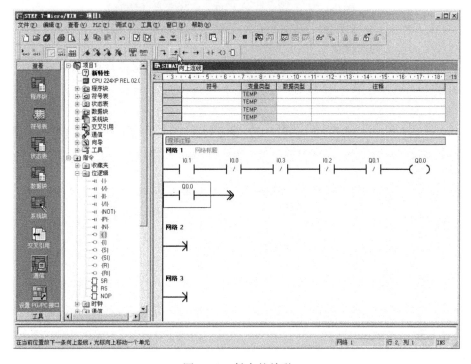

图 1-19　触点的并联

⑩ 编译后，再单击"查看"→"STL"，如图 1-23 所示，可将梯形图转换为指令语句。

⑪ 单击"保存项目"按钮，将项目命名为"正反转"，并单击"保存"按钮保存，如图 1-24 所示。

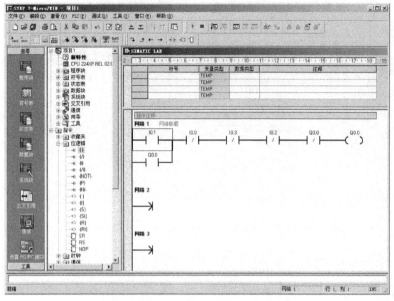

图 1-20　正转程序输入完毕

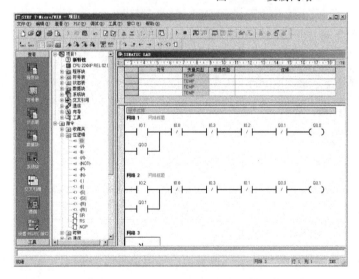

图 1-21　复制网络 1

图 1-22　输入完成后的正反转控制程序

图 1-23　查看梯形图对应的
　　　　　指令语句

图 1-24 命名保存项目

（2）输入 S7-300 梯形图程序。

① 双击"SIMETIC Manager"图标，打开 STEP 7 编程软件，在自动弹出的 STEP 7 新建项目向导的界面中单击"下一个"按钮，如图 1-25 所示。

② 选择 CPU 型号后单击"下一个"按钮，若 CPU 型号列表中未列出，则直接单击"下一个"按钮进入下一步，如图 1-26 所示。

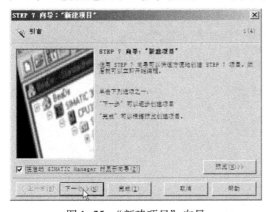

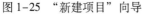

图 1-25 "新建项目"向导

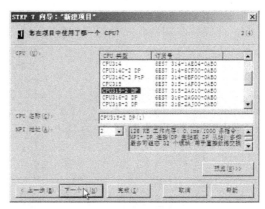

图 1-26 选择 CPU 型号

③ 选择组织块 OB 和块语言，主程序均在 OB1 块中，它是用户和 CPU 的接口，因此 OB1 必选，其他 OB 块可根据需要选择。选择默认项继续单击"下一个"按钮，如图 1-27 所示。

④ 输入项目名称"ZFZ"，如图 1-28 所示。

⑤ 单击"完成"按钮创建项目，如图 1-29 所示。

⑥ 单击"SIMATIC 300 站点"或单击其前面的"—"号，再在图 1-30 中双击"硬件"可进入硬件组态界面。

图 1-27　选择 OB 块和块语言

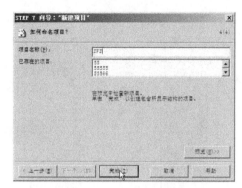

图 1-28　输入项目名称

图 1-29　完成项目创建

⑦ 出现如图 1-31 所示的硬件配置（组态）的界面。若需更改 CPU 型号则可用光标选中 CPU，按"Delete"键。

⑧ 出现如图 1-32 所示的几个确认删除的对话框。

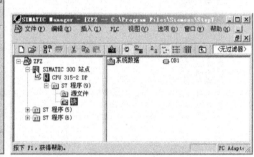

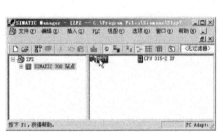

图 1-30　硬件组态界面的进入　　　　图 1-31　由项目新建向导创建的硬件配置

图 1-32　CPU 的删除

⑨ 确认后原有 CPU 被删除。选择需要的 CPU 类型，将其拖拽至 2 号槽；或先选中 2 号槽，双击所需的 CPU，如图 1-33 所示。

⑩ 由于所选 CPU 具有以太网 PN 接口，因此会出现如图 1-34 所示网络接口属性对话框，单击"取消"按钮。

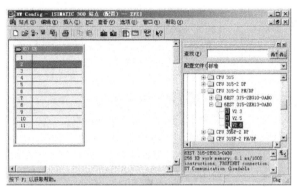

图 1-33　CPU 的选择

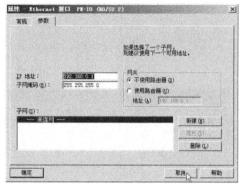

图 1-34　网络接口属性对话框

⑪ 所选择的 CPU 被加入 2 号槽。将光标选中 1 号槽，再在右栏中打开 PS-300 文件夹，选择所需电源，将其拖拽至 1 号槽或双击之，如图 1-35 所示。

⑫ 将光标选中 4 号槽，双击数字量输入和输出模块文件夹 DI/DO-300，选择所需模块，将其拖入或双击之，如图 1-36 所示。

图 1-35　电源的选择

图 1-36　输入/输出模块的选择

⑬ 单击存盘编译工具，如图 1-37 所示。

⑭ 选择消息号分配，如图 1-38 所示。

⑮ 进行硬件组态编译，如图 1-39 所示。

⑯ 完成硬件组态编译，单击左栏"SI-MATIC 300 站点"→单击"CPU 315-2 PN/DP"→单击"S7 程序"→单击"块"，如图 1-40 所示。

⑰ 双击右栏组织块"OB1"，如图 1-41 所示。

图 1-37　保存编译

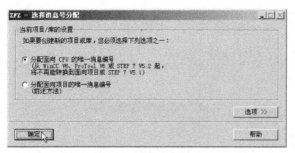

图1-38　消息号分配选择

图1-39　硬件组态编译进程

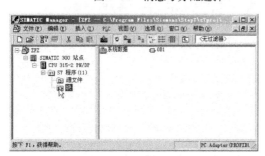

图1-40　程序所包含的块

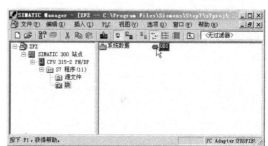

图1-41　打开 OB1

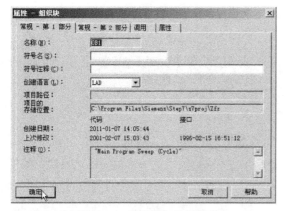

图1-42　设置组织块属性

⑱ 设置组织块属性，如图 1－42 所示。

⑲ 单击"确定"按钮进入梯形图程序设计界面，如图 1-43 所示。

⑳ 单击左栏"位逻辑"，选择常开触点将其拖至图 1-44 所示处，或单击梯形图水平线后，选择常开触点并双击之。

㉑ 单击触点标号处，输入点编号"I0. 1"，如图 1-45 所示。

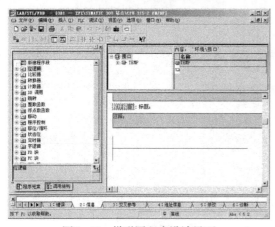

图1-43　梯形图程序设计界面

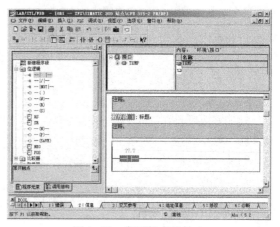

图1-44　常开触点的输入

㉒ 将光标单击左母线，并单击"打开分支"按钮或按"F8"键，如图1-46所示。

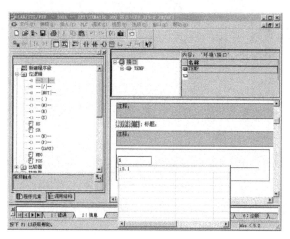 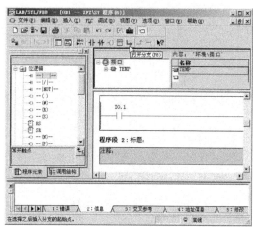

图1-45 触点编号的输入　　　　　　　　图1-46 分支的打开

㉓ 在打开的分支上拖入常开触点或双击之，并输入元件号"Q0.0"，如图1-47所示。

㉔ 将光标单击如图1-48所示位置，并单击"关闭分支"按钮或按"F9"键。

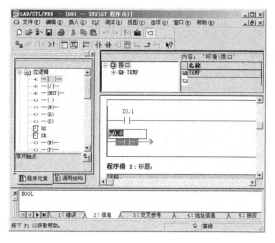 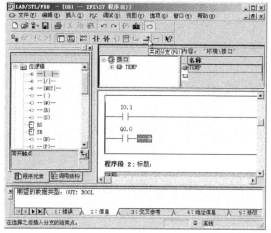

图1-47 分支上常开触点的输入　　　　　　图1-48 分支的关闭

㉕ 依次拖入I0.0、I0.3、I0.2、Q0.0常闭触点，或将光标停留在触点所需输入处并双击之，如图1-49所示。

㉖ 拖入Q0.0的线圈或将光标停留在触点所需输入处并双击之，完成正转控制程序的输入，如图1-50所示。

㉗ 用光标单击"程序段1"，再单击右键→选择"插入程序段"，如图1-51所示。

㉘ 在程序段2中按同样的方法输入反转控制程序，如图1-52所示。

㉙ 将程序保存后下载至PLC即可进行调试了，如图1-53所示。

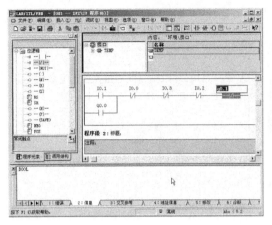

图 1-49　常闭触点的输入

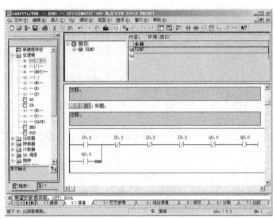

图 1-50　完成正转控制程序的输入

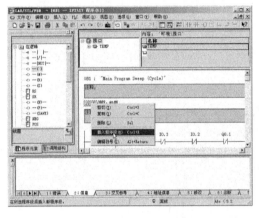

图 1-51　插入程序段

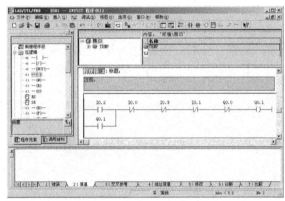

图 1-52　反转控制程序的输入

图 1-53　程序的下载

2）系统安装和调试

（1）准备工具和器材。

所需工具、器材清单如表 1-5 所示。

表1-5 所需工具、器材清单

序 号	分 类	名 称	型号规格	数 量	单 位	备 注
1	工具	电工工具		1	套	
2		万用表	MF47型	1	块	
3		可编程序控制器	S7-200 CPU 224XP	1	只	
4			S7-300 CPU 315-2PN/DP	1	只	
5		计算机	装有STEP 7 V4.0和V5.4	1	台	
6		安装铁板	600×900mm	1	块	
7		导轨	C45	0.3	米	
8		空气断路器	Multi9 C65N D20	1	只	
9		熔断器	RT28-32	5	只	
10		接触器	NC3-09/AC 220V	1	只	
11		继电器	HH54P/DC 24V	1	只	
12		热继电器	NR4-63（1-1.6A）	1	只	
13	器材	直流开关电源	DC 24V、50W	1	只	
14		三相异步电动机	JW6324-380V 250W0.85A	1	只	
15		按钮	LA4-3H	1	只	
16		端子	D-20	20	只	
17		铜塑线	BV1/1.37mm²	15	米	
18		软线	BVR7/0.75mm²	20	米	
19		紧固件	M4×20 螺杆	若干	只	
20			M4×12 螺杆	若干	只	
21			φ4 平垫圈	若干	只	
22			φ4 弹簧垫圈及φ4 螺母	若干	只	
23		号码管		若干	米	
24		号码笔		1	支	

（2）S7-200正反转控制系统可按图1-54布置元件并安装接线，主电路则按三相交流异步电动机正反转电路的主电路接线。S7-300正反转控制系统可根据图1-9自行进行元件布置和接线。

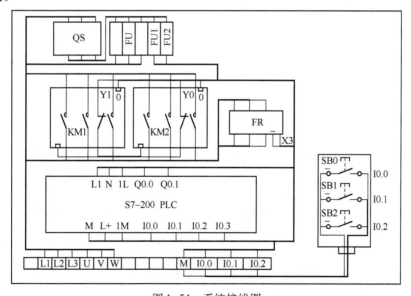

图1-54 系统接线图

（3）程序下载与监控。

① S7 - 200 程序的下载与监控。

a. 单击工具条中的"下载"按钮，如图 1-55 所示。

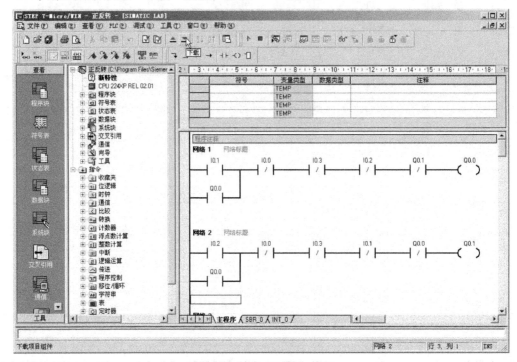

图 1-55 单击"下载"按钮

b. 出现如图 1-56 所示下载界面，单击"下载"按钮。

c. 出现如图 1-57 所示的将 PLC 设置为 STOP 模式的对话框。

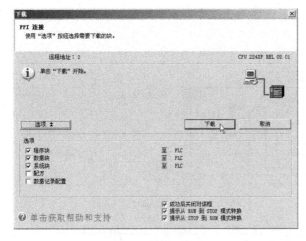

图 1-56 下载界面   图 1-57 PLC 设置为 STOP 模式的对话框

d. 单击"确定"按钮进行块的下载，如图 1-58 所示。

e. 下载完毕后出现图 1-59 所示的设置 PLC 为 RUN 模式的对话框。

f. 单击工具条的"程序状态监控"按钮，即可进行程序监控了，如图 1-60 所示。

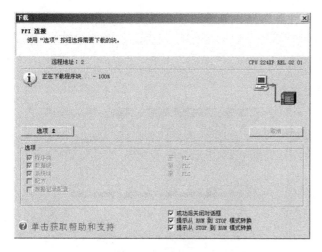

图 1-58　进行块的下载　　　　　　　　　图 1-59　设置 PLC 为 RUN 模式的对话框

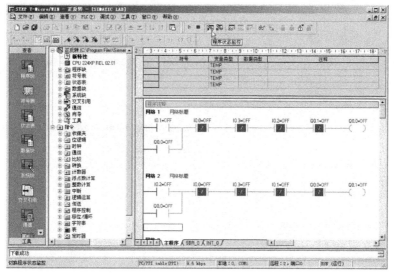

图 1-60　程序处于监控状态

② S7 - 300 程序的下载与监控。

a. S7 - 300 程序新建时一般会自动生成一个 MPI 网络，如图 1-61 所示。双击它可打开如图 1-62 所示窗口，其中橙色的线即为 MPI 网，由图可以看出 PLC 和 MPI 网并没进行连接。

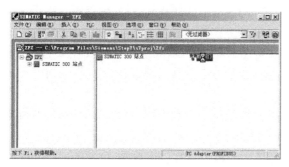

图 1-61　双击 MPI 图标

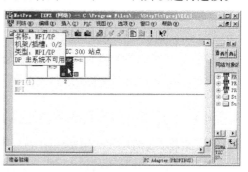

图 1-62　MPI 网

b. 双击 MPI/DP 接口打开网络接口属性对话框，如图 1-63 所示。

c. 单击"属性"按钮打开如图 1-64 所示的 MPI 接口属性对话框，图中已有一条 MPI 网络存在；若没有可通过"新建"按钮新建。

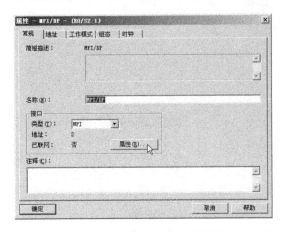

图 1-63　网络接口属性对话框

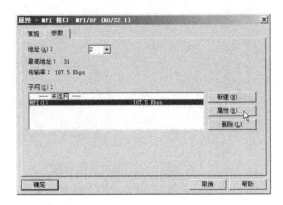

图 1-64　MPI 接口属性对话框

d. 单击"属性"按钮打开如图 1-65 所示的 MPI 属性对话框，在网络标签中可设置 MPI 通信速率，在此设定为 187.5Kbps。

e. 在主菜单上选择选项→设置 PG/PC 接口，如图 1-66 所示。

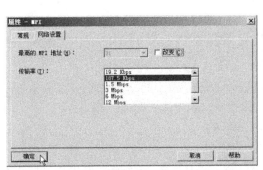

图 1-65　MPI 属性对话框

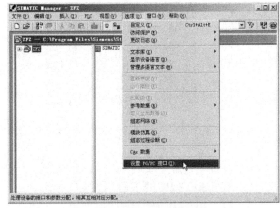

图 1-66　选择设置 PG/PC 接口

f. 在设置 PG/PC 接口对话框中单击"选择"按钮，为使用的接口分配参数，如图 1-67 所示。

g. 由于选用的适配器是通过 PC 的 USB 接口连接的 MPI 适配器，在此在左面选择"PC Adapter"，单击"安装"按钮进行安装，若右面已安装栏已有，则不需再安装，如图 1-68 所示。

h. 安装后右栏即会出现已安装的接口，若需删除接口则可在右栏中选中后单击"卸载"按钮进行删除，如图 1-69 所示。

i. 在如图 1-70 所示的设置 PG/PC 接口对话框中单击"属性"按钮。

j. 在 PC Aapter 属性对话框中可以查看 MPI 和本地连接的属性，如图 1-71 所示。

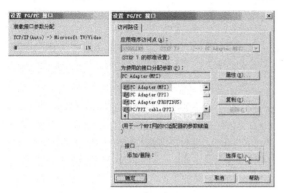

图 1-67 设置 PG/PC 接口对话框 　　　　　　　　图 1-68 接口的安装

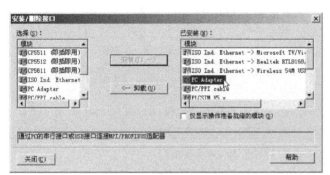

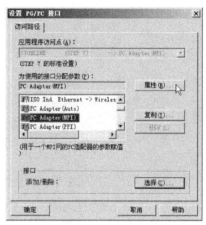

图 1-69 接口的删除 　　　　　　　　图 1-70 单击"属性"按钮

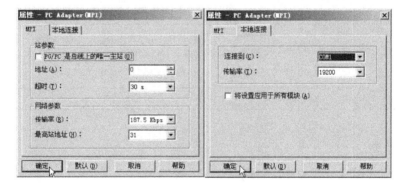

图 1-71 查看 MPI 和本地连接属性

k. 按上述步骤将通信口设置好了，就可以打开 OB1 块，在图 1-61 中单击工具条中"下载"按钮。

（4）系统调试。

① 在教师现场监护下进行通电调试，验证系统功能是否符合控制要求。

② 如果出现故障，学生应独立检修。线路检修完毕和梯形图修改完毕应重新调试，直至系统正常工作。

3. 考核评分

考核时采用两人一组共同协作完成的方式，按表1-6评分作为成绩的60%，并分别对两位学生进行提问作为成绩的40%。

表1-6　评分标准

内　容	考核要求	配分	评分标准	扣分	得分	备注
I/O 分配表设计	1. 根据设计功能要求，正确的分配输入和输出点 2. 能根据课题功能要求，正确分配各种 I/O 量	10	1. 设计的点数与系统要求功能不符合每处扣2分 2. 功能标注不清楚每处扣2分 3. 少、错、漏标每处扣2分			
程序设计	1. PLC 程序能正确实现系统控制功能 2. 梯形图程序及程序清单正确完整	40	1. 梯形图程序未实现某项功能，酌情扣除5～10分 2. 梯形图画法不符合规定，程序清单有误，每处扣2分 3. 梯形图指令运用不合理每处扣2分			
程序输入	1. 指令输入熟练正确 2. 程序编辑、传输方法正确	20	1. 指令输入方法不正确，每提醒一次扣2分 2. 程序编辑方法不正确，每提醒一次扣2分 3. 传输方法不正确，每提醒一次扣2分			
系统安装调试	1. PLC 系统接线完整正确，有必要的保护 2. PLC 安装接线符合工艺要求 3. 调试方法合理正确	30	1. 错、漏线每处扣2分。 2. 缺少必要的保护环节每处扣2分 3. 反圈、压皮、松动每处扣2分 4. 错、漏编码每处扣1分 5. 调试方法不正确，酌情扣2～5分			
安全生产	按国家颁发的安全生产法规或企业自定的规定考核		1. 每违反一项规定从总分中扣除2分（总扣分不超过10分） 2. 发生重大事故取消考试资格			
时间	不能超过120分钟		扣分：每超2分钟扣总分1分			

 巩固提高

用 PLC 控制系统实现电力拖动控制线路中小车自动往返控制线路的控制功能。小车运动示意图如图1-72所示。

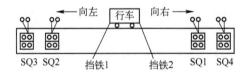

图1-72　小车自动往返示意图

任务2　三相交流异步电动机单键启动和停止控制

 知识点

○ 理解三相异步电动机单键启动和停止控制运行原理；

○ 理解上升沿和下降沿的概念，并能正确分析简单的时序图；

○ 掌握西门子S7-200 PLC的上升沿检测、下降沿检测指令的基本使用方法；

○ 掌握西门子S7-300 PLC的上升沿检测、下降沿检测指令的基本使用方法。

 技能点

○ 掌握运用上升沿检测、下降沿检测指令进行三相异步电动机单键启动和停止控制的程序设计方法；

○ 能够正确绘制I/O接线图，并能独立安装、调试PLC控制的三相异步电动机单键启动和停止控制系统；

○ 系统出现故障时，应能根据设计要求独立检修，直至系统正常工作。

 任务引入

三相异步电动机的启动、停止控制，通常采用两个按钮来分别实现——即启动按钮和停止按钮，这在任务1已经进行了详细介绍。其实，采用PLC控制三相交流电动机时，通过一个按钮也可以实现其启动和停止，但这需要运用一些指令编程实现，如：上升沿、下降沿检测指令。本任务我们就学习利用边沿检测指令实现三相异步电动机单键启动和停止的方法。

 任务分析

1. 控制要求

能用一个按钮控制三相异步电动机的启动、停止。第一次按下按钮，电动机启动；第二次按下按钮，电动机停止；第三次按下按钮，电动机启动……以此类推。

2. 任务分析

三相交流异步电动机的单键启动、停止控制电路比较简单，就是利用一个按钮SB，既有启动功能，又有停止功能。由于三相交流电动机由接触器KM控制三相电源的接入和断开，以此实现电动机的启动运行和停止，因此按钮SB就需要控制接触器的得电和失电。其控制动作时序如图1-73所示。

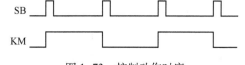

图1-73　控制动作时序

由图1-73可以看出，当按钮SB第一次由OFF→ON即上升沿到来时，接触器KM得电，然后，SB即使由ON→OFF即下降沿到来时，KM保持得电状态；当SB第二个上升沿到来时，KM失电。由于控制任务要求SB第奇数次按下时KM得电，偶数次按下时KM失电，而偶数次按下时必须经过下降沿，所以可以通过下降沿检测指令来判断SB是奇数次按下还是偶数次按下，从而决定KM的得电和失电，以此来控制电动机的启动和停止。

知识链接

1. 基础知识

1）逻辑操作结果（RLO）

逻辑操作结果（Result of Logic Operation，RLO）是指程序执行时，某一点左侧程序块的运算结果。即当该点和左侧母线相通时，RLO=1，若此点有输出元件时，输出元件接通；反之，RLO=0，此时即使该点有输出元件也不会接通。

2）边沿触发

边沿主要有上升沿和下降沿两种。上升沿指控制信号或逻辑操作结果由0跳变至1的瞬间；下降沿指控制信号或逻辑操作结果由跳变1至0的瞬间。所以上升沿、下降沿又称正、负跳变。如图1–73中，按钮SB信号有四个上升沿和下降沿，即按下和松开了四次，而接触器则有两个上升沿和下降沿。

采用边沿触发方式时，编程时应运用边沿检测指令，用于检测RLO的上升沿和下降沿，一般PLC都具有该类指令，西门子S7–200 PLC和西门子S7–300 PLC也不例外，且其用法也基本相同。

2. 相关 PLC 指令

边沿检测指令又称正、负跳变指令，主要用于检测该指令前的RLO，使其每发生一次正（由0到1）或负（由1到0）跳变时，能接通一个扫描周期。

1）S7–200 相关指令

西门子S7–200 PLC边沿检测指令如表1–7所示。由表可以看出，指令没有操作数，其本身也是一个位触点，触点的通断取决于该点左侧的RLO结果。上升沿检测指令当其左侧的RLO从0到1发生一个跳变时，则接通一个扫描周期后断开；下降沿检测指令当其左侧的RLO从1到0发生一个跳变时，则接通一个扫描周期后断开。

表1–7　边沿检测指令表

指令名称	指令格式		操 作 数	作 用
	LAD	STL		
上升沿检测指令	┤P├	EU	无	当其前面的RLO从0到1（上升沿）时，接通一个扫描周期。
下降沿检测指令	┤N├	ED	无	当其前面的RLO从1到0（下降沿）时，接通一个扫描周期。

由于PLC的一个扫描周期时间很短，边沿检测指令触点接通的时间也很短，这是该指令的特点，编程时应很好地利用，但这也会造成在程序调试时无法直接看到边沿检测指令位触点的接通，这点应特别注意。

图1–74为边沿检测指令的一个简单的应用，图中上升沿检测指令检测I0.0的上升沿，当I0.0接通时，RLO有一个0到1的跳变，Q0.0接通一个扫描周期后断开，即产生一个扫描周期的脉冲；当I0.1接通时，下降沿检测指令触点暂时不接通，而当I0.1由接通至断开时，RLO产生一个1到0的跳变，下降沿检测指令向后输出一个脉冲的能流，使Q0.1接通一个扫描周期的时间。上述程序运行元件动作时序图如图1–75所示。

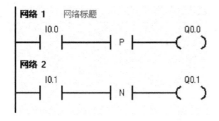

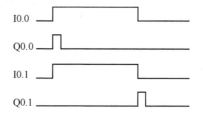

图1-74 边沿检测指令的应用　　　　　图1-75 边沿检测指令运行时序图

由时序图可以看出，Q0.0、Q0.1都只能得电一个脉冲瞬时，在程序执行时无法凭肉眼观察到这两个输出点的动作。但如果将程序修改为如图1-76所示，则能得到明显的动作结果。

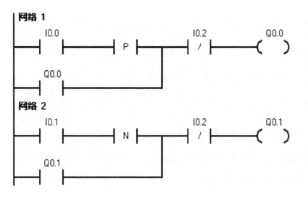

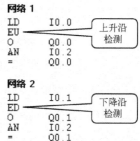

图1-76 修改后的程序

从图1-76所示的梯形图中可以看出，当I0.0接通的一瞬间，上升沿检测指令便会向Q0.0的线圈发出一个脉冲能流，然后利用Q0.0的常开触点完成自锁的动作；当I0.1接通时，Q0.1并不能得到驱动能流，因此暂时不会有任何动作，而当I0.1由接通变为断开时，在下降沿检测指令的作用下，Q0.1的线圈便能接收到一个脉冲能流，从而完成自锁动作。图1-77为上述程序的动作时序。

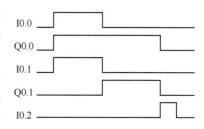

图1-77 修改后程序动作时序图

2）S7-300相关指令

S7-300 PLC的边沿检测指令是通过比较相邻两个扫描周期（OB1循环扫描一周为一个扫描周期）流过该指令的能流状态，并以此来决定自身是否导通。根据检测的对象S7-300 PLC的边沿检测指令可分为RLO边沿检测指令和地址边沿检测指令两种。

（1）RLO边沿检测指令。

S7-300 PLC的RLO边沿检测指令如表1-8所示。表中的操作数为位地址，用于存放上一个扫描周期指令左端的RLO的值，以便用于和本扫描周期该点RLO值相比较，当发生正、负跳变时，则相应的RLO边沿检测指令接通一个扫描周期，并把当前的RLO值存放到位地址中，以便下一次进行RLO边沿检测。应注意的是操作数中可以用I来进行位地址存储，而L为本地数据寄存器，按位寻址时可写成如L0.0、L1.0等。RLO边沿检测指令的用法如图1-78所示。

表1-8　RLO 边沿检测指令表

指令名称	指令格式		操作数（位）	作　用
	LAD	STL		
RLO 上升沿检测指令	??.? —(P)—	FP	I, Q, M, L, D	检测地址（操作数）从"0"到"1"的信号变化时，接通一个扫描周期。
RLO 下降沿检测指令	??.? —(N)—	FN	I, Q, M, L, D	检测地址（操作数）从"1"到"0"的信号变化时，接通一个扫描周期。

图 1-78 中操作数 M0.0 用于存储 I0.0（指令左侧 RLO）上一个扫描周期的状态，以便进行状态比较确认是否有上升沿的发生。若 M0.0 状态位"0"时，I0.0（指令左侧 RLO）当前状态变为"1"，则表明发生了上升沿，RLO 上升沿检测指令接通一个扫描周期后断开，输出点 Q0.0 也接通一个扫描周期。相邻两个扫描周期的 RLO 状态对比完成

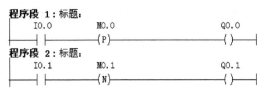

图 1-78　RLO 边沿检测指令的用法

后，M0.0 的状态将被 I0.0 改写，也就是说，M0.0 的状态与 I0.0 的状态基本一致，只是在时间上滞后 I0.0 不到一个扫描周期。其时序图如图 1-79（a）所示。

RLO 下降沿检测指令用法和 RLO 上升沿检测指令类似，只是用于检测相邻两个扫描周期的下降沿，当 RLO 下降沿到来时，Q0.1 接通一个扫描周期后断开。其动作时序图如图 1-79（b）所示。

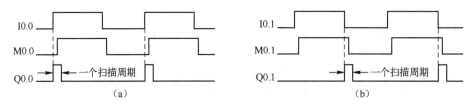

图 1-79　上升沿检测指令与下降沿检测指令运行时序

值得注意的是，若在同一程序中多次使用 RLO 边沿检测指令时，应保证每条指令用于存放上一扫描周期 RLO 的位地址的唯一性，不能在两个或两个以上的边沿检测指令中重复使用同一个地址，即各边沿检测指令的操作数应互不相同，否则程序在执行时容易出错。

（2）地址边沿检测指令。

地址边沿检测指令与 RLO 检测指令不同，其检测的不是指令左侧的 RLO 的变化，而是指定位地址单元的状态变化。地址边沿检测指令如表 1-9 所示。

表1-9　地址边沿检测指令表

指令名称	指令格式		操作数（位）	作　用
	LAD	STL		
地址上升沿检测指令	??.? POS Q ??.?—M_BIT	FP	操作数1：被检测的位地址。 I, Q, M, L, D 操作数2：M_BIT, 边沿存储位。I, Q, M, L, D Q：输出端。I, Q, M, L, D	检测到位地址（操作数1）从"0"到"1"的信号变化时，输出端接通一个扫描周期。

续表

指令名称	指令格式		操作数（位）	作　　用
	LAD	STL		
地址下降沿检测指令	??.? NEG Q ??.? — M_BIT	FN	操作数1：被检测的位地址。I、Q、M、L、D 操作数2：M_BIT，边沿存储位。I、Q、M、L、D Q：输出端。I、Q、M、L、D	检测到位地址（操作数1）从"1"到"0"的信号变化时，输出端接通一个扫描周期。

表中地址边沿检测指令用于检测操作数 1 所定义的位地址的上升沿或下降沿，M_BIT 则用于存储该位上一个扫描周期的状态，通过比较，当被检测位在两个相邻的扫描周期出现正或负跳变，且此时使能端处于接通状态时，从对应指令的 Q 端输出一个扫描周期的"1"，然后变为"0"。其用法如图 1-80 所示。

图 1-80 中当 I0.0 和 I0.1 处于接通状态，即地址上升沿和下降沿指令的使能端的 RLO = 1 时，本扫描周期 I0.2 的状态分别和存储在 M0.0 和 M0.1 的上一扫描周期 I0.2 的状态比较，当 M0.0 为"0"，I0.2 为"1"时，地址上升沿检测指令检测到 I0.2 的上升沿，在输出端 Q 输出一个扫描周期的"1"，然后恢复为"0"，即 Q0.0 接通一个扫描周期后断开；同样，当 M0.1 为"1"，I0.2 为"0"即 I0.2 的下降沿到来时，Q0.1 接通一个扫描周期后断开。

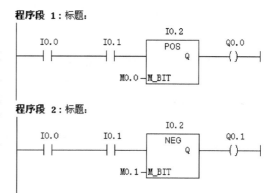

图 1-80　地址边沿检测指令的用法

值得注意的时，尽管 M0.0 和 M0.1 两个位地址均是存储被检测位 I0.2 上一个扫描周期的状态，但由于它们分别用于上升沿和下降沿状态的比较，因此不能用同一个位地址来存储，否则，在程序执行时容易出错。

3. 程序设计

1）输入/输出分配表

三相交流异步电动机单键启动和停止控制系统电路的输入/输出分配表如表 1-10 所示。

表 1-10　输入/输出分配表

输　　入			输　　出		
元件代号	输入继电器	作　用	元件代号	输出继电器	作　用
SB	I0.0	启动/停止	KM/KA	Q0.0	电动机运行控制

2）输入/输出接线图

（1）S7 - 200 输入/输出接线图。

用西门子 S7 - 200 型可编程序控制器实现三相交流异步电动机单键启动和停止控制的输入/输出接线如图 1-81 所示。

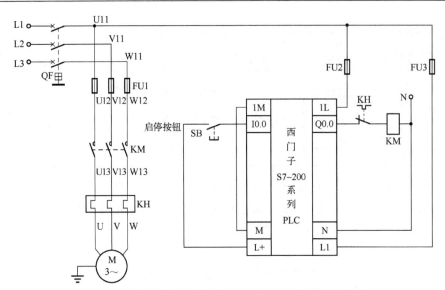

图1-81　电动机单键启停控制 S7 - 200 PLC 输入/输出接线图

（2）S7 - 300 输入/输出接线图。

略去主电路用西门子 S7 - 300 型可编程序控制器实现三相交流异步电动机单键启动和停止控制的输入/输出接线如图 1-82 所示。

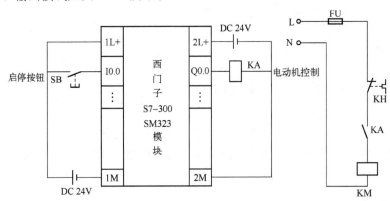

图1-82　电动机单键启停控制 S7 - 300 PLC 输入/输出接线图

3）程序设计

电动机单键启停控制由于是用一个按钮控制电动机的启动和停止，启动信号在按钮按下次数为单数时，停止信号在按钮按下次数为双数时，这就需要通过下降沿检测指令进行检测区分，从而使电动机按控制要求运行。

（1）S7 - 200 PLC 控制程序。

三相交流异步电动机单键启动和停止的控制程序如图 1-83 所示。按钮 SB（I0.0）第一次接通时，M0.0 得电自锁（网络 1），于是接触器 KM（Q0.0）得电（网络 5）；而当 SB 第一次断开时，则 M0.1 得电自锁（网络 2），这等于记录下了按钮的第一次动作状态。按钮 SB 第二次接通时，由于 M0.1 此前已经得电，因此 M0.2 接通（网络 3），于是 M0.2 的常闭触点断开使 KM 失电（网络 5）；而当 SB 第二次断开时，M0.3 接通一个扫描周期（网络 4），其常闭触点使 M0.0、M0.1、M0.2 均同时失电，让各个辅助继电器都恢复到原始的状态。如此周而复始，实现了单键启动和停止的功能。

程序执行各元件的动作时序图如图 1-84 所示。

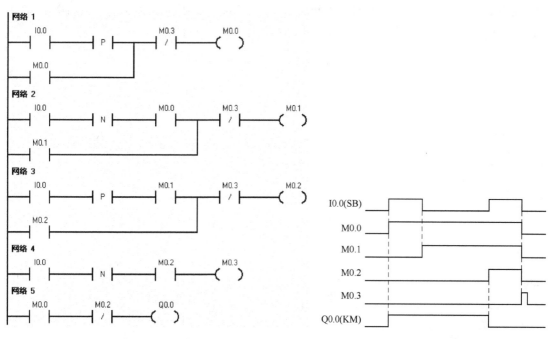

图 1-83　S7-200 型 PLC 电动机单键启停控制程序　　　图 1-84　程序执行动作时序图

图 1-83 程序设计时充分利用了边沿检测指令的特点，实现了控制要求，但是程序中使用了 4 个辅助继电器，程序结构和逻辑关系都较为复杂。其实通过简化还可以使程序更为简单，简化后的程序和元件动作时序图如图 1-85 所示。

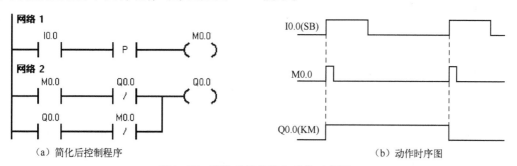

（a）简化后控制程序　　　　　　　　　　　　（b）动作时序图

图 1-85　简化后的程序和动作时序图

由图 1-85 可以看出按钮 SB（I0.0）第一次接通时，M0.0 动作一个扫描周期（网络 1），于是网络 2 的第一行便接通，使 KM（Q0.0）得电自锁；当 SB 第二次接通时，M0.0 再次动作一个脉冲，由于网络 2 的第一行此时已经被 Q0.0 的常闭触点断开，网络 2 的第二行也因为 M0.0 的动作而断开一个脉冲，因此导致 KM 失电。从而也实现了单键启动和停止的控制功能。

从表面上看，在 I0.0 接通时，网络 2 的第一行会接通一个脉冲，同时网络 2 的第二行会断开一个脉冲，似乎不能使 Q0.0 自锁，但是由于 PLC 的输出继电器 Q0.0 的动作要比其内部辅助继电器 M0.0 的动作更慢，所以当 M0.0 的动作结束时，Q0.0 仍处于接通状态，这种动作的滞后使得 Q0.0 在 I0.0 第一次动作时能得电自锁，这一点应细细体会。

（2）S7-300 PLC 控制程序。

S7-300 PLC 实现电动机单键启停控制时，若采用 RLO 边沿检测指令进行程序设计，其设计思路和设计方法与 S7-200 PLC 基本相同，只是所用指令的格式不同而已。现将图 1-83 和图 1-85 所示程序分别改写为图 1-86 和图 1-87 所示。

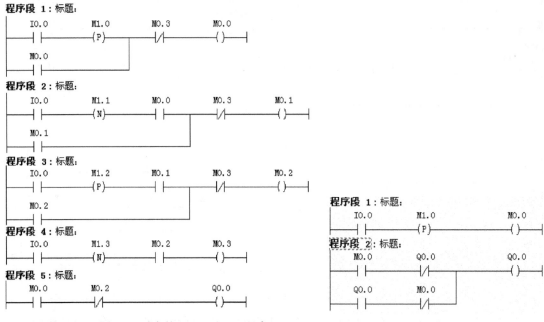

图 1-86　图 1-83 对应的 S7-300 PLC 程序

图 1-87　图 1-85 对应的 S7-300 PLC 程序

若采用地址边沿检测指令编程，两种不同的编程思路所对应的程序分别如图 1-88 和图 1-89所示，读者可自行分析。

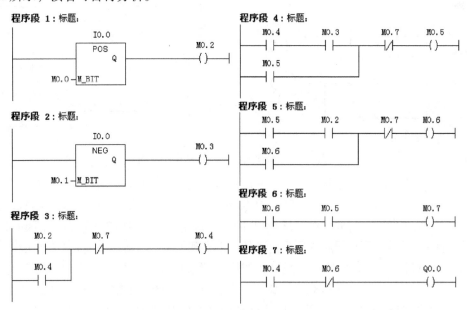

图 1-88　地址边沿检测指令编写之程序一

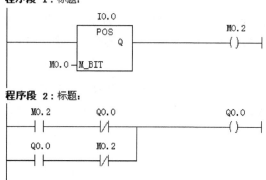

图 1-89 地址边沿检测指令编写之程序二

 技能训练

1. 训练目标

（1）能够正确编制、输入三相交流异步电动机单键启动和停止控制程序。

（2）能够独立完成三相交流异步电动机单键启动和停止 PLC 控制线路的安装。

（3）按规定进行通电调试，出现故障能根据设计要求独立检修，直至系统正常工作。

2. 训练内容

1）程序的输入

（1）输入 S7-200 梯形图程序。

①上升沿检测指令的输入。

按前面的方法输入 I0.0 常开后，在"位逻辑"下找到上升沿检测指令，双击或将其拖至需要输入的位置即可，如图 1-90 所示。

② 下降沿检测指令的输入。

下降沿检测指令的输入和上升沿检测指令的输入类似，如图 1-91 所示。

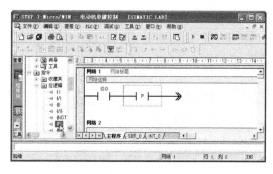

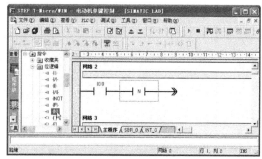

图 1-90　上升沿检测指令的输入　　　　图 1-91　下降沿检测指令的输入

（2）输入 S7-300 梯形图程序。

① RLO 边沿检测指令的输入。

将光标停在要输入位置，双击"位逻辑"下 RLO 上升沿检测指令或将其拖至需要输入的位置，输入参数即可完成 RLO 上升沿检测指令的输入，如图 1-92 所示。RLO 下降沿检测指令的输入方法类似。

② 地址边沿检测指令的输入。

将光标停在要输入位置，双击"位逻辑"下地址上升沿检测指令或将其拖至需要输入的位置，输入参数即可完成地址上升沿检测指令的输入，如图 1-93 所示。地址下降沿检测指令的输入方法类似。

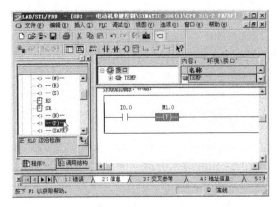 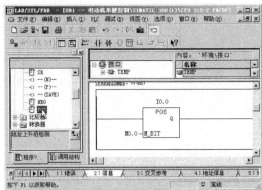

图 1-92　RLO 上升沿检测指令的输入　　　　图 1-93　地址上升沿检测指令的输入

2）系统安装和调试

（1）准备工具和器材，如表 1-11 所示。

表 1-11　所需工具、器材清单

序　号	分　类	名　称	型号规格	数　量	单　位	备　注
1	工具	电工工具		1	套	
2		万用表	MF47 型	1	块	
3		可编程序控制器	S7-200 CPU 224XP	1	台	
4			S7-300 CPU 315-2PN/DP	1	台	
5		计算机	装有 STEP 7 V4.0 和 V5.4	1	台	
6		安装铁板	600×900mm	1	块	
7		导轨	C45	0.3	米	
8		空气断路器	Multi9 C65N D20	1	只	
9		熔断器	RT28-32	5	只	
10		接触器	NC3—09/AC 220V	1	只	
11		继电器	HH54P/DC 24V	1	只	
12		热继电器	NR4—63（1-1.6A）	1	只	
13	器材	直流开关电源	DC 24V、50W	1	只	
14		三相异步电动机	JW6324-380V 250W0.85A	1	只	
15		按钮	LA4-3H	1	只	
16		端子	JF5 2.5mm²	4	块	
17		铜塑线	BV1/1.37mm²	15	米	
18		软线	BVR7/0.75mm²	20	米	
19			M4×20 螺杆	若干	只	
20			M4×12 螺杆	若干	只	
21		紧固件	φ4 平垫圈	若干	只	
22			φ4 弹簧垫圈	若干	只	
23			φ4 螺母	若干	只	
24		号码管		若干	米	
25		号码笔		1	支	

（2）按要求自行完成系统的安装接线，主电路则按三相交流异步电动机单向运行电路的主电路接线。

（3）程序下载。

将几种不同的控制程序分别下载至 PLC。

（4）系统调试。

① 在教师现场监护下对不同的控制程序进行通电调试，验证系统功能是否符合控制要求。

② 如果出现故障，学生应独立检修。线路检修完毕和梯形图修改完毕应重新调试，直至系统正常工作。

3. 考核评分

考核时同样采用两人一组共同协作完成的方式，按表 1-12 评分作为成绩的 60% ，并分别对两位学生进行提问，作为成绩的 40% 。

表 1-12　评分标准

内　容	考核要求	配分	评分标准	扣分	得分	备注
I/O 分配表设计	1. 根据设计功能要求，正确的分配输入和输出点。 2. 能根据课题功能要求，正确分配各种 I/O 量。	10	1. 设计的点数与系统要求功能不符合每处扣 2 分。 2. 功能标注不清楚每处扣 2 分。 3. 少、错、漏标每处扣 2 分。			
程序设计	1. PLC 程序能正确实现系统控制功能。 2. 梯形图程序及程序清单正确完整。	40	1. 梯形图程序未实现某项功能，酌情扣 5～10 分。 2. 梯形图画法不符合规定，程序清单有误，每处扣 2 分。 3. 梯形图指令运用不合理每处扣 2 分。			
程序输入	1. 指令输入熟练正确。 2. 程序编辑、传输方法正确。	20	1. 指令输入方法不正确，每提醒一次扣 2 分。 2. 程序编辑方法不正确，每提醒一次扣 2 分。 3. 传输方法不正确，每提醒一次扣 2 分。			
系统安装调试	1. PLC 系统接线完整正确，有必要的保护。 2. PLC 安装接线符合工艺要求。 3. 调试方法合理正确。	30	1. 错、漏线每处扣 2 分。 2. 缺少必要的保护环节每处扣 2 分。 3. 反圈、压皮、松动每处扣 2 分。 4. 错、漏编码每处扣 1 分。 5. 调试方法不正确，酌情扣 2～5 分。			
安全生产	按国家颁发的安全生产法规或企业自定的规定考核。		1. 每违反一项规定从总分中扣除 2 分（总扣分不超过 10 分）。 2. 发生重大事故取消考试资格。			
时间	不能超过 120 分钟		扣分：每超 2 分钟扣总分 1 分			

巩固提高

利用上升沿检测指令和下降沿检测指令设计电动机启停控制程序：

（1）按下启动按钮 SB1，电动机 M1 开始连续运行，按下停止按钮 SB2，电动机 M1 不停，而松开 SB2 时，电动机 M1 停止运行。

（2）按下启动按钮 SB1 时，电动机 M1 不运行，而松开 SB1 时，电动机开始连续运行，按下停止按钮 SB2，电动机 M1 停止运行。

任务 3　优先抢答器控制

 知识点

- 掌握西门子 S7 – 200 和 S7 – 300 PLC 置位、复位的基本使用方法；
- 掌握西门子 S7 – 200 和 S7 – 300 PLC 置位优先 RS、复位优先 SR 触发器指令的基本使用方法；
- 体会置位、复位指令和置位优先 RS、复位优先 SR 触发器指令的区别。

 技能点

- 掌握分别运用置位、复位和置位优先 RS、复位优先 SR 触发器指令进行优先抢答器 PLC 控制程序设计的方法；
- 能够正确绘制 I/O 接线图，并能独立安装、调试 PLC 控制的优先抢答器控制系统；
- 系统出现故障时，应能根据设计要求独立检修，直至系统正常工作。

任务引入

　　学校、工厂、军队等单位为丰富师生、职工和官兵的业余生活，经常会举办各种各样的抢答竞赛；为增加娱乐性，一些电视台此类电视节目也频频出现，这都需要运用抢答器来锁定最先按下抢答按钮者，以使其具有优先抢答权。优先抢答器的控制十分简单，其功能大多采用模拟、数字电路就可实现，价格便宜，功能齐全。运用 PLC 来实现优先抢答器的控制尽管是大材小用，但通过该任务可以充分了解 PLC 置位、复位指令的使用方法，因此对于灵活运用该类指令，提高自身的程序设计能力，不失为一个十分典型的控制任务。下面我们就通过该任务来介绍运用西门子 PLC 置位、复位指令进行程序设计的方法。

任务分析

1. 控制要求

　　（1）参赛者共分三组，儿童组 2 人，教授组 2 人，学生组 1 人。每组桌前设有一个抢答成功指示灯（HL1 ～ HL3），每人前设有一个抢答按钮。竞赛者若想回答主持人问题，需抢先按下桌上的按钮，此时相应组桌前的抢答成功指示灯点亮。

　　（2）儿童组任意一人按下桌上的按钮，即抢答成功；教授组必须两人都按下按钮后，才能成功抢答；学生组只要抢先按下按钮即可抢答成功。

　　（3）主持人按下复位按钮，HL1 ～ HL3 熄灭，进入下一轮抢答。

2. 控制要求分析

　　抢答开始后，若某组率先按下抢答按钮，则该组抢答成功，抢答指示灯亮，其他组再按抢答按钮无效，因此各组抢答成功程序设计时必须采用联锁，抢答成功程序可以以抢答按钮并根据抢答条件采用置位指令对抢答成功组的指示灯进行置位。使系统复位进入下一轮抢答的控制程序可以用复位指令实现。当然，本任务也可采用自锁加联锁电路来完成，这种方法电路设计方便，简单易懂。但为说明置位和复位指令的使用方法，本任务仍采用西门子 PLC 的置位、复位指令实现。

 知识链接

1. 基础知识

1）自锁电路

自锁电路为继电器逻辑电路中最为基本的电路，其功能是按下启动按钮后，输出线圈得电并保持，按下停止按钮输出线圈即失电。从 PLC 程序设计的角度来看，它属于一种位操作，若采用梯形图替换继电器逻辑电路设计程序的方法，显然较为烦琐，程序的步数较多，不够简洁。因此，西门子 PLC 指令系统中提供了置位和复位指令，可以用不同的触发信号对同一位元件进行多次反复操作，S7 - 200 PLC 还可以用它对连续多个同种位元件同时进行置位、复位并保持的操作，完全可以实现自锁和停止功能。

2）双稳态触发器

双稳态触发器简称触发器，它具有两个稳定的工作状态，在适当的输入信号的作用下实现两种状态间的转换，当输入信号消失后，触发器的状态保持不变。触发器通常由基本的逻辑门电路组成，但其逻辑功能与普通逻辑门电路完全不同。按其结构形式分触发器可分为：基本触发器、同步触发器、主从触发器和维持阻塞触发器；按其逻辑功能分可分为：RS 触发器、JK 触发器、D 触发器和 T 触发器等。为了实现触发器的逻辑功能，西门子 PLC 的指令系统中提供了基本 RS、SR 触发器指令，以方便程序的设计。

2. 相关 PLC 指令

在程序设计过程中，常常需要对 I/O 或内部存储器的某些位置进行置 1 或清 0 的操作，S7 - 200/300 CPU 指令系统提供了置位与复位指令，从而可以方便地对多个点进行置 1 或清 0 操作，使 PLC 程序的编程更为灵活和方便。下面就对这两条指令的用法和编程应用进行介绍。

1）S7 - 200 相关指令

（1）置位、复位指令。

置位、复位指令的作用是将指定地址开始的若干位同类型的位元件置 1 或置 0，共有两个操作数，第一个操作数用于指定需要复/置位的起始位，第二个操作数用于指定从起始位开始复/置位的位数，由于其定义为一个字节，因而，置位和复位指令一次可操作 1 ～ 255 位，使用十分方便。

置位、复位指令可对相同数据区域进行多次操作，不会涉及双线圈的问题，但其最终状态取决于网络地址最大处的操作结果。如：Q0.0 被多次置位和复位，但在地址最大处是对其进行置位，程序执行结果 Q0.0 应处于 1 状态，而地址最大处是复位，则程序执行结果 Q0.0 处于 0 状态。置位、复位指令的格式和相关操作数可参见表 1-13。

表 1-13　置位、复位指令格式和相关操作数

指令名称	指令格式		操 作 数	数据类型	作　用
	LAD	STL			
置位指令	??.? –(S) ????	S bit, N	操作数 1（bit）：I、Q、V、M、SM、S、T、C、L	BOOL	将从指定地址开始的 N 个点置位
			操作数 2（N）：IB、QB、VB、MB、SMB、SB、LB、AC、∗VD、∗LD、∗AC、常数	BYTE	
复位指令	??.? –(R) ????	R bit, N	操作数 1（bit）：I、Q、V、M、SM、S、T、C、L	BOOL	将从指定地址开始的 N 个点复位
			操作数 2（N）：IB、QB、VB、MB、SMB、SB、LB、AC、∗VD、∗LD、∗AC、常数	BYTE	

置位、复位指令的用法如图 1-94 所示。

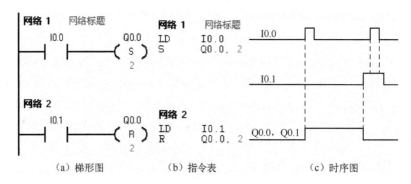

（a）梯形图　　　　（b）指令表　　　　（c）时序图

图 1-94　S7-200 置位、复位指令的用法

图 1-94 中当 I0.0 得上升沿到来时，从 Q0.0 开始的两个位元件 Q0.0 和 Q0.1 被同时置位，此时其状态将一直保持，直到复位指令的触发指令 I0.1 到来才复位；若置位和复位的触发信号 I0.0 和 I0.1 同时为 ON，则处于网路地址较大处的复位信号起作用，即 Q0.0 和 Q0.1 保持断开状态。

（2）触发器指令。

S7-200 CPU 指令系统为时序信号的检测与控制提供了触发器指令，指令的用法和功能与数字逻辑电路中的 RS 触发器类似。触发器指令包括置位优先 SR 触发器指令、复位优先 RS 触发器指令。其指令格式如表 1-14 所示。

表 1-14　触发器指令格式表

指令名称	指令格式	操 作 数		数据类型	作　用
置位优先 SR 触发器	??.? ┌─────┐ ┤S1　OUT├ │　SR　│ ┤R　　　│ └─────┘	操作数 1（S1）： 操作数 2（R）：	I、Q、V、M、SM、S、T、C	BOOL	S1 = 0，R = 0 时，Bit 保持前一状态； S1 = 1，R = 0 时，Bit = 1； S1 = 0，R = 1 时，Bit = 0； S1 = 1，R = 1 时，Bit = 1
		bit	I、Q、V、M、S		

续表

指令名称	指令格式	操作数		数据类型	作用
复位优先 RS 触发器	??.? S　OUT RS R1	操作数 1（S）： 操作数 2（R1）：	I、Q、V、M、SM、S、T、C	BOOL	S1 = 0，R = 0 时，Bit 保持前一状态； S = 1，R1 = 0 时，Bit = 1； S = 0，R1 = 1 时，Bit = 0； S = 1，R1 = 1 时，Bit = 0
		bit	I、Q、V、M、S		

　　置位优先触发器是一个置位优先的锁存器，当置位信号（S1）和复位信号（R）都为真时，输出为"1"。复位优先触发器是一个复位优先的锁存器。当置位信号（S）和复位信号（R1）都为真时，输出为"0"。其使用方法如图 1-95 所示。

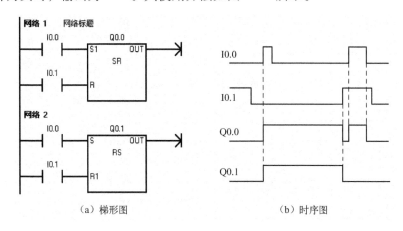

（a）梯形图　　　　　　　　　　　（b）时序图

图 1-95　S7-200 SR、RS 触发器指令用法

2）S7-300 相关指令

（1）线圈置位和线圈复位指令。

　　线圈置位、复位指令的用法相似，都是根据触发信号的状态对位地址进行置位或复位，即当触发信号的上升沿（RLO = 1）到来时，置位指令使指定位地址（bit）为 1，复位指令使指定位地址（bit）为 0。如果触发信号为 0（RLO = 0），则指定位地址（bit）状态保持前一状态不变。指令格式见表 1-15。

表 1-15　线圈置位、复位指令格式表

指令名称	指令格式		操作数（位）	数据类型	作　用
	LAD	STL			
置位线圈	??.? -(S)-	S bit	I、Q、M、L、D	BOOL	将 bit 指定的位地址置 1
复位线圈	??.? -(R)-	R bit	I、Q、M、L、D	BOOL	将 bit 指定的位地址置 0

　　由表 1-15 可以看出，S7-300 的线圈置位和复位指令仅有一个位操作数（bit），和 S7-200 的 S、R 指令相比，没有操作数 N，因此，每条 S7-300 的线圈置位和复位指令只能对一个位地址进行操作，而不能像 S7-200 的 S、R 指令一样对多个连续的同类位地址进行

操作。S7 - 300 的 S、R 指令的用法如图 1-96 所示。

和 S7 - 200 的 S、R 指令一样，在当前扫描周期，若 I0.0 和 I0.1 同时为 ON，则最终的输出结果由地址最大处的指令决定，在此为复位指令，所以 Q0.0 输出为 0。同样置位和复位指令并不意味着永远具有保持性，如果后面有其他赋值指令执行时也会改变其状态。

例如：图 1-97 所示梯形图程序，当 I0.0 上升沿到来时，Q0.0 被置位；但是如果在下一程序段中 M0.1 为 "0"，则 Q0.0 实际输出 "0" 信号。这是因为程序中所有对输出点的操作都是对输出过程映像区的操作，虽然置位指令使 Q0.0 位储存为 "1"，但是后面的赋值指令又会使该位重新变为 "0"，则最终送到外设的将是最后被修改的值。这种情况特别要注意，编程时在程序中尽量不要出现。

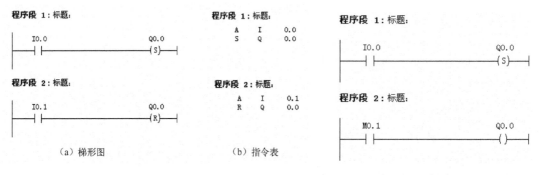

图 1-96　S7 - 300 S、R 指令用法　　　　图 1-97　位地址的重新赋值刷新

（2）双稳态触发器指令。

S7 - 300 的指令系统中同样设有双稳态触发器指令，和 S7 - 200 的触发器指令一样，它也可分成置位优先型（RS 触发器）和复位优先型（SR 触发器）两种。其实质就是将置位和复位指令组合成一个功能框，该功能框有两个输入端，分别是置位输入端 S 和复位输入端 R，一个输出端 Q（位地址）。双稳态触发器指令的格式见表 1-16。

表 1-16　双稳态触发器指令格式表

指令名称	指令格式	操　作　数		数据类型	作　　用
置位优先型 RS 触发器	RS 触发器框图	＜地址＞	I、Q、M、L、D		S1 = 0，R = 0 时，Bit 保持前一状态；S1 = 1，R = 0 时，Bit = 1；S1 = 0，R = 1 时，Bit = 0；S1 = 1，R = 1 时，Bit = 1
		S	I、Q、M、L、D		
		R	I、Q、M、L、D		
		Q	I、Q、M、L、D	BOOL	
复位优先型 SR 触发器	SR 触发器框图	＜地址＞	I、Q、M、L、D		S = 0，R1 = 0 时，Bit 保持前一状态；S = 1，R1 = 0 时，Bit = 1；S = 0，R1 = 1 时，Bit = 0；S = 1，R1 = 1 时，Bit = 0
		S	I、Q、M、L、D		
		R	I、Q、M、L、D		
		Q	I、Q、M、L、D		

注：触发器的优先输入端在功能框的下端。

触发器可以用在逻辑串的最右端，结束一个逻辑串，也可以用在逻辑串中，直接影响右边的逻辑操作结果。双稳态触发器指令的用法如图 1-98 所示。

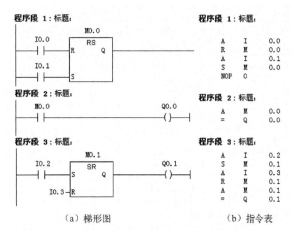

（a）梯形图　　　　　　（b）指令表

图 1-98　双稳态触发器的用法

3. 程序设计

1）输入/输出分配表

优先抢答器控制电路的输入/输出分配表如表 1-17 所示。

表 1-17　输入/输出分配表

输　入			输　出		
输入继电器	元件代号	作　用	输出继电器	元件代号	作　用
I0.0	SB0	儿童组抢答按钮 A	Q0.1	HL1	儿童组抢答指示灯
I0.1	SB1	儿童组抢答按钮 B	Q0.2	HL2	教授组抢答指示灯
I0.2	SB2	教授组抢答按钮 A	Q0.3	HL3	学生组抢答指示灯
I0.3	SB3	教授组抢答按钮 B			
I0.4	SB4	学生组抢答按钮			
I0.5	SB5	复位按钮			

2）输入/输出接线图

（1）S7 - 200 输入/输出接线图。

用西门子 S7 - 200 型可编程序控制器实现抢答控制器的输入/输出接线图如图 1-99 所示。

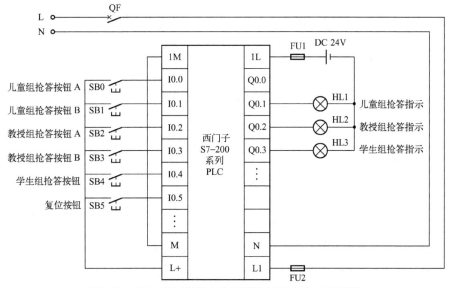

图 1-99　S7 - 200 型 PLC 抢答器控制输入/输出接线图

（2）S7 - 300 输入/输出接线图。

用西门子 S7 - 300 型可编程序控制器实现优先抢答控制的输入/输出接线图如图 1-100 所示。

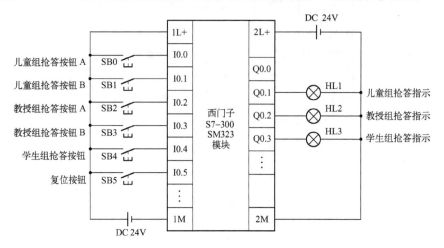

图 1-100　S7 - 300 型 PLC 抢答器控制输入/输出接线图

3）程序设计

本控制任务比较简单，采用置位、复位指令或采用触发器指令均可实现。

（1）S7 - 200 PLC 控制程序。

① 建立符号表。

符号表是为增强程序的可读性而专门设置的一种辅助工具，在符号表中定义了相关信息后，可在梯形图中直接显示某个元件的作用和对应的相关地址，并可在每个网络下以表格的形式显示该网络所涉及元件的相关信息。S7 - 200 PLC 的符号表通常有符号、地址和注释三项，以下为 S7 - 200 PLC 程序设计时符号表的建立方法。

a. 在"查看"下找到"符号表"块，如图 1-101 所示。

b. 单击"符号表"块，按图 1-102 所示输入符号表的信息。

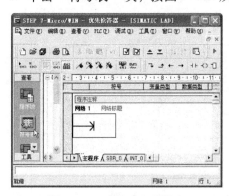

图 1-101　准备建立符号表

图 1-102　建立符号表

② 采用置位、复位指令编程。

a. 采用置位、复位指令编写的控制程序如图 1-103 所示。

图 1-103 中由于儿童组任意一人首先按下抢答按钮即抢答成功，所以儿童组抢答按钮 I0.0、I0.1 为或（并联）的关系，此时 Q0.1 置位，HL1 点亮；而教授组若要抢答成功必须

I0. 2 和 I0. 3 都已首先按下，所以它们应是与的关系。任何一组首先抢答成功后，本次抢答即告结束，此时会用其常闭触点断开其他组的抢答回路，使其无法进行抢答，直至按下复位按钮 I0. 5 进入下一轮抢答。

b. 单击"查看"→"符号寻址"和"符号信息表"，再单击"符号表"→"将符号应用于项目"，如图 1-104 所示。

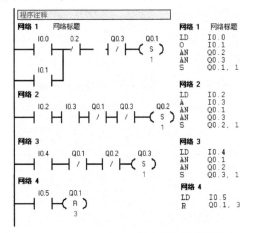

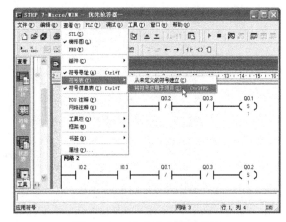

图 1-103　S7-200 型 PLC 优先抢答器控制程序一　　　　　图 1-104　准备进入符号寻址

c. 程序中的元件前会显示符号表定义的符号信息，同时在每一网络的下方显示本网络涉及元件的符号信息表，如图 1-105 所示。

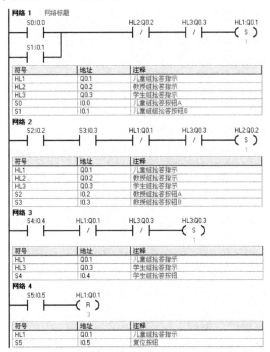

图 1-105　符号寻址的 S7-200 型 PLC 优先抢答器控制程序一

d. 若要隐藏符号表和取消符号寻址，可在"查看"菜单中再次单击"符号寻址"和"符号信息表"，将其前的"√"去掉，程序即会按原来图 1-104 所示方式显示，如图 1-106 所示。

③ 采用触发器指令编程。

采用触发器指令编写的程序如图 1-107 所示。

图 1-107 中各抢答按钮的逻辑关系和控制程序一相同，只是将 S 和 R 指令组合成触发器指令，由于抢答器复位时不允许进行抢答，所以控制程序中均采用复位优先型 RS 触发器。显示符号寻址的方式同前。

图 1-106　隐藏符号信息表和符号寻址

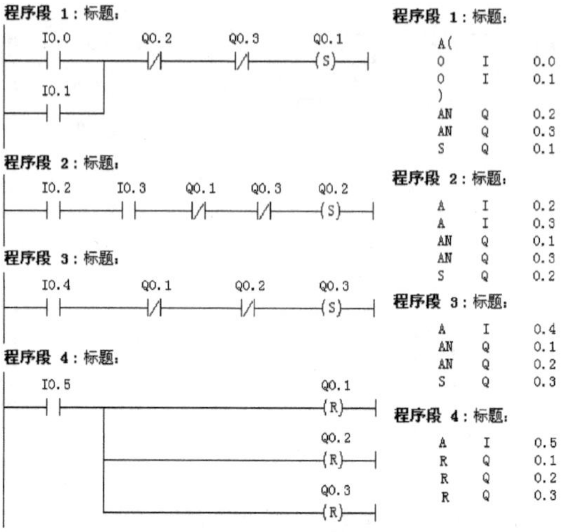

图 1-107　S7-200 型 PLC 优先抢答器控制程序二

（2）S7-300 PLC 控制程序。

① 创建符号表。

S7-300 PLC 的符号表建立的方法和 S7-200 PLC 类似，只是增加了数据类型项。

a. 单击主程序块 OB1 中的"选项"→"符号表"，准备进入符号表定义界面，如图 1-108 所示。

b. 按图 1-109 所示定义符号表信息并保存。

图 1-108　准备定义符号表

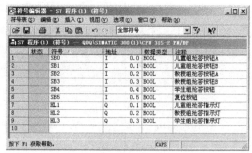

图 1-109　定义符号表信息

② 采用线圈置位、复位指令编程。

a. 采用线圈置位、复位指令编写的控制程序如图 1-110 所示，其编程思路同 S7-200 型 PLC 控制程序一。

b. 单击"视图"菜单中的"显示方式"即可选择需要显示的符号表中定义的信息，如图 1-111 所示。

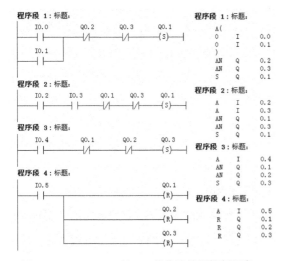

图 1-110　S7-300 型 PLC 优先抢答器控制程序一　　　　图 1-111　选择需显示的符号信息

③ 采用双稳态触发器指令编程。

采用双稳态触发器指令编写的程序如图 1-112 所示。图中首先置位和复位中间值 M，再由 SR 触发器的输出即 M 的值最终实现控制输出点 Q。这种方法可以把触发器看做一个能流触点，当其置位时接通，复位时断开；当然 RS、SR 指令完全可以采用如图 1-113 所示的传统形式。

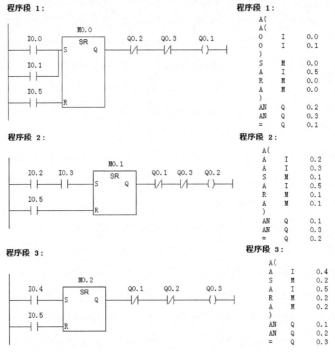

图 1-112　S7-300 型 PLC 优先抢答器控制程序二

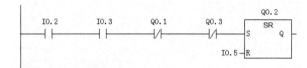

图 1-113　SR 指令传统用法

 技能训练

1. 训练目标

（1）能够正确编制、输入和传输优先抢答控制器的 PLC 控制程序。

（2）能够独立完成优先抢答控制器的 PLC 控制线路的安装。

（3）按规定进行通电调试，出现故障能根据设计要求独立检修，直至系统正常工作。

2. 训练内容

1）程序的输入

（1）输入 S7-200 梯形图程序。

① 优先抢答器控制程序一的输入。

a. 按前面所学的方法输入控制程序一至如图 1-114 所示处，准备输入 S 指令。

b. 双击指令树下位逻辑中的 S 指令图标，或将其拖入指令应输入处，如图 1-115 所示。

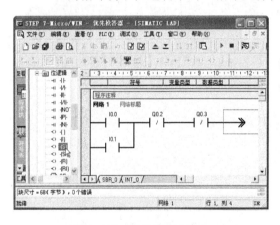

图 1-114　准备输入 S 指令

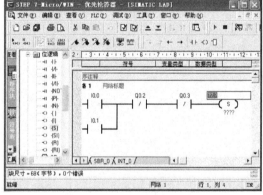

图 1-115　输入 S 指令

c. 输入 S 指令的相关参数，完成 S 指令的输入，如图 1-116 所示。

d. 按同样方法输入 R 指令，将图 1-103 所示程序输入完毕，如图 1-117 所示。

② 优先抢答器控制程序二的输入。

a. 按前面所学的方法输入控制程序二至如图 1-118 所示，准备输入 RS 指令。

b. 双击指令树下位逻辑中的 RS 指令图标，或将其拖入指令应输入处，如图 1-119 所示。

c. 输入参数 Q0.1，并输入复位信号 I0.5 完成 RS 指令的输入，如图 1-120 所示。

d. 按同样的方法将控制程序二输入完毕，如图 1-121 所示。

（2）输入 S7-300 梯形图程序。

① 优先抢答器控制程序一的输入。

S7-300 PLC 的 S、R 指令的输入与 S7-200 相似，如图 1-122 所示。

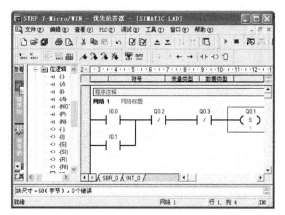

图 1-116 完成 S 指令的输入

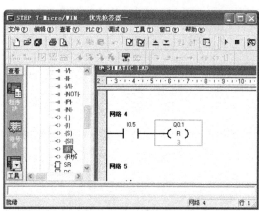

图 1-117 抢答器控制程序一输入完毕

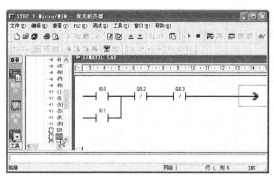

图 1-118 准备输入 RS 指令

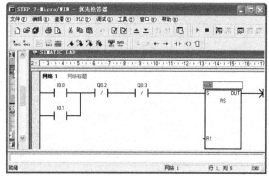

图 1-119 输入 RS 指令

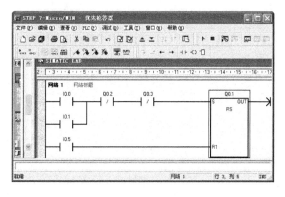

图 1-120 完成 RS 指令输入

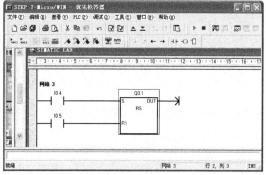

图 1-121 完成控制程序二的输入

② 优先抢答器控制程序二的输入。

S7 -300 PLC 的 SR 指令的输入方法如图 1-123 所示。

2）系统安装和调试

（1）准备工具和器材。

所需工具、器材清单如表 1-18 所示。

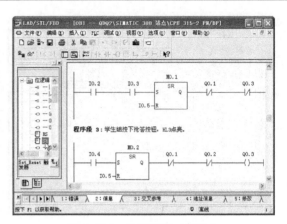

图 1-122 控制程序一的输入   图 1-123 控制程序二的输入

表 1-18 所需工具、器材清单

序　号	分　类	名　　称	型号规格	数　量	单　位	备　注
1	工具	电工工具		1	套	
2		万用表	MF47 型	1	块	
3		可编程序控制器	S7 – 200 CPU 224XP	1	只	
4			S7 – 300 CPU 315 – 2PN/DP	1	只	
5		计算机	装有 STEP 7 V4.0 和 V5.4	1	台	
6		安装铁板	600 ×900mm	1	块	
7		导轨	C45	0.3	米	
8		空气断路器	Multi9 C65N D20	1	只	
9		熔断器	RT28 – 32	2	只	
10		直流开关电源	DC 24V、50W	1	只	
11	器材	按钮	LA4 – 3H	2	只	
12		端子	D – 20	20	只	
13		指示灯	DC 24V	3	只	
14		软线	BVR7/0.75mm^2	20	米	
15		紧固件	M4 ×20 螺杆	若干	只	
16			M4 ×12 螺杆	若干	只	
17			ϕ4 平垫圈	若干	只	
18			ϕ4 弹簧垫圈及 ϕ4 螺母	若干	只	
19		号码管		若干	米	
20		号码笔		1	支	

（2）按要求自行完成系统的安装接线。

（3）程序下载。

将几种不同的控制程序分别下载至 PLC。

（4）系统调试。

① 在教师现场监护下进行通电调试，验证系统功能是否符合控制要求。

② 如果出现故障，学生应独立检修。线路检修完毕和梯形图修改完毕应重新调试，直至系统正常工作。

3. 评分标准

考核时同样采用两人一组共同协作完成的方式，按表 1-19 评分作为成绩的 60%，并分别对两位学生进行提问作为成绩的 40%。

表 1-19 评分标准

内　容	考核要求	配分	评分标准	扣分	得分	备注
I/O 分配表设计	1. 根据设计功能要求，正确的分配输入和输出点。 2. 能根据课题功能要求，正确分配各种 I/O 量。	10	1. 设计的点数与系统要求功能不符合每处扣 2 分。 2. 功能标注不清楚每处扣 2 分。 3. 少、错、漏标每处扣 2 分。			
程序设计	1. PLC 程序能正确实现系统控制功能。 2. 梯形图程序及程序清单正确完整。	40	1. 梯形图程序未实现某项功能，酌情扣除 5～10 分。 2. 梯形图画法不符合规定，程序清单有误，每处扣 2 分。 3. 梯形图指令运用不合理每处扣 2 分。			
程序输入	1. 指令输入熟练正确。 2. 程序编辑、传输方法正确。	20	1. 指令输入方法不正确，每提醒一次扣 2 分。 2. 程序编辑方法不正确，每提醒一次扣 2 分。 3. 传输方法不正确，每提醒一次扣 2 分。			
系统安装调试	1. PLC 系统接线完整正确，有必要的保护。 2. PLC 安装接线符合工艺要求。 3. 调试方法合理正确。	30	1. 错、漏线每处扣 2 分。 2. 缺少必要的保护环节每处扣 2 分。 3. 反圈、压皮、松动每处扣 2 分。 4. 错、漏编码每处扣 1 分。 5. 调试方法不正确，酌情扣 2～5 分。			
安全生产	按国家颁发的安全生产法规或企业自定的规定考核。		1. 每违反一项规定从总分中扣除 2 分（总扣分不超过 10 分）。 2. 发生重大事故取消考试资格。			
时间	不能超过 120 分钟		扣分：每超 2 分钟扣总分 1 分			

巩固提高

试用置位、复位指令或触发器指令设计一个门锁控制系统，控制要求如下：

（1）系统设有 SB1 ～ SB5 五个按钮，其中 SB1 ～ SB3 为控制按钮，SB4 为开门按钮，SB5 为复位按钮；

（2）要求按顺序按下 SB1 ～ SB3 后，按开门按钮 SB4，门才能打开；

（3）在按开门按钮前若发现顺序不对，可按复位按钮 SB5 后，按认为正确的顺序重新按 SB1 ～ SB3 后开锁。

任务4　三相交流异步电动机Y—△降压启动控制

 知识点

- 理解电动机Y—△降压启动的基本工作原理、实现方法及适用场合；
- 掌握西门子 S7 - 200 和 S7 - 300 PLC 定时器的分类及特点；
- 掌握西门子 S7 - 200 和 S7 - 300 定时器指令的基本使用方法。
- 了解时间顺序控制程序编写的基本方法和一般步骤。

 技能点

- 能根据具有时间继电器的继电器控制原理图，运用 PLC 定时器指令设计控制程序实现其控制功能；
- 掌握运用定时器指令设计时间顺序控制电路的方法；
- 掌握 PLC 控制程序模拟仿真的基本方法；
- 能够绘制 I/O 接线图，并能安装、调试 PLC 控制的三相交流异步电动机Y—△降压启动 PLC 控制系统；
- 系统出现故障时，应能根据设计要求独立检修，直至系统正常工作。

 任务引入

三相交流异步电动机在启动时，其启动电流一般为正常工作电流的4～7倍，对于功率较大的电动机（一般大于7kW），由于启动电流较大，短时会影响同一线路上其他设备的正常运行，因而需要对其进行降压启动，以降低启动电流。

Y—△降压启动是一种简单、经济实用的降压启动方法，但其仅适用于正常运转时定子绕组接成三角形的三相交流异步电动机，并且电动机处于空载或轻载状态下的启动。其方法是启动时先将电动机的定子绕组连接成星形接法，待转速上升到接近额定转速后，再将定子绕组改接成三角形，使电动机进入全压运行状态。由于此控制涉及时间控制，而这在 PLC 中一般可通过定时器来实现。本任务我们学习用 PLC 的定时器指令来实现电动机的Y—△降压启动控制的方法。

任务分析

1. 控制要求

（1）能够用按钮控制电动机的启动和停止。

（2）电动机启动时定子绕组接成星形，延时一段时间后，自动将电动机的定子绕组换接成三角形。

（3）具有短路保护和电动机过载保护等必要的保护措施。

2. 任务分析

三相异步电动机Y—△降压启动控制电路是典型而成熟的电力拖动单元电路之一，在生产机械中应用极为广泛。

1）继电器控制Y—△降压启动控制电路

继电器控制的Y—△降压启动控制电路图如图1-124所示。

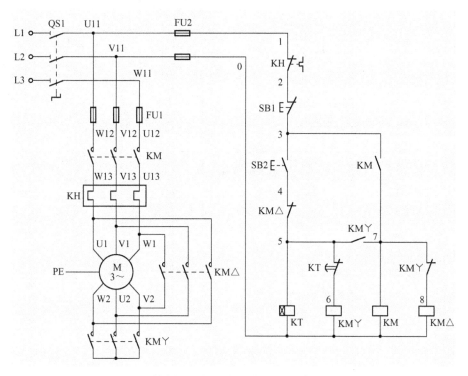

图1-124　继电器控制的三相异步电动机Y—△降压启动控制电路图

2）工作过程分析

由图1-124可以看出，三相交流异步电动机Y—△降压启动控制过程，共分为两个步骤，首先是电动机接成星形降压启动，经过一段时间电动机启动完毕后，再将电动机从星形换接成三角形，进入全压运行状态。其启动工作流程框图如图1-125所示。

由图1-125可见，电动机绕组的Y—△切换分别由KMY和KM△控制，而降压启动时间由时间继电器KT控制，而在PLC中时间的控制是由定时器来完成的。

3）元器件功能表

各元器件的功能见表1-20。

表1-20　Y—△降压启动控制元器件功能表

代　号	名　称	用　途
KM	交流接触器	电源控制
KMY	交流接触器	星形连接
KM△	交流接触器	三角形连接
KT	时间继电器	延时自动转换控制
SB2	启动按钮	启动控制
SB1	停止按钮	停止控制
KH	热继电器	过载保护

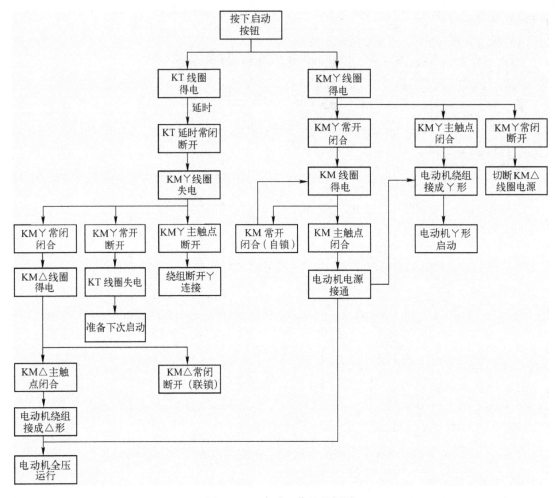

图 1-125　启动工作流程框图

 知识链接

1. 基础知识

1）Y—△降压启动原理

对于正常运行时定子绕组接成三角形接法的鼠笼型异步电动机，可在启动时先将定子绕组作星形连接（Y接），此时每相定子绕组承受的电压是电源相电压，为其线电压的 $1/\sqrt{3}$ 倍，启动电流为三角形接法的 $1/3$。待转速上升到一定值时，将定子绕组的接线由Y形改接成△形，电动机便进入全压正常运行状态，这就是Y—△降压启动原理。凡是正常运转时定子绕组接成三角形接法的鼠笼型异步电动机，在轻载或空载启动时均可采用Y—△降压启动方法来达到降低启动电流的目的。

2）定时器

可编程控制器中的定时器是一种用于时间控制的元件，其作用相当于继电器电路中的时间继电器。它根据时钟脉冲累积计时，单位时间的时间增量称为定时器的分辨率，即精度。定时器定时时间由定时器的设定时间和分辨率共同决定。

T 的计算：$T = \mathrm{PT} \times S$。式中：T 为实际定时时间，PT 为设定值，S 为分辨率。

定时器工作时，除了有和自己编号对应的存储器外，同时还有一个常数设定值寄存器和一个当前值寄存器一起工作。常数设定值寄存器存储的是程序赋与的定时时间所对应数据，当前值寄存器存储的数据是定时器工作时的经过值，即当前定时器中的数据。这些寄存器一般为 16 位二进制存储器。定时器满足计时条件开始计时，当前值寄存器则开始计数，当该寄存器的数据与常数设定值寄存器数据相等时，定时器开始动作，其常开触点闭合，常闭触点断开，并通过程序作用于控制对象，达到延时控制的目的。

2. 相关 PLC 指令

与本任务相关的指令主要为定时器指令，其他指令前面已介绍不再重复。

1）S7 – 200 的定时器指令

S7 – 200 PLC 的定时器总数有 256 个，其编号为 T0 ～ T255。共分三种类型：接通延时定时器（TON）、有记忆接通延时定时器（TONR）、断开延时定时器（TOF）。

定时器分辨率（时基）也有三种：1ms、10ms、100ms，由定时器编号决定，其相关内容如表 1–21 所示。

表 1–21 S7 – 200 PLC 定时器列表

类　　型	格　　式		精度等级（ms）	定时时间最大值（s）	编　号
	LAD	STL			
接通延时定时器	???? IN　TON ????-PT　??? ms	TON T * * *, PT	1	32.767	T32, T96
			10	327.67	T33～T36, T97～T100
			100	3276.7	T37～T63, T101～T225
断开延时定时器	???? IN　TOF ????-PT　??? ms	TOF T * * *, PT	1	32.767	T32, T96
			10	327.67	T33～T36, T97～T100
			100	3276.7	T37～T63, T101～T225
有记忆接通延时定时器	???? IN　TONR ????-PT　??? ms	TONR T * * *, PT	1	32.767	T0, T64
			10	327.67	T1～T4, T65～T68
			100	3276.7	T5～31, T69～T95

由表 1–21 可知，接通延时型定时器和断开延时型定时器的编号处于同一区域，即在该编号区域的定时器既可以用 TON 指令设定为接通延时型，又可以用 TOF 指令设定为断开延时型。但应注意，在同一程序中不能将同一标号的定时器既设定为接通延时型，又设定为断开延时型，如在同一程序中不能同时出现 TON 37 和 TOF 37 指令，以免程序出错。

S7 – 200 PLC 的定时器指令操作数列表如表 1–22 所示。

表 1-22　S7-200 PLC 定时器指令操作数列表

数 据 端	操 作 数	数据类型
T***	常数（T0～T255）	WORD
IN	I、Q、V、M、SM、S、T、C、L	BOOL
PT	IW、QW、VW、MW、SMW、SW、LW、T、C、AC、AIW、*VD、*LD、*AC、常数	INT

（1）接通延时定时器（TON）。

接通延时定时器（TON）当输入端（IN）接通时开始计时，当前值由 0 开始增加，增加至当前值等于设定值（PT）时，该定时器被置位为"1"，其触点动作。若此时定时器的输入端继续保持为 ON，则其当前值继续增加，触点不复位，一直到最大值 32767 停止。

接通延时定时器的输入端（IN）断开时，定时器复位，其当前值复位为 0，触点恢复常态。若接通延时定时器计时时间未到设定值，其输入端即断开，则定时器当前值立即复位为 0，触点不动作。定时器的复位也可以采用 R 指令，但此时定时器要重新计时必须断开 R 指令的触发信号，否则定时器不工作。

接通延时定时器的使用方法和时序图如图 1-126 所示。

由表 1-21 可知，一个定时器的最大定时时间为 3276.7s，若需要定时器的定时时间更长，可通过若干个定时器共同延时实现，总定时时间 $T = T_1 + T_2 + \cdots$ 如图 1-127 所示，程序的定时时间为 T37 和 T38 定时时间的和。

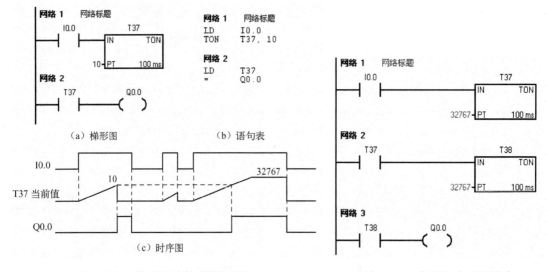

图 1-126　接通延时定时器的用法　　　　图 1-127　长时间定时器设计

（2）断开延时定时器（TOF）。

断开延时定时器（TOF）输入端（IN）接通时，定时器立即动作，其常开触点闭合，常闭触点断开，并把当前值设为 0，而此时定时器并不开始计时，只是保持其触点的状态，等待输入端的断开。

断开延时定时器输入端（IN）断开时，定时器由 0 开始计时，当其当前值增加至设定值时，定时器触点恢复常态，当前值保持不变。因此断开延时定时器必须用负跳变（由 ON 到 OFF）的输入信号（IN），启动定时器开始计时；若计时未达到设定值，输入端的正跳变

（OFF 到 ON）信号即到来，则定时器的当前值立刻复位为 0，触点保持动作状态不变，直至输入端再次断电并延时至设定值，定时器的触点才恢复常态。

断开延时定时器的使用方法和时序图如图 1-128 所示。

（3）有记忆接通延时定时器（TONR）。

上电周期或首次扫描时，有记忆接通延时定时器（TONR）当前值为 0。当输入端（IN）接通时，开始计时，其当前值由 0 开始往上增加，若期间输入端信号断开，则定时器保持其当前值不变；当输入端再次接通时，当前值继续增加，如此累计增加至与设定值相等时，定时器触点动作并保持，此时若输入端继续保持接通状态，则当前值继续增加，直至最大值 32767。

由此可见，有记忆接通延时定时器的当前值在输入信号断开时并不复位为 0，其触点动作后也一直保持现有状态不变，要使有记忆接通延时定时器的当前值复位为 0，触点复位为常态，必须用 R 指令才能将其复位。

有记忆接通延时定时器的使用方法和时序图如图 1-129 所示。

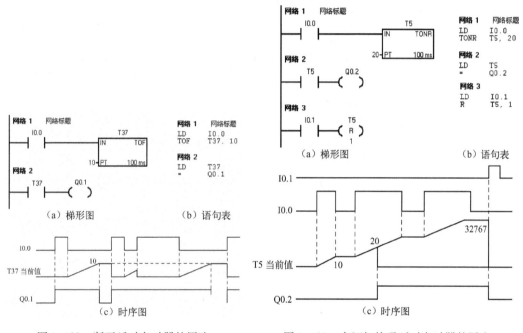

图 1-128　断开延时定时器的用法　　图 1-129　有记忆接通延时定时器的用法

2）S7-300 的定时器指令

S7-300 PLC 具有丰富的定时器指令，主要有定时器线圈和 S5 定时器指令两种类型，定时器线圈指令根据定时器线圈的状态来决定定时器是否启动，因而其受控于定时器线圈，它不能作为能流再继续控制后面的线圈，即程序的一行到定时器线圈即告结束，要实现定时控制只能利用其触点；S5 定时器指令是一个整体，有六个端子各代表不同的含义，S5 定时器的启动由输入端的状态控制，它能作为能流继续控制后面的线圈，也能用触点实现定时控制。

S7-300 的定时器指令共有脉冲定时器、扩展脉冲定时器、接通延时定时器、保持型接通延时定时器和断开延时定时器五种。其指令格式如表 1-23 所示。

表 1-23　S7-300 定时器指令列表

类　型	指令格式（LAD）		定时时间		编　号
	定时器线圈	S5 定时器	常数设定格式	最大值	
脉冲定时器	??? -(SP)- ???	??? S_PULSE S　　Q ??? -TV　BI- ... ... -R　BCD- ...	S5T#aHbbM ccSddMS aH：a 小时 bbM：bb 分 ccS：cc 秒 ddMS：dd 毫秒	999 秒或 2 小时 46 分 30 秒	范围与 CPU 的型号有关；梯形图支持 T0～T255 共 256 个定时器。
扩展脉冲定时器	??? -(SE)- ???	??? S_PEXT S　　Q ??? -TV　BI- ... ... -R　BCD- ...			
接通延时定时器	??? -(SD)- ???	??? S_ODT S　　Q ??? -TV　BI- ... ... -R　BCD- ...			
保持型接通延时定时器	??? -(SS)- ???	??? S_ODTS S　　Q ??? -TV　BI- ... ... -R　BCD- ...			
断开延时定时器	??? -(SF)- ???	??? S_OFFDT S　　Q ??? -TV　BI- ... ... -R　BCD- ...			

定时器的时间具体设置时，除直接使用表中 S5 时间表示法装入时间设定值外，也可用装入指令 L　W#16#wxyz；其中，w，x，y，z 均为十进制数；w 为时基，xyz 为定时值。在梯形图（LAD）编程时采用 S5 格式。

（1）脉冲定时器指令。

① 脉冲定时器线圈指令（SP）。

脉冲定时器线圈指令（SP）共有定时器编号和定时时间设定值两个参数。程序执行时，如果其线圈触发信号上升沿到来时，则脉冲定时器启动，触点立刻动作；同时其当前值立刻跳变至设定值，只要定时器线圈保持得电状态，定时器就继续运行，当前值从设定值开始往下递减，直至定时器当前值为 0 时，定时器复位，触点恢复常态。在定时器运行期间，未到定时时间其线圈若在中途失电，则定时器立刻复位，当前值恢复为 0，触点恢复为常态。当运用复位

（R）指令复位定时器时，该复位信号优先，此时即使定时器线圈前的逻辑结果为 1，定时器也不启动。脉冲定时器线圈指令的参数如表 1-24 所示，其余定时器线圈的参数也相同。

表 1-24 脉冲定时器线圈指令参数列表

参　　数	数 据 类 型	操　作　数	说　　明
T NO.	TIMER	T	定时器编号
TV	S5TIME	I、Q、L、M、D 或常数	定时器设定时间值

② 脉冲 S5 定时器指令（S_PULSE）。

脉冲 S5 定时器指令（S_PULSE）共有七个参数，各参数的含义如表 1-25 所示。其余各 S5 定时器的参数也相同。

表 1-25 S7-300 S5 定时器指令参数列表

数 据 端	数 据 类 型	操　作　数	说　　明
T NO.	TIMER	T	定时器编号
S	BOOL	I、Q、L、M、D	启动输入端
TV	S5TIME	I、Q、L、M、D 或常数	定时器设定时间值
R	BOOL	I、Q、L、M、D	复位输入端
Q	BOOL	I、Q、L、M、D	定时器输出状态
BI	WORD	I、Q、L、M、D	定时器剩余时间，INT 形式
BCD	WORD	I、Q、L、M、D	定时器剩余时间，BCD 形式

脉冲 S5 定时器指令的动作过程与脉冲定时器线圈指令相同，这里不再重复，但它可以作为能流（RLO）使用，并可利用 BI 和 BCD 两个端子分别以整数和 BCD 码的形式显示定时器的剩余时间，使用时功能更为全面。

两种脉冲定时器的使用用法如图 1-130 所示。

（2）扩展脉冲定时器指令。

① 扩展脉冲定时器线圈指令（SE）。

扩展脉冲定时器线圈指令（SE）的功能和脉冲定时器线圈指令（SP）的功能相似，区别在于扩展脉冲定时器线圈指令（SE）一旦被触发，其线圈一直保持得电状态，即使触发信号断开，其当前值也继续递减，直到定时器再次被触发跳变到设定值。若想让定时器的触点复位（当前值为 0），必须使定时器上一次触发到下一次触发间的时间大于等于设定时间或用复位指令（R）直接将其复位。

② 扩展脉冲 S5 定时器指令（S_PEXT）。

扩展脉冲 S5 定时器指令的动作过程与扩展脉冲定时器线圈指令相同。

扩展脉冲定时器指令的用法如图 1-131 所示。

（3）接通延时定时器指令。

① 接通延时定时器线圈指令（SD）。

接通延时定时器线圈指令（SD）的动作过程与接通延时型时间继电器相似，当其线圈得电时，其当前值立刻跳变为设定值，定时器启动开始计时，但触点并不动作，直至当前值递减为 0 时，定时器触点才动作，此时若保持其触发信号继续接通，定时器状态不复位；一旦触发信号断开，则定时器触点立即复位。若在定时器计时期间，未到设定值其线圈就断开，则定时器触点立刻恢复常态，当前值保持，直至线圈触发信号的上升沿再次到来，其当前值变为设定值。

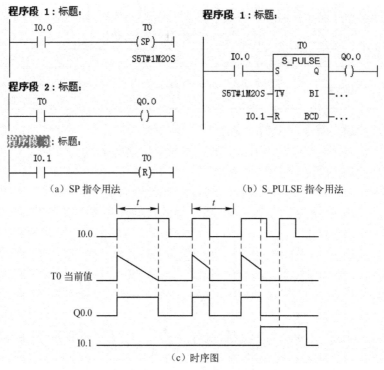

（a）SP 指令用法　　　　　（b）S_PULSE 指令用法

（c）时序图

图 1-130　脉冲定时器指令的用法

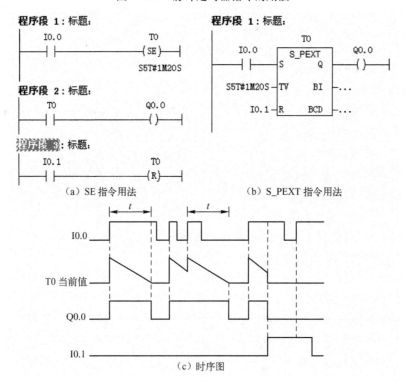

（a）SE 指令用法　　　　　（b）S_PEXT 指令用法

（c）时序图

图 1-131　扩展脉冲定时器指令的用法

② 接通延时 S5 定时器指令（S_ODT）。

接通延时 S5 定时器指令的动作过程与接通延时定时器线圈指令相同。

接通延时定时器指令的用法如图 1-132 所示。

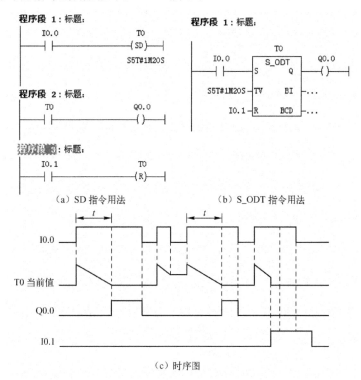

（a）SD 指令用法　　　　　（b）S_ODT 指令用法

（c）时序图

图 1-132　接通延时定时器指令的用法

（4）保持型接通延时定时器指令。

① 保持型接通延时定时器线圈指令（SS）。

保持型接通延时定时器线圈指令（SS）的功能与接通延时定时器线圈指令（SD）的功能相同，都是当定时器线圈触发信号的上升沿到来时，定时器启动开始计时，但不同的是在此期间即使断开定时器线圈，定时器仍继续工作，直到定时器的当前值为 0，其触点动作，并在线圈失电的情况下也不复位。因此保持型接通延时定时器线圈指令一旦其线圈被触发，其当前值就会从设定值一直减到 0，除非在此期间用复位指令（R）将其复位，当前值变为 0；或者定时器线圈再次被触发，当前值跳变为设定值。

② 保持型接通延时 S5 定时器指令（S_ODTS）。

保持型接通延时 S5 定时器指令的动作过程与保持型接通延时定时器线圈指令相同。

保持型接通延时定时器指令的用法如图 1-133 所示。

（5）断开延时定时器指令。

① 断开延时定时器线圈指令（SF）。

当断开延时定时器线圈指令（SF）的触发信号的上升沿到来时，其触点就立即动作并保持，但此时定时器并不启动计时，直到其触发信号的下降沿到来时，定时器的当前值跳变为设定值，并启动开始计时，当其当前值减至为 0，触点复位。若在定时器计时期间再次有

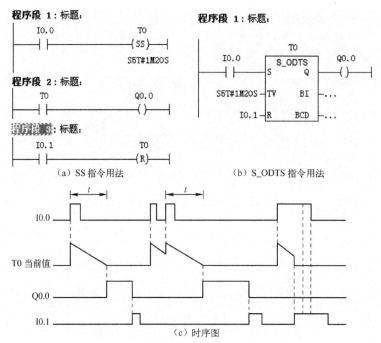

（a）SS 指令用法　　　　　　（b）S_ODTS 指令用法

（c）时序图

图 1-133　保持型接通延时定时器指令的用法

触发信号的下降沿到来，则其当前值也再次跳变为设定值，并重新开始计时；若有复位信号到来，则其触点立即复位，当前值恢复为数值 0。

② 断开延时 S5 定时器指令（S_OFFDT）。

断开延时 S5 定时器指令的动作过程与断开延时定时器线圈指令相同。

断开延时定时器指令的用法如图 1-134 所示。

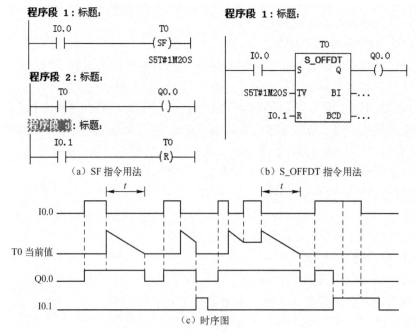

（a）SF 指令用法　　　　　　（b）S_OFFDT 指令用法

（c）时序图

图 1-134　断开延时定时器指令的用法

3. 程序设计

1）输入/输出分配表

三相交流异步电动机Y—△降压启动控制电路的输入/输出分配表如表1-26所示。

表1-26　输入/输出分配表

输　　入			输　　出		
元 件 代 号	作　　用	输入继电器	输出继电器	元 件 代 号	作　　用
SB1	启动	I0.0	Q0.0	KM	电源控制
SB2	停止	I0.1	Q0.1	KMY	星形连接
			Q0.2	KM△	三角形连接

2）输入/输出接线图

（1）S7-200输入/输出接线图。

用西门子S7-200型可编程序控制器实现三相交流异步电动机Y—△降压启动控制的输入/输出接线图如图1-135所示。

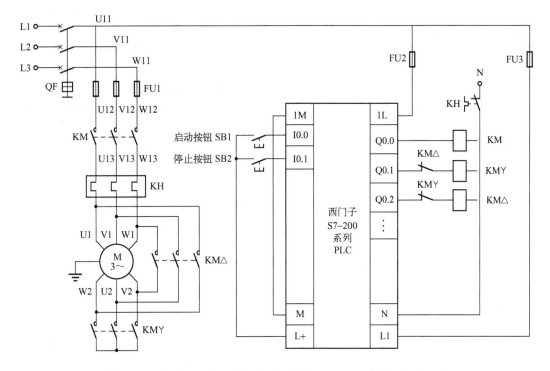

图1-135　S7-200型PLC电动机Y—△降压启动控制输入/输出接线图

（2）S7-300输入/输出接线图。

用西门子S7-300型可编程序控制器实现三相交流异步电动机Y—△降压启动控制的输入/输出接线图如图1-136所示。

3）程序设计

（1）S7-200 PLC控制程序。

① 定义符号表。

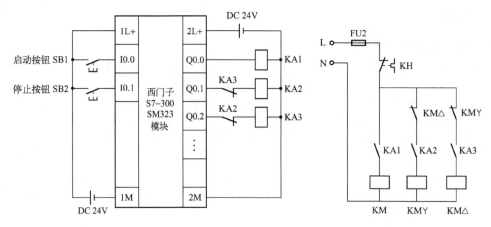

图 1-136　S7-300 型 PLC 电动机Y—△降压启动控制输入/输出接线

	符号	地址	注释
1	S1	I0.0	启动按钮
2	S2	I0.1	停止按钮
3	KM	Q0.0	电源控制
4	KMY	Q0.1	星形
5	KM△	Q0.2	三角形
6	T	T37	星形启动时间
7	FLAG	M0.0	标志位

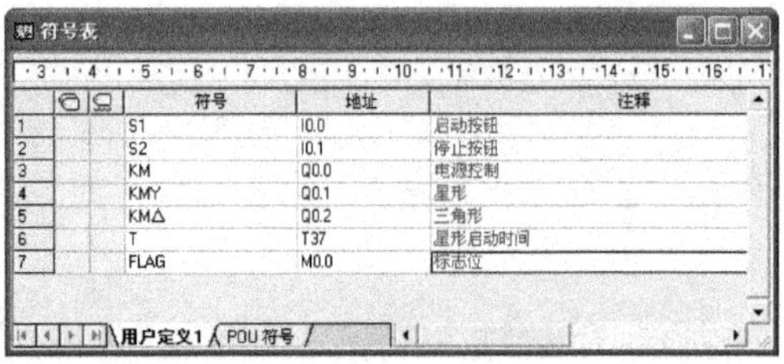

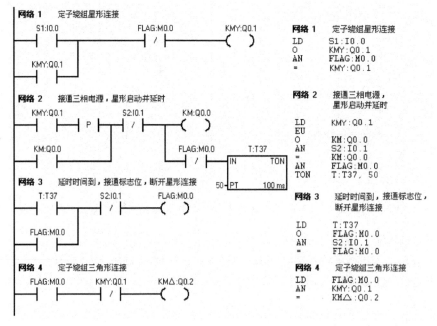

图 1-137　定义符号表

定义符号表如图 1-137 所示。

② 采用基本指令编程。

采用基本指令编写的Y—△控制程序如图 1-138所示。图中为避免电动机定子绕组未连接就输入三相电源，KM 由 KMY的上升沿触发接通，即先将定子绕组进行星形连接，再接通电源实现星形启动，此时定时器开始计时。当定时器计时时间到，即电动机运转速度已接近额定转速时，定时器动作，M0.0 接通同时断开 KMY，KMY常闭恢复闭合状态，KM△接通完成电动机降压启动。其中 M0.0 为标志位，为保证先断开 KMY再接通 KM△而设，以避免出现电源瞬时短路。

图 1-138　S7-200 Y—△降压启动控制程序一

③ 采用复位优先型 RS 触发器指令编程。

采用 RS 指令编写的Y—△控制程序如图 1-139 所示。图中同样启动按钮首先置位 KMY，使电动机定子绕组先连接成星形，再由 KMY 置位 KM 接通电源启动电动机；此时标志位 M0.0 被置位，定时器开始计时，定时时间到 T37 复位 KMY，当 KMY 失电后再置位 KM△，电动机定子绕组接成三角形正常运行，降压启动完毕。同时 KM△ 复位标志位 M0.0 和 KMY，由于编程采用的是复位优先触发器，所以此时即使再次按下启动按钮 KMY 和 M0.0 都不会置位，只有按下复位按钮 I0.1 后，才能进入下一次降压启动，这也避免了电动机在三角形运行时，按下启动按钮使星形接触器接通而发生电源短路的事故。

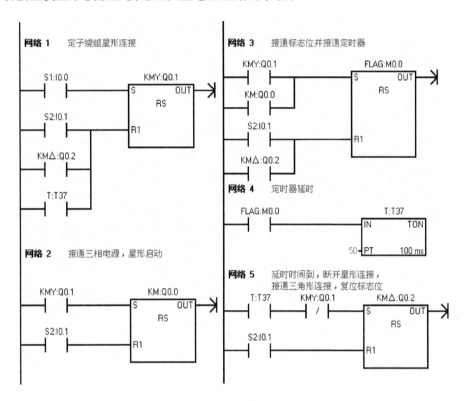

图 1-139　S7-200 Y—△降压启动控制程序二

（2）S7-300PLC 控制程序。

① 定义符号表，如图 1-140 所示。

② 采用基本指令编程。

采用基本指令编写的 S7-300 控制程序如图 1-141 所示。

图 1-140　定义符号表

③ 采用复位优先型双稳态触发器 SR 指令编程。

采用复位优先型双稳态触发器 SR 指令编写的 S7-300 控制程序如图 1-142 所示。

S7-300 PLC 的电动机Y—△降压启动控制程序的编程思路与 S7-200 PLC 类似，在此不再重复。

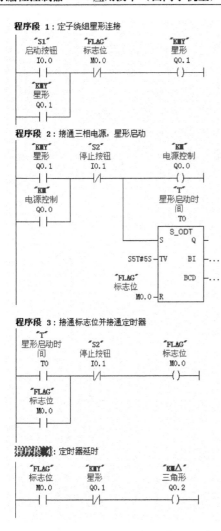

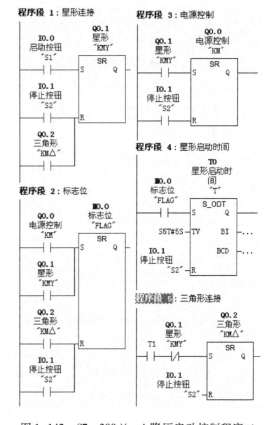

图 1-141　S7-300 Y—△降压启动控制程序一　　　图 1-142　S7-300 Y—△降压启动控制程序二

 技能训练

1. 训练目标

（1）能够正确编制、输入和传输三相交流异步电动机Y—△降压启动 PLC 控制程序。

（2）能够独立完成三相交流异步电动机Y—△降压启动 PLC 控制线路的安装。

（3）按规定进行通电调试，出现故障能根据设计要求独立检修，直至系统正常工作。

2. 训练内容

1）程序的输入

（1）输入 S7-200 梯形图程序。

①Y—△降压启动控制程序一的输入。

a. 按以前的方法将图 1-138 所示程序输入至如图 1-143 所示处，并在定时器指令树下找到接通延时定时器指令 TON。

b. 将光标停于需要输入处，双击 TON 指令图标或将其直接拖曳至输入处，如图 1-144 所示。

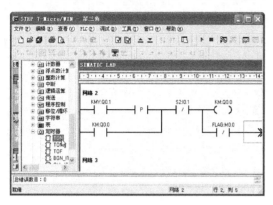

图 1-143　准备输入定时器指令

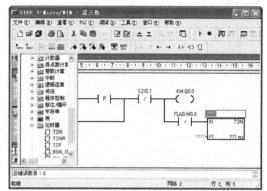

图 1-144　输入定时器指令

c. 输入相应定时器编号和定时时间，完成定时器指令的输入，如图 1-145 所示。

d. 将Y—△降压启动控制程序一输入完毕，如图 1-146 所示。

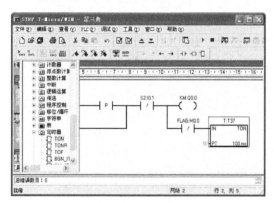

图 1-145　完成定时器指令的输入

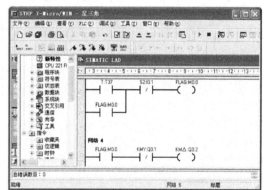

图 1-146　S7－200 控制程序一输入完毕

② Y—△降压启动控制程序二的输入。

按以前的方法输入图 1-139 所示程序，定时器的输入方法同程序一，如图 1-147 所示。

（2）输入 S7－300 梯形图程序。

① Y—△降压启动控制程序一的输入。

a. 按以前的方法将图 1-141 所示程序输入至如图 1-148 所示处，并在定时器指令树下找到接通延时定时器指令 S_ODT。

b. 将光标停于需要输入处，双击 S_ODT 指令图标或将其直接拖曳至输入处，如图 1-149 所示。

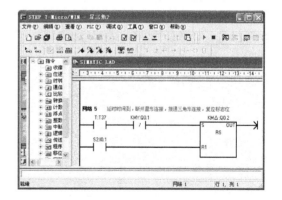

图 1-147　S7－200 控制程序二输入完毕

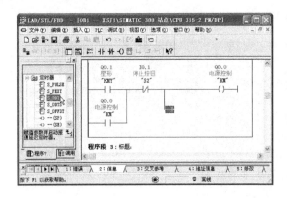

图 1-148　准备输入定时器指令

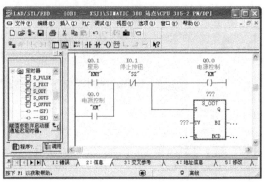

图 1-149　输入定时器指令

c. 输入定时器相应的参数，完成接通延时定时器指令的输入，如图 1-150 所示。

d. 将 Y—△降压启动控制程序一输入完毕，如图 1-151 所示。

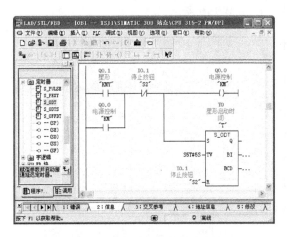

图 1-150　定时器指令输入完毕

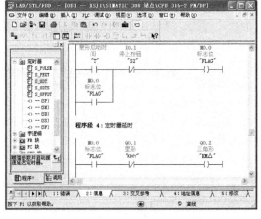

图 1-151　S7-300 控制程序一输入完毕

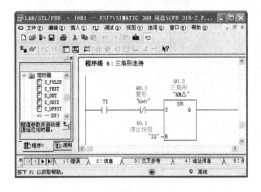

图 1-152　S7-300 控制程序二输入完毕

① 单击编程软件主菜单"文件"→"导出"，将需要模拟调试的程序以".awl"文件的格式导出并保存，如图 1-153 所示。

② Y—△降压启动控制程序二的输入。

按以前的方法输入图 1-142 所示程序，定时器的输入方法同程序一，如图 1-152 所示。

2）程序的模拟调试

为方便程序的调试，S7-200、S7-300 PLC 都开发了模拟调试软件，用以模拟调试程序的执行结果，通常又称程序的仿真。

（1）S7-200 程序的模拟调试。

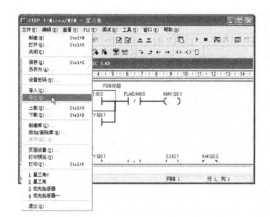

图 1-153 导出保存程序块

② 双击  打开 S7-200 模拟器 V4.0，输入密码（6596），单击"OK"按钮，如图 1-154 所示。

③ 进入模拟器后单击"Configuration"→"CPU Type"准备选择 CPU 类型，如图 1-155 所示。

图 1-154 输入密码

④ 进入 CPU 类型选择界面，选择 CPU 类型，单击"Accept"按钮，如图 1-156 所示。

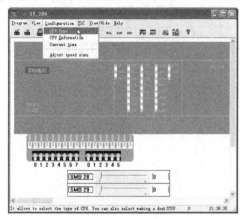

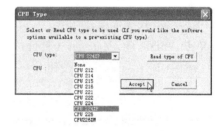

图 1-155 准备选择 CPU 类型   图 1-156 选择 CPU 类型

⑤ 单击"下载"图标，选择需要模拟调试的块，单击"Accept"按钮，如图 1-157 所示。

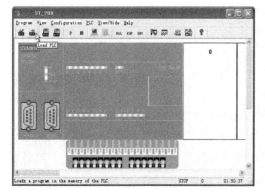

图 1-157 选择加载的块

图 1-158 打开导出的程序

⑥ 选择先前导出的需要模拟调试的程序，并单击"打开"按钮，如图 1-158 所示。

⑦ 单击"运行"图标，使模拟器处于"RUN"状态，如图 1-159 所示。

⑧ 通过接通和断开主界面下端的用以接通输入点的模拟拨扭开关，观察上段的输出指示灯的状态就可以进行程序的模拟调试了，如图 1-160 所示。

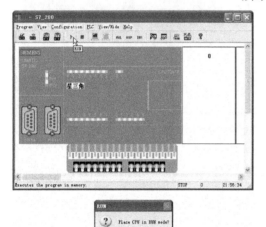

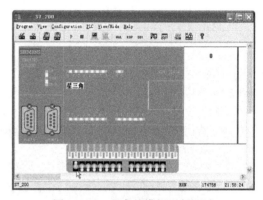

图 1-159 模拟器处于"RUN"状态

图 1-160 程序的模拟运行调试

（2）S7-300 程序的模拟调试。

① 单击"SIMATIC Manager"界面中工具栏中如图 1-161 所示按钮，并在"Open Project"对话框中单击"Cancel"按钮。

图 1-161 准备打开模拟器

② 在弹出的对话框中单击"确定"按钮，随即弹出 S7-PLCSIM 模拟器的主界面，如图 1-162 所示。

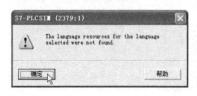

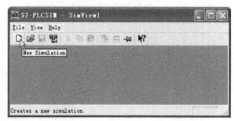

图 1-162 打开模拟器界面

③ 单击主菜单中"Insert"插入数据监控窗口，如输入、输出、定时器的当前值窗口等，如图1-163所示。

④ 回到OB1中单击"下载"图标，将程序下载至模拟器，如图1-164所示。

⑤ 将模拟器打到"RUN"，在需要接通的输入点小框内打勾，通过观察输出点和定时器的状态即可进行模拟调试了，如图1-165所示。

3）系统安装和调试

（1）准备工具和器材。所需工具、器材清单如表1-27所示。

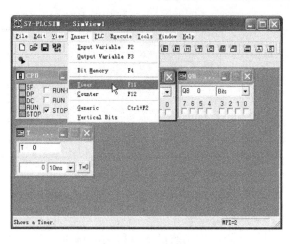

图1-163　插入监控数据窗口

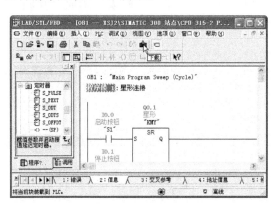

图1-164　下载程序

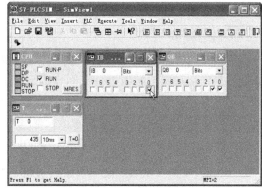

图1-165　程序的模拟调试

表1-27　所需工具、器材清单

序　号	分　类	名　称	型号规格	数　量	单　位	备　注
1	工具	电工工具		1	套	
2		万用表	MF47 型	1	块	
3		可编程序控制器	S7-200 CPU 224XP	1	只	
4			S7-300 CPU 315-2PN/DP	1	只	
5	器材	计算机	装有 STEP 7 V4.0 和 V5.4	1	台	
6		安装铁板	600×900mm	1	块	
7		导轨	C45	0.3	米	
8		空气断路器	Multi9 C65N D20	1	只	
9		熔断器	RT28-32	5	只	
10		接触器	NC3—09/AC 220V	3	只	
11		继电器	HH54P/DC 24V	3	只	
12		热继电器	NR4-63（1-1.6A）	1	只	
13	器材	直流开关电源	DC 24V、50W	1	只	
14		三相异步电动机	JW6324-380V 250W0.85A	1	只	
15		按钮	LA4-3H	1	只	
16		端子	D-20	20	只	
17		铜塑线	BV1/1.37mm^2	20	米	

续表

序　号	分　类	名　　称	型 号 规 格	数　　量	单　位	备　注
18		软线	BVR7/0.75mm²	20	米	
19		紧固件	M4×20 螺杆	若干	只	
20	器材		M4×12 螺杆	若干	只	
21			φ4 平垫圈	若干	只	
22			φ4 弹簧垫圈及 φ4 螺母	若干	只	
23		号码管		若干	米	
24		号码笔		1	支	

（2）按要求自行完成系统的安装接线。

（3）程序下载，将几种不同的控制程序分别下载至 PLC。

（4）系统调试。

① 在教师现场监护下进行通电调试，验证系统功能是否符合控制要求。

② 如果出现故障，则学生应独立检修。线路检修完毕和梯形图修改完毕应重新调试，直至系统正常工作。

3. 评分标准

考核时同样采用两人一组共同协作完成的方式，按表1-28所示评分标准作为成绩的60%，并分别对两位学生进行提问作为成绩的40%。

表1-28　评分标准

内　　容	考核要求	配分	评分标准	扣分	得分	备注
I/O 分配表设计	1. 根据设计功能要求，正确的分配输入和输出点。 2. 能根据课题功能要求，正确分配各种 I/O 量。	10	1. 设计的点数与系统要求功能不符合每处扣2分。 2. 功能标注不清楚每处扣2分。 3. 少、错、漏标每处扣2分。			
程序设计	1. PLC 程序能正确实现系统控制功能。 2. 梯形图程序及程序清单正确完整。	40	1. 梯形图程序未实现某项功能，酌情扣除5～10分。 2. 梯形图画法不符合规定，程序清单有误，每处扣2分。 3. 梯形图指令运用不合理每处扣2分。			
程序输入	1. 指令输入熟练正确。 2. 程序编辑、传输方法正确。	20	1. 指令输入方法不正确，每提醒一次扣2分。 2. 程序编辑方法不正确，每提醒一次扣2分。 3. 传输方法不正确，每提醒一次扣2分。			
系统安装调试	1. PLC 系统接线完整正确，有必要的保护。 2. PLC 安装接线符合工艺要求。 3. 调试方法合理正确。	30	1. 错、漏线每处扣2分。 2. 缺少必要的保护环节每处扣2分。 3. 反圈、压皮、松动每处扣2分。 4. 错、漏编码每处扣1分。 5. 调试方法不正确，酌情扣2～5分。			
安全生产	按国家颁发的安全生产法规或企业自定的规定考核。		1. 每违反一项规定从总分中扣除2分（总扣分不超过10分）。 2. 发生重大事故取消考试资格。			
时间	不能超过120分钟		扣分：每超2分钟倒扣总分1分			

巩固提高

试设计双速电动机具有手动和自动两种高、低速切换方式的 PLC 控制程序。

任务5　停车场车位自动计数控制

知识点

○ 掌握西门子 S7 -200 及 S7 -300 计数器指令的分类及特点。
○ 掌握西门子 S7 -200 和 S7 -300 计数器指令的基本使用方法。
○ 掌握计数控制程序的一般编写方法与步骤。

技能点

○ 能根据控制要求，运用 PLC 计数器指令设计停车场计数系统的控制程序；
○ 能够绘制 I/O 接线图，并能安装、调试 PLC 控制的停车场自动检测系统；
○ 系统出现故障时，应能根据设计要求独立检修，直至系统正常工作。

任务引入

随着生活水平的提高，私家车越来越普及，人们居住小区的停车不能不成为一个不容忽视的问题。因此，新楼盘的开发一般都设有地下车库，但往往还是不能满足住户停车的需要。另外，人们在外出旅游、购物和办事时，也常常会驾车出行，需要有停车场来停放车辆。

目前的停车场一般有一个管理员进行管理和收费，但有时我们驾车到停车场入口处时，却被告知车位已满，无奈只能把车倒出去，寻找另一个停车场或停车车位，这给我们停车造成了诸多不便。因此，能否在司机还未进入停车场入口时就能通过指示灯及时了解停车场是否有车位，从而提前决定是否进入。本任务我们学习用 PLC 的计数器指令实现停车场车辆计数和指示有无空余车位的功能。

任务分析

1. 控制要求

（1）停车场共有 50 个车位，当驶入的车辆小于 50 时，车辆未满绿色指示灯点亮，告知停车场还有空位；当驶入的车辆等于 50 时，车辆已满红色指示灯点亮，告知停车场车位已满。

（2）车辆由装在入口和出口处地面下的车辆感应器检测，当检测到有车辆时，车辆感应器动作，车辆驶离时车辆感应器复位。

（3）挡杆由两台电动机分别控制，分别控制入口和出口处的挡杆的抬起和落下。

（4）当有车辆驶入时，若有空位则挡杆抬起，车辆感应器复位 10s 后挡杆落下，车位数减 1；若此时车位已满，则挡杆不抬起，车位数也不减 1。当有车辆驶出时，只要出口处车辆感应器动作，则挡杆即抬起，车位数加 1，车辆感应器复位后 10s 挡杆落下。

系统的示意图如图 1-166 所示。

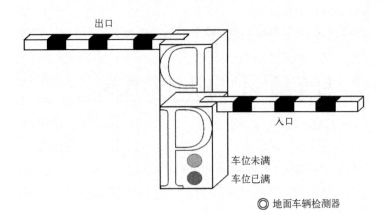

图 1-166　停车场出入口示意图

2. 任务分析

本控制任务由驶入停车场的车辆总数判断场内是否有空车位，因此涉及车辆的计数，而这在 PLC 中一般通过计数器来实现。当停车场有车辆驶入时，入口处的感应开关触点发出上升沿信号，计数器计数，车位数减 1；当停车场有车辆驶出时，出口处的感应开关触点发出上升沿信号，车位数加 1。

当计数器中的数据等于车位数 50 时，即使入口处感应开关动作，计数器也不计数，挡杆不抬起；而在出口处只要对应的感应开关动作，挡杆就立刻抬起，并将计数器中的数据减 1，刷新当前停车场内的空余车位数，以决定对入口处的车辆是否放行。

本任务中的指示灯控制比较简单，只需检测计数器中的值是否等于 50，若不等于 50 则车位未满指示绿灯亮，因为计数器的值等于 50 后，计数器就不再计数，因此其值不可能大于 50；而计数器中的值等于 50 时，车位已满指示红灯亮，提醒司机车位已满，而这通过计数器的触点可以很容易地实现控制。

 知识链接

1. 基础知识

1）地面车辆检测器

地面车辆检测器又称地埋式感应线圈（或感应棒），这是一种典型的车辆检测设备，具有较好的检测效果。具体的实施方法是在需要检测的地面构造一个直径 1m 的圆形或是面积相当的矩形沟槽，并在其中埋设两到三匝的导线构成一个埋设于地下的电感线圈，它和电容组成一个振荡频率稳定的振荡电路。当有大金属（如汽车）经过时，线圈的电感量发生变化，振荡电路的振荡频率也发生变化，经微处理器比较处理后，发出有车辆经过的信号。

2）计数器

计数器是任何 PLC 中都具有的一种十分重要的软元件，主要用以累计输入脉冲的个数，在程序设计时应用十分广泛。如运用计数器对产品进行计数、控制程序循环的次数等。计数器与定时器的结构和使用基本相似，编程时输入它的预设值 PV（计数的次数），计数器累计它的脉冲输入端上升沿（正跳变）个数，当计数器的当前值达到预设值 PV 时，发出中断请求信号，PLC 做出相应的处理，使其触点动作。

严格意义上讲，定时器也是一种计数器，只是其输入端的输入脉冲是 PLC 内部发出的时基脉冲信号，因此定时器的定时时间实际上就是计数器的设定值与单位时基脉冲时间的乘积。不同的定时器的复位方式不同，而计数器必须通过复位端的触发信号复位。

2. 相关 PLC 指令

本任务对车辆的计数主要是通过计数器来实现的，S7 - 200 PLC 和 S7 - 300 PLC 都配备了功能齐全的计数器指令，在程序设计时十分方便。

1）S7 - 200 的计数器指令

S7 - 200 的计数器分通用计数器和高速计数器两大类。高速计数器主要用以对高频脉冲进行计数，本任务不予介绍；通用计数器和定时器指令一样，S7 - 200 PLC 的计数器也有 C0 ~ C255 共 256 个，共有增计数（CTU）、减计数（CTD）和增减计数（CTUD）三种类型，任何一个编号的计数器都可以设置为这三种类型，但在一个程序中不能出现编号相同的两个或两个以上的计数器。S7 - 200 PLC 计数器列表如表 1-29 所示。

表 1-29   S7 - 200 PLC 计数器列表

类型	格式		输入/输出	操 作 数	数据类型
	LAD	STL			
增计数器	???? CU CTU R ????-PV	CTU C ***, PV	C ***	C0~C255	常数
			CU	I、Q、V、M、SM、S、T、C、L	WORD
			R	I、Q、V、M、SM、S、T、C、L	BOOL
			PV	IW、QW、VW、MW、SMW、SW、LW、T、C、AC、AIW、*VD、*LD、*AD、常数	INT
减计数器	???? CD CTD LD ????-PV	CTD C ***, PV	C ***	C0~C255	常数
			CD	I、Q、V、M、SM、S、T、C、L	WORD
			R	I、Q、V、M、SM、S、T、C、L	BOOL
			PV	IW、QW、VW、MW、SMW、SW、LW、T、C、AC、AIW、*VD、*LD、*AD、常数	INT
增/减计数器	???? CU CTUD CD R ????-PV	CTUD C ***, PV	C ***	C0~C255	常数
			CU	I、Q、V、M、SM、S、T、C、L	WORD
			CD	I、Q、V、M、SM、S、T、C、L	WORD
			R	I、Q、V、M、SM、S、T、C、L	BOOL
			PV	IW、QW、VW、MW、SMW、SW、LW、T、C、AC、AIW、*VD、*LD、*AD、常数	INT

（1）增计数器指令（CTU）。

增计数器（CTU）指令的 CU 端用于检测触发信号的上升沿，上升沿每到来一次，计数器的当前值加 1；R 端为复位端，当其触发信号的上升沿到来时，计数器复位，其当前值复位为 0；PV 端用于设置计数器的设定值。

当 PLC 上电处于"RUN"状态时，首次扫描将增计数器的当前值复位为 0。CU 端每输入 1 个脉冲的上升沿，计数器计数 1 次，当前值加 1，此时计数器并不动作，其触点处于常态，直到计时器的当前值增加至设定值，计数器才动作，其触点也随即动作。若此时 CU 端还有上升沿信号不断输入，计数器的当前值继续增加，直至增加到最大值 32767 为止。

值得注意的是计数器在其当前值大于等于设定值时，计数器始终保持动作状态，此时若要将计数器的当前值复位为 0，使计数器恢复常态，只能在其复位端输入上升沿信号或执行复位指令。复位端为 ON 时，计数器不对 CU 端信号计数，当前值保持 0 不变，即增计数器复位优先。

增计数器的使用方法和时序图如图 1-167 所示。

在 S7-200 PLC 中设置了赋予特殊功能的寄存器，称之为特殊寄存器标志位，用 SM 表示。特殊寄存器标志位，提供了大量的状态和控制功能，并能起到在 CPU 和用户之间互通信息的作用，它可以以位、字节、字和双字的形式使用，如图 1-167 中的 SM0.5 所示。

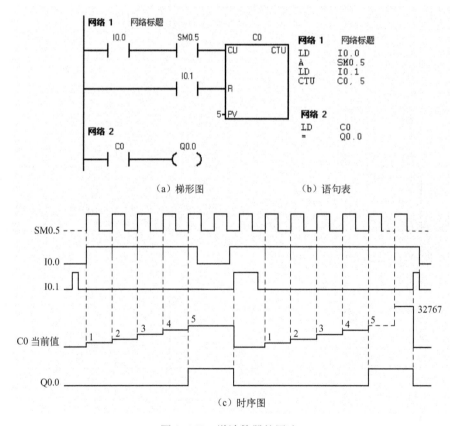

（a）梯形图　　　　　（b）语句表

（c）时序图

图 1-167　增计数器的用法

SMB0 的 8 个状态位在程序设计中经常会用到，它们无须线圈驱动，且在每个扫描周期结束时由 S7 - 200 自动更新。SMB0 各状态位的具体功能如表 1-30 所示。

表 1-30   S7 - 200 SMB0 状态位功能表

SM 状态位	功　　能
SM0.0	始终为 ON。
SM0.1	初始化脉冲，PLC 为"RUN"时接通一个扫描周期。
SM0.2	在保存数据丢失时接通 1 个扫描周期，可用于错误存储位。
SM0.3	开机后接通 1 个扫描周期，用于在启动操作之前给设备提供一个预热时间。
SM0.4	周期为 1 分钟时钟脉冲。
SM0.5	周期为 1 秒钟时钟脉冲。
SM0.6	扫描脉冲，本次扫描为 ON，下次扫描为 OFF。
SM0.7	指示 CPU 工作方式开关的位置，在"RUN"位置时为 ON，在"TERM"时为"OFF"。

图 1-167 中当 I0.0 接通时，计数器 CU 端开始接收 SM0.5 的 1s 时钟脉冲，并计数，达到设定值时，C0 动作，其常开触点闭合常闭触点断开，Q0.0 接通。

若 I0.0 处于断开状态时，C0 对输入脉冲不计数，其当前值保持不变；复位信号 I0.1 的上升沿到来时，C0 当前值立即复位为 0，其触点恢复常态，Q0.0 随即也失电。当复位信号 I0.1 为 ON 时，C0 不计数，即复位信号优先。

在无复位信号上升沿到来，保持 I0.0 为 ON 时，C0 的当前值不断增加，直至最大值 32767。由于 C0 的输入端输入的是 1s 的时钟脉冲，所以图 1-167 程序实际上实现的是定时器功能，其最大定时时间为 32767s（PV 设定为 32767 时）。由此可见，将定时器和计数器配合使用，可设计长时

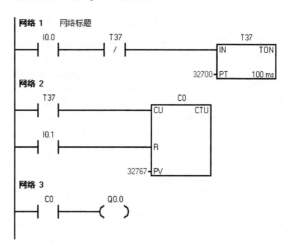

图 1-168   长时间定时器

间定时器，这是 PLC 程序设计中常用的方法。如图 1-168 所示程序的定时时间可达 $T = 3270 \times 32767s$，如需要更长的定时时间通过再加另外的计数器来实现。

（2）减计数器指令（CTD）。

减计数器（CTD）指令的端子和增计数器指令的完全相同，其工作过程是当复位信号上升沿到来时，计数器当前值立即跳变为预设值 PV，以后脉冲接收端每一个上升沿到来时，其当前值减 1，减至为 0 时计数器动作。因此，减计数器工作的首要条件是使其当前值变为设定值，即需要复位端加一上升沿信号或用 R 指令将其复位。

减计数器的使用方法和时序图如图 1-169 所示。

图 1-169 中 SM0.1 是初始化脉冲特殊继电器，用以对减计数器 C0 复位，计数器当前值跳变为设定值 5，启动计数器工作。I0.0 为 ON，I0.1 为 OFF 时，对 CD 输入端 SM0.5 的脉冲上升沿进行递减计数，直至 C0 当前值为 0 时，C0 动作，Q0.0 得电。

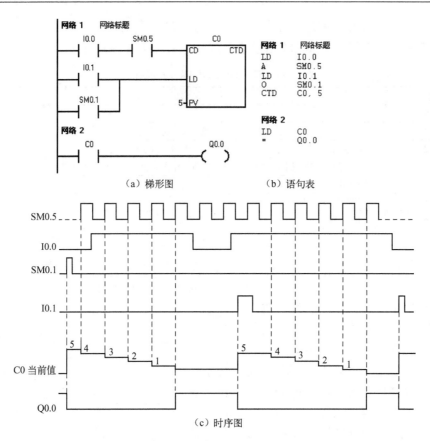

（a）梯形图　　　（b）语句表

（c）时序图

图 1-169　减计数器的用法

（3）增/减计数器指令（CTUD）。

增/减计数器（CTUD）指令有两个脉冲输入端，其中 CU 对输入脉冲的上升沿进行增计数，CD 对输入脉冲的上升沿进行减计数。PLC 首次扫描时，计数器当前值为 0，CU 每输入一个上升沿，计数器当前值加 1，CD 每输入一个上升沿，计数器当前值减 1，当前值达到预设值时，计数器为 ON。

当计数器的当前值增加至设定值后，若 CU 端仍不断有脉冲输入，则当前值继续加 1，直至 32767，若此时仍有脉冲输入，则当前值立即跳变至 -32768。同样，计数器在减计数时，当前值减至 -32768 后，若 CD 仍有脉冲输入则当前值跳变为 32767。因此，增减计数器的设定值可在 -32768 ~ 32767 之间，只要计数器的当前值大于或等于设定值，C0 就保持动作状态，直到当前值小于设定值才回复常态。复位输入有效或执行复位指令时，计数器自动复位。

增/减计数器的用法及时序如图 1-170 所示。

2）S7-300 的计数器指令

S7-300 的计数器指令有计数器线圈指令和计数器块指令两种形式。计数器线圈指令包含计数器线圈置位、加计数器线圈和减计数器线圈；计数器块指令有加计数器、减计数器和增/减计数器。其指令格式如表 1-31 所示。

（1）计数器线圈指令。

① 计数器线圈置位指令（SC）。

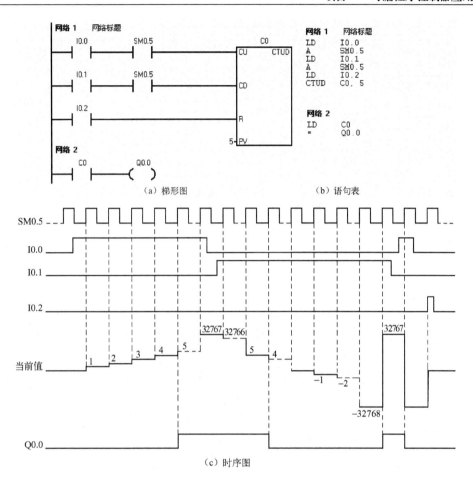

图 1-170 增/减计数器的用法及时序

表 1-31 S7-300 计数器指令列表

类 型	名 称	指令格式（LAD）	计数设定值		编 号
			常数设定格式	最大值	
计数器线圈指令	计数器线圈置位指令	??? —(SC)— ???	C#abc abc：常数	999， BCD 码	C0～C255 共 256 个计数器。
	加计数器线圈	??? —(CU)—			
	减计数器线圈	??? —(CD)—			
计数器块指令	加计数器指令	??? S_CU CU Q …—S CV—… …—PV CV_BCD—… …—R			

续表

类 型	名 称	指令格式（LAD）	计数设定值		编 号
			常数设定格式	最大值	
计数器块指令	减计数器指令	??? S_CD CD　Q …　S　CV …　PV　CV_BCD …　R	C#abc abc：常数	999， BCD 码	C0～C255 共 256 个计数器。
	增/减计数器指令	??? S_CUD CU　Q …　CD　CV …　S　CV_BCD …　PV …　R			

　　计数器线圈置位指令（SC）用对计数器置初值，即当线圈触发信号的上升沿到来时，将设定值传送到指定计数器，否则计数器中的值不变。因此它类似于"复位"指令，只是"复位"时将计数器的当前值设置为设定值。它共有计数器编号和计数设定值两个参数，如表 1-32 所示。

表 1-32　S7-300 计数器线圈指令参数列表

参　数	操　作　数	数 据 类 型	说　明
C NO.	C0～C255	COUNTER	计数器编号
PV	I、Q、L、M、D 或常数	S5TIME	计数器设定时间值

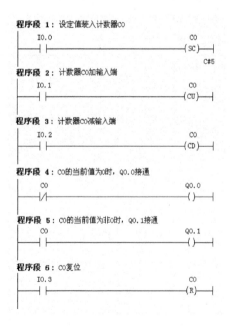

图 1-171　计数器线圈指令用法

　　② 加计数器线圈指令（CU）。

　　PLC 上电后，计数器当前值为 0，计数器不动作。当触发计数器线圈置位指令（SC）将设定值装入计数器后，计数器立刻动作，即常开触点闭合常闭触点断开，此后加计数器线圈指令（CU）的触发脉冲上升沿每到来一次，计数器当前值就加 1，直至最大值 999 后停止，期间只要计数器当前值大于 0，计数器就处于 ON 状态，而要使计数器处于 OFF 状态，必须使计数器当前值等于 0。该指令只有计数器编号一个操作数。

　　③ 减计数器线圈指令（CD）。

　　减计数器线圈指令（CD）同样通过计数器线圈置位指令将计数器设定值装入计数器，当前值为非 0 时动作，只是当其触发脉冲上升沿每到来一次，计数器当前值减 1，直至其当前值等于 0 时，计数器恢复常态。该指令也只有计数器编号一个操作数。

　　计数器线圈指令的用法如图 1-171 所示。

由图 1-171 可以看出，CU 和 CD 指令的操作对象均为 C0，因此它们实际上是计数器 C0 的加、减计数输入端，I0.0 上升沿到来时，预置值 C#5 装入 C0，C0 的当前值为非 0 状态，C0 动作，Q0.0 断开 Q0.1 接通；只有利用 I0.2 的上升沿信号将 C0 的当前值减至为 0，或采用复位信号 I0.3 才能复位 C0，使 Q0.0 接通 Q0.1 断开。

（2）计数器块指令。

① 加计数器块指令（S_CU）。

加计数器块指令共有七个参数，每个参数的含义和操作数如表 1-33 所示。

表 1-33　S7-300 加计数器块指令参数列表

数据端	操作数	数据类型	说明
C NO.	C0～C255	COUNTER	计数器编号
CU	I、Q、M、L、D	BOOL	加计数器输入端
S	I、Q、M、L、D	BOOL	计数器计数预置输入端
PV	I、Q、M、L、D、常数	WORD	计数器预置值，C#0～C#999
R	I、Q、M、L、D	BOOL	计数器复位输入端
Q	I、Q、M、L、D	BOOL	计数器状态输出端
CV	I、Q、M、L、D	WORD	计数器当前值（BCD 码）
CV_BCD	I、Q、M、L、D	WORD	计数器当前值（十六进制）

加计数器块指令 S 端的上升沿到来时，设定值装入计数器，块指令 Q 输出端立刻输出为 1，此后 CU 端的上升沿每到来一次，计数器的当前值就加 1，直至最大值 999 停止，只要计数器当前值不为 0，Q 输出端的状态就保持为 1。在计数期间若 S 端上升沿再次到来，则计数器的当前值立即恢复为设定值；而当复位端 R 有上升沿到来时，计数器的当前值立即复位为 0，Q 输出端输出 0。

S7-300 加计数器块指令（S_CU）的用法如图 1-172 所示。

② 减计数器块指令（S_CD）。

减计数器块指令（S_CD）同样有七个参数，除用减计数输入端（CD）替代了加计数器块指令中的 CU 端外，其余参数完全相同，在此不再列出。

和加计数器块指令（S_CU）一样，S 输入端用以启动计数器，并将计数器设定值装入计数器，Q 端输出为 1，此后只要减计数输入 CD 端有上升沿到来，计数器当前值就减 1，直到为 0，Q 端输出 0。因此，减计数器块指令只要计数器当前值不等于 0，Q 端输出就为 1；而只有通过减计数输入端将计数器当前值减至为 0 或在复位端 R 加上升沿信号时，才能使 Q 端输出为 0。

S7-300 减计数器块指令（S_CD）的用法如图 1-173 所示。

③ 加/减计数器块指令（S_CUD）。

加/减计数器块指令（S_CUD）的端子中既有加计数输入端（CU），又有减计数输入端（CD）。当预置输入端（S）出现上升沿时，将计数器的当前值设置为设定值；若 CU 端有上升沿信号，且计数器当前值小于 999，则计数器当前值加 1；若 CD 端有上升沿信号，且计数器当前值大于 0，则计数器当前值减 1；若两个输入端都有上升沿信号时，则计数器当前值既加 1 又减 1，即保持不变；当复位端（R）有上升沿信号时，计数器复位，当前值变为 0。加/减计数器的当前值只要大于 0，Q 端输出就为 1；而计数器当前值等于 0 时，Q 端才输出 0。

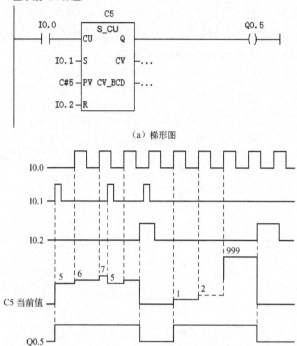

（a）梯形图

（b）时序图

图 1-172　加计数器块指令（S_CU）用法

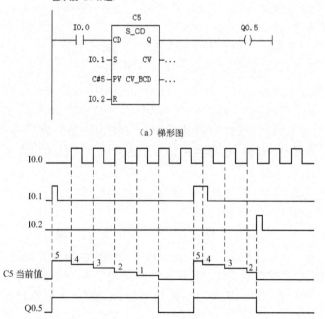

（a）梯形图

（b）时序图

图 1-173　减计数器块指令（S_CD）用法

S7－300 加/减计数器块指令（S_CUD）的用法如图 1-174 所示。

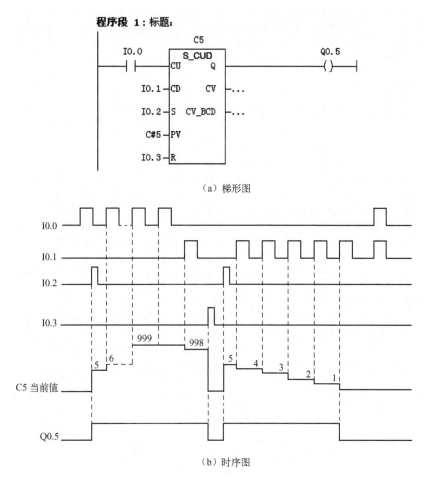

（a）梯形图

（b）时序图

图 1-174　加/减计数器块指令（S_CUD）用法

3. 程序设计

1）输入/输出分配表

停车场车位自动计数控制系统的输入/输出分配表如表 1-34 所示。

表 1-34　输入/输出分配表

输　入			输　出		
输入继电器	元件代号	作　用	输出继电器	元件代号	作　用
I0.0	S1	入口车辆检测	Q0.0	KM1	入口挡杆抬起
I0.1	S2	出口车辆检测	Q0.1	KM2	入口挡杆落下
I0.2	SQ1	入口挡杆上限	Q0.2	KM3	出口挡杆抬起
I0.3	SQ2	入口挡杆下限	Q0.3	KM4	出口挡杆落下
I0.4	SQ3	出口挡杆上限	Q1.0	HL1	有空余车位指示
I0.5	SQ4	出口挡杆下限	Q1.1	HL2	无空余车位指示

2）输入/输出接线图

（1）S7 – 200 输入/输出接线图。

用西门子 S7 – 200 型可编程序控制器实现停车场车位自动计数控制的输入/输出接线图如图 1–175 所示。

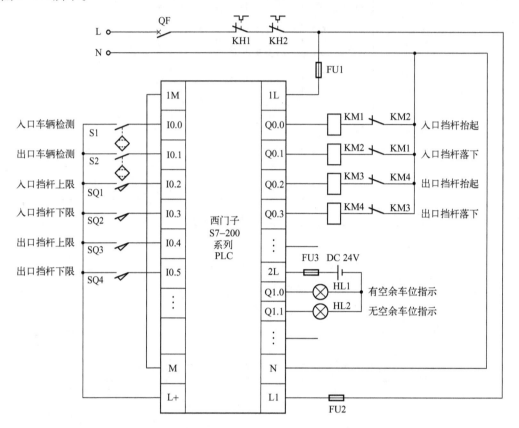

图 1–175　S7 – 200 控制停车场自动计数控制系统的输入/输出接线

（2）S7 – 300 输入/输出接线图。

用西门子 S7 – 300 型可编程序控制器实现停车场车位自动计数控制的输入/输出接线图如图 1–176 所示。

3）程序设计

（1）S7 – 200 控制程序。

① 定义符号表。

定义符号表如图 1–177 所示。

② 控制程序。

运用 S7 – 200 增/减计数器指令编写的停车场车位自动计数的控制程序如图 1–178 所示。

PLC 上电时，初始化脉冲 SM0.1 将计数器 C10 复位，当前值为 0。当有车驶入时，计数器的加输入端 I0.0 使 C10 当前值加 1，同时入口处挡杆抬起至上限位停止；当车辆驶入后即 I0.0 下降沿到来时，定时器 T0 开始计时，10s 后挡杆自动落下至下限位停止。当 C10 的当前值达到设定值 50 时，C10 动作，表示车辆已满，无空余车位指示灯 Q1.1 接通，此时，计数器 C10 常闭断开入口处挡杆抬起回路和计数器加计数输入端，Q0.0 不能接通，C10 当前值保持 50 不变，直至有车辆驶出。

图 1-176　S7-300 型停车场车位自动计数控制输入/输出接线图

	符号	地址	注释
1	S1	I0.0	入口车辆检测
2	S2	I0.1	出口车辆检测
3	SQ1	I0.2	入口挡杆上限
4	SQ2	I0.3	入口挡杆下限
5	SQ3	I0.4	出口挡杆上限
6	SQ4	I0.5	出口挡杆下限
7	KM1	Q0.0	入口挡杆抬起
8	KM2	Q0.1	入口挡杆落下
9	KM3	Q0.2	出口挡杆抬起
10	KM4	Q0.3	出口挡杆落下
11	HL1	Q1.0	有空余车位指示
12	HL2	Q1.1	无空余车位指示

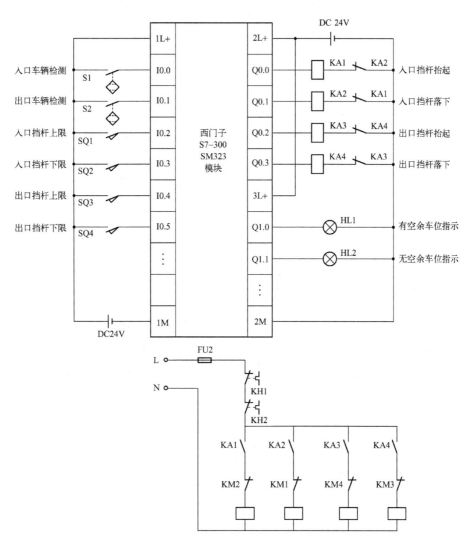

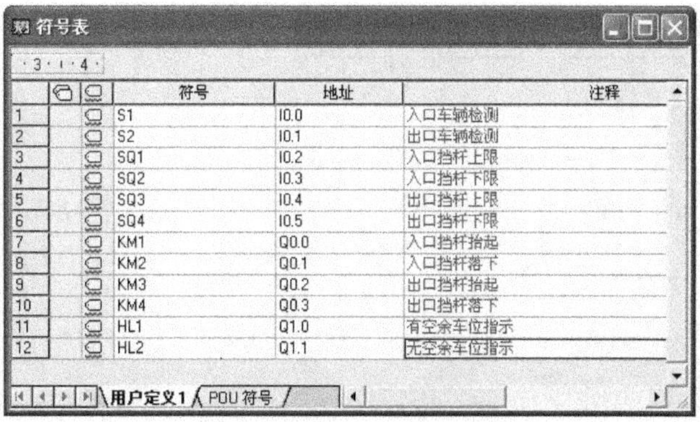

图 1-177　定义符号表

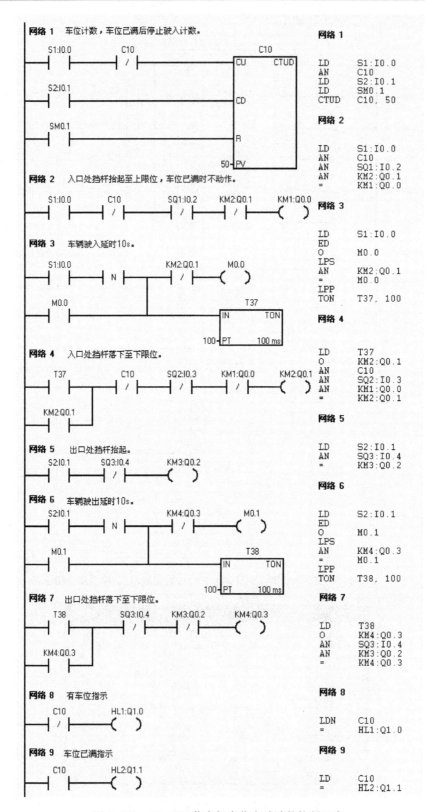

图 1-178　S7-200 停车场车位自动计数控制程序

当有车辆驶出时，计数器减输入端的 I0.1 使 C10 的当前值减 1，同时，出口处的挡杆自动抬起至上限位停止；当车辆驶出出口处即 I0.1 的下降沿到来时，定时器 T1 延时 10s 后使出口处挡杆落下至下限位停止。当 C10 的当前值减到 0 后保持当前值不变，此时表示停车场内没有车辆。只要 C10 的当前值小于设定值 50，有空余车位指示灯 Q1.0 就点亮。

（2）S7－300 控制程序。

① 定义符号表。

定义符号表如图 1-179 所示。

	状态	符号	地址		数据类型	注释
1		COMPLETE RESTART	OB	100	OB 100	Complete Restart
2		S1	I	0.0	BOOL	入口车辆检测
3		S2	I	0.1	BOOL	出口车辆检测
4		SQ1	I	0.2	BOOL	入口挡杆上限
5		SQ2	I	0.3	BOOL	入口挡杆下限
6		SQ3	I	0.4	BOOL	出口挡杆上限
7		SQ4	I	0.5	BOOL	出口挡杆下限
8		KM1	Q	0.0	BOOL	入口挡杆抬起
9		KM2	Q	0.1	BOOL	入口挡杆落下
10		KM3	Q	0.2	BOOL	出口挡杆抬起
11		KM4	Q	0.3	BOOL	出口挡杆落下
12		HL1	Q	1.0	BOOL	有空余车位指示
13		HL2	Q	1.1	BOOL	无空余车位指示
14		OZS	M	20.0	BOOL	计数器0指示
15		QD0	M	20.1	BOOL	T0启动
16		QD1	M	20.2	BOOL	T1启动
17		YS0	T	0	TIMER	入口延时10S
18		YS1	T	1	TIMER	出口延时10S
19		JS	C	10	COUNTER	车辆计数

图 1-179　定义符号表

② 控制程序。

运用 S7－300 加/减计数器指令编写的停车场车位自动计数的控制程序如图 1-180 所示。

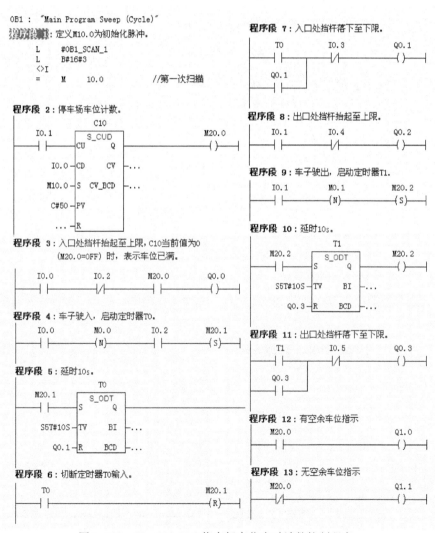

图 1-180　S7－300 PLC 停车场车位自动计数控制程序

　　在计数器的程序设计中常常要用到初始化脉冲，用以启动计数器或开机时对计数器进行复位，就像 S7 - 200 中的 SM0.1 的功能一样。而在 S7 - 300 中并未设置类似的特殊继电器，所以不能直接使用，可以在 OB1 中通过编程来设定。

　　图 1-180 的程序段 1 就是采用在 OB1 中编程的方法，定义了 M10.0 作为开机初始化脉冲，用以启动计数器 C10，将设定值 50 装入计数器，使 M20.0 为 ON，有空余车位指示灯 Q1.0 点亮；此后，当有车辆驶入时，C10 当前值减 1，当有车辆驶出时，C10 当前值加 1。当 C10 当前值为 0 时，M20.0 断开，表示无空余车位，Q1.0 熄灭 Q1.1 接通，此时即使车辆进入入口处，由于计数器的当前值保持为 0，所以并不计数，挡杆也不抬起，直至有车辆驶出，C10 当前值不为 0 时，车辆才有可能再次进入。

 技能训练

1. 训练目标

（1）能够正确编制、输入、传输和模拟调试停车场车位自动计数 PLC 控制程序。

（2）能够独立完成停车场车位自动计数 PLC 控制系统线路的安装。

（3）按规定进行通电调试，出现故障能根据设计要求独立检修，直至系统正常工作。

2. 训练内容

1）程序的输入

（1）输入 S7 - 200 梯形图程序。

① 按前面的方法将图 1-178 所示程序输入至图 1-181 所示处。

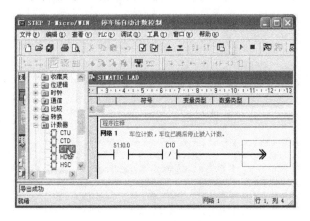

图 1-181　准备输入计数器指令

② 在指令树下找到 CTUD 计数器指令，双击或将之拖至需输入处，并输入计数器编号，如图 1-182 所示。

③ 输入计数器的编号和设定值，如图 1-183 所示。

图 1-182　输入 CUTD 指令

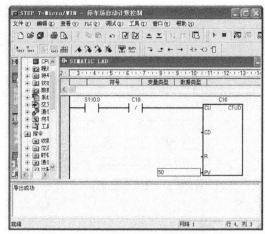

图 1-183　输入编号和设定值

④ 在计数器 CD 和 R 输入端输入相应的触点后，完成计数器指令的输入，如图 1-184 所示。

⑤ 按前面的方法将图 1-178 所示梯形图输入完毕，如图 1-185 所示。

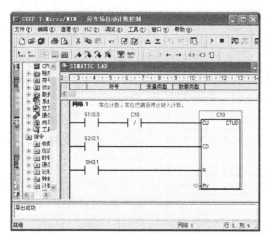

图 1-184　完成计数器指令的输入　　　　图 1-185　完成 S7-200 控制程序的输入

（2）输入 S7-300 梯形图程序。

① 在程序段 1 中输入如图 1-186 所示指令程序。

② 在指令树下找到 S_CUD 计数器指令，双击或将之拖至需输入处，如图 1-187 所示。

图 1-186　定义初始化脉冲程序的输入　　　　图 1-187　输入 S_CUD 指令

③ 输入计数器指令的相关参数如图 1-188 所示。

④ 按前面的方法将图 1-180 所示程序输入完毕，如图 1-189 所示。

2）程序的模拟调试

按前面的方法将 S7-200 和 S7-300 的停车场车位自动计数控制程序分别下载至对应的模拟器进行仿真调试。

3）系统安装和调试

（1）准备工具和器材，如表 1-35 所示。

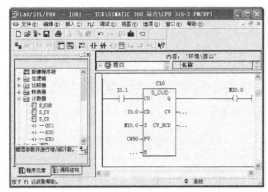

图 1-188　完成计数器指令的输入

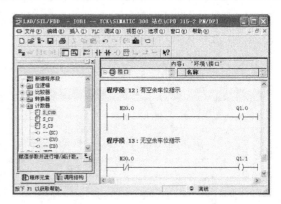

图 1-189　完成 S7-300 控制程序的输入

表 1-35　所需工具、器材清单

序　号	分　类	名　称	型号规格	数　量	单　位	备　注
1	工具	电工工具		1	套	
2		万用表	MF47 型	1	块	
3		可编程序控制器	S7-200 CPU 224XP	1	只	
4			S7-300 CPU 315-2PN/DP	1	只	
5		计算机	装有 STEP 7 V4.0 和 V5.4	1	台	
6		安装铁板	600×900mm	1	块	
7		导轨	C45	0.3	米	
8		空气断路器	Multi9 C65N D20	1	只	
9		熔断器	RT28-32	6	只	
10		接触器	NC3—09/AC 220V	4	只	
11		继电器	HH54P/DC 24V	4	只	
12		热继电器	NR4—63（1-1.6A）	2	只	
13		直流开关电源	DC 24V、50W	1	只	
14	器材	三相异步电动机	JW6324-380V 250W0.85A	2	只	
15		按钮	LA4-3H	1	只	
16		行程开关	LX19-111	4	只	
17		指示灯	自选，DC 24V	2	只	
18		端子	D-20	20	只	
19		铜塑线	BV1/1.37mm^2	15	米	
20		软线	BVR7/0.75mm^2	20	米	
21			M4×20 螺杆	若干	只	
22		紧固件	M4×12 螺杆	若干	只	
23			φ4 平垫圈	若干	只	
24			φ4 弹簧垫圈及 φ4 螺母	若干	只	
25		号码管		若干	米	
26		号码笔		1	支	

（2）按要求自行完成系统的安装接线。

（3）程序下载。

将几种不同的控制程序分别下载至 PLC。

（4）系统调试。

① 在教师现场监护下进行通电调试，验证系统功能是否符合控制要求。

② 如果出现故障，则学生应独立检修。线路检修完毕和梯形图修改完毕应重新调试，

直至系统正常工作。

3. 评分标准

考核时同样采用两人一组共同协作完成的方式，按表 1-36 所示评分作为成绩的 60%，并分别对两位学生进行提问作为成绩的 40%。

表 1-36 评分标准

内　容	考核要求	配分	评分标准	扣分	得分	备注
I/O 分配表设计	1. 根据设计功能要求，正确的分配输入和输出点。 2. 能根据课题功能要求，正确分配各种 I/O 量。	10	1. 设计的点数与系统要求功能不符合每处扣 2 分。 2. 功能标注不清楚每处扣 2 分。 3. 少、错、漏标每处扣 2 分。			
程序设计	1. PLC 程序能正确实现系统控制功能。 2. 梯形图程序及程序清单正确完整。	40	1. 梯形图程序未实现某项功能，酌情扣除 5～10 分。 2. 梯形图画法不符合规定，程序清单有误，每处扣 2 分。 3. 梯形图指令运用不合理每处扣 2 分。			
程序输入	1. 指令输入熟练正确。 2. 程序编辑、传输方法正确。	20	1. 指令输入方法不正确，每提醒一次扣 2 分。 2. 程序编辑方法不正确，每提醒一次扣 2 分。 3. 传输方法不正确，每提醒一次扣 2 分。			
系统安装调试	1. PLC 系统接线完整正确，有必要的保护。 2. PLC 安装接线符合工艺要求。 3. 调试方法合理正确。	30	1. 错、漏线每处扣 2 分。 2. 缺少必要的保护环节每处扣 2 分。 3. 反圈、压皮、松动每处扣 2 分。 4. 错、漏编码每处扣 1 分。 5. 调试方法不正确，酌情扣 2～5 分。			
安全生产	按国家颁发的安全生产法规或企业自定的规定考核。		1. 每违反一项规定从总分中扣除 2 分（总扣分不超过 10 分）。 2. 发生重大事故取消考试资格。			
时间	不能超过 120 分钟		扣分：每超 2 分钟倒扣总分 1 分			

 巩固提高

请为该停车场设计一个密码锁系统，该系统共有六个按钮 SB1 ～ SB6，其中 SB5 是开锁按钮，SB6 为复位按钮，控制要求如下。

（1）开锁条件：按顺序按 SB1 一次→SB2 两次→SB3 三次→SB4 四次，按开锁按钮，电磁铁 YV 得电，门锁打开。

（2）开锁过程中若按键的顺序或次数有误，在未按开锁按钮前，可按复位按钮复位，重新输入；若按开锁按钮则报警。

（3）当关门限位闭合 5s 后，电磁铁 YV 失电，门锁上。

项目二

可编程控制器在顺序控制中的应用

在工业控制领域中，经常会有许多需要进行顺序控制的控制对象（过程），这都属于顺序控制的范畴，在 PLC 中又称为步进控制。步进控制通常是将整个控制过程划分为若干个工步，每个工步完成一定的工作，如此通过一个个工步的顺序动作最终完成整个控制任务。根据顺序控制的这一控制特点，PLC 专门赋予了相关的步进指令，S7 – 300 还配置了 S7 – GRAPH 编程软件，运用这些工具能使顺序控制程序的编写更加简单方便。顺序控制按流程的结构分一般可分为单流程、选择性分支和并行分支三种。

任务 1　小车行程控制

 知识点

◦ 掌握顺序功能图的基本设计方法；
◦ 掌握顺序控制（步进）指令的基本使用方法；
◦ 掌握单流程顺控程序的结构和基本设计方法。

 技能点

◦ 掌握 S7 – 300 功能块 FB 的创建和调用方法；
◦ 掌握 S7 – GRAPH 软件的使用方法；
◦ 能运用 PLC 顺序控制指令和 S7 – GRAPH 软件设计小车行程自动控制程序；
◦ 能够绘制 I/O 接线图，并能安装、调试 PLC 控制的小车行程控制系统。

 任务引入

在工厂车间常常需要利用小车在两个固定地点进行自动运送物料，即在原位装料后，将物料运送到目的位置，卸料后自动返回至原位继续装料。要用 PLC 对小车的行程进行自动控制，可以采用前面介绍的用定时器编写控制程序的方法来实现，同时也可以直接采用步进指令直接编程实现，下面我们就以此为载体来学习单流程步进指令的程序设计方法。

任务分析

1. 控制要求

小车行程控制的示意图如图2-1所示。

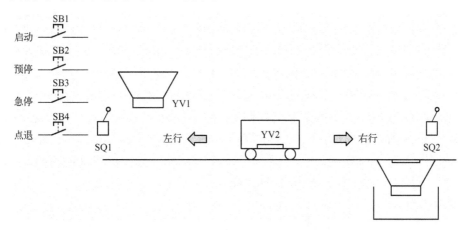

图2-1　小车行程控制示意图

（1）小车由电动机驱动，电动机正转前进（右行），反转后退（左行）。小车停于左端原位时，左限位开关SQ1压合。

（2）当小车停于原位时，按下开始按钮，小车开始装料；若小车不停于原位，则必须用点退按钮将其退回原位后才能启动小车装料。8s后装料结束，小车前进至右端，压合右限位开关SQ2，开始卸料。

（3）8s后卸料结束，小车后退至左端，压合SQ1再次开始装料……如此循环。

（4）设置预停按钮，小车在工作中若按下预停按钮，则小车完成一次循环后，停于初始位置。

（5）具有短路保护和电动机过载保护等必要的保护措施。

2. 任务分析

开启系统后，小车应停于初始位置，即小车停于左端，左限位开关SQ1压合。若小车未停于初始位置，则要用点退调整按钮使其停于初始位置，所以应在系统初始化程序中编写点退调整程序。小车到位后，按下启动按钮，小车进入顺控过程，可采用步进指令编程。

按下预停按钮后，小车并不立刻停止，而应在小车完成一个循环后，自动停于原位，不再进入下一个循环。按下急停按钮，小车立刻停止。整个控制过程的流程图如图2-2所示。

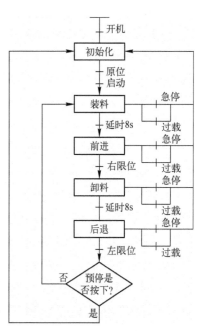

图2-2　控制流程图

知识链接

1. 基础知识

1）顺序控制的基本概念

顺序控制是按照生产工艺预先规定的顺序，在各个输入信号的作用下，根据内部的状态和时间顺序，在生产过程中各个执行机构自动有序地工作。在工程上，用一般指令编程程序可能会较为简单，但常常需要一定的经验和编程技巧，特别是对于一些工艺控制比较复杂的控制系统；而采用顺序控制的方法编程则可将系统复杂的工艺流程划分成若干个顺序相连的阶段，由于每个阶段只完成一个或几个简单的控制，程序设计简单，而系统的控制要求又是通过各个阶段通过步进的方式实现的，这样就促使了整个系统程序设计的简单化。因此，对于一些顺序控制过程，特别是各过程之间的逻辑关系较为复杂，采用基本逻辑指令编程比较困难时，利用顺序控制语言编程可大大降低程序设计难度，提高程序设计效率。西门子 S7－200 和 S7－300 都提供了顺序控制的编程语言。

2）顺序功能图

顺序功能图又称功能流程图或功能图，它是将控制过程分成若干个"步"，每一步按一定的条件执行，完成若干项功能，连在一起组成程序控制的流程图。是一种描述控制系统的控制过程功能和特性的图形，也是设计 PLC 的顺序控制程序的有力工具。

顺序功能图主要由步、转移、动作及有向线段等元素组成。

（1）步。

一个控制系统的工作周期可以划分为若干个顺序相连的阶段，这些阶段称为步。在顺序功能图中，一个步对应一个控制步骤。

① 初始步：与系统初始状态相对应的"步"称为初始步。初始状态一般是系统等待启动命令的状态，一个控制系统至少要有一个初始步，初始步的图形符号为双线的矩形框。

② 活动步：当控制系统正处于某一步所在阶段时，该步处于活动状态，称为活动步。处于活动状态时，相应的动作被执行；处于不活动状态时，相应的非存储型的动作被停止执行。

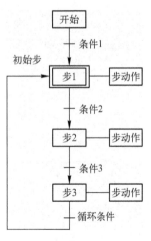

图 2-3   顺序功能图示例

③ 与步对应的动作或命令：在每一个稳定的步下，可能会有相应的动作，这些动作或命令往往是系统工作周期中应完成的一个动作。

（2）转移。

转移是用一个有向线段来表示转移的方向，为了说明从一个步到另一个步的变化条件，可在两个步之间的有向线段上加一段横线来表示这一转移的条件。

3）单流程顺序功能图

单流程顺序控制中，两个步之间只有一个转移条件，每个步都按顺序相继激活，到达最后一个步时，可以直接结束，也可以跳转至前面的某一步实现循环操作。简单的单流程顺序功能图如图 2-3 所示。

系统开始工作后，满足"条件1"则进入"初始步1"，"步

1"用双线框表示，在"步1"中完成相应的动作后，若满足转移条件，则程序转移到"步2"，执行"步2"的动作，同时复位"步1"。如此执行到"步3"时，若有循环条件到来，则跳转到"步1"重新执行。

2. 相关 PLC 指令

1）S7 - 200 相关指令

S7 - 200 的顺序控制指令包含3部分：段开始指令 LSCR、段转移指令 SCRT 和段结束指令 SCRE，如表2-1所示。

表2-1　顺序控制指令格式

指令名称	指令格式		操作数	数据类型	说　明
	LAD	STL			
段开始指令	??.? [SCR]	LSCR Sx. y	S0. 0～S31. 7	BOOL	用于标记一个程序段的开始。
段转移指令	??.? ─(SCRT)	SCRT Sx. y	S0. 0～S31. 7	BOOL	用于将当前的顺序控制程序段切换到下一个程序段。
段结束指令	├─(SCRE)	SCRE	无	/	用于标记一个顺序控制程序段的结束。

（1）段开始指令 LSCR。

段开始指令的功能是标记一个顺序控制程序段的开始，其操作数是状态继电器 Sx. y （如 S0.0），Sx. y 是当前顺序控制程序段的标志位，当 Sx. y 为1时，允许该顺序控制程序段工作。步进控制指令 SCR 只对状态元件 S 有效，为了保证程序的可靠运行，驱动状态元件 S 的信号应采用短脉冲。

（2）段转移指令 SCRT。

段转移指令的功能是将当前的顺序控制程序段切换到下一个程序段，其操作数是下一个顺序控制程序段的标志位 Sx. y （如 S0.1）。当允许输入有效时，进行切换，即停止当前顺序控制程序段工作，启动下一个顺序控制程序段工作。

（3）段结束指令 SCRE。

段结束指令的功能是标记一个顺序控制程序段的结束。每个顺序控制程序段都必须使用段结束指令来表示该顺序控制程序段的结束。

采用步进指令编程时，应注意不能在一个以上例行程序中使用相同的状态位元件，即使是在主程序和子程序中也是如此；当前元件的状态需要保持时，可使用 S/ R 指令将其置位或复位；另外，在 SCR 段中不能使用 FOR、NEXT 和 END 指令，也不能使用 JMP 和 LBL 指令。

步进指令的用法如图2-4所示。

图2-4中通过初始化脉冲 SM0.1 将 S0.0 置位进入初始状态（步），状态 S0.0 中主要完成接通 Q0.1 和定时器 T38 的动作，T38 和 M0.0 为转移条件，即延时时间到或在 S0.0 状态接通步进程序外部的 I0.0 时，步进程序跳转到下一个状态 S0.1，同时状态 S0.0 自动复位，Q0.0 和 T38 失电，在 S0.1 状态中 S0.1 和 SM0.0 一样始终处于得电状态，所以 Q0.2 得电，

从而使步进程序以外的 Q1.0 也得电；同样在状态 S0.1 中若转移条件 I0.1 接通，程序将复位本状态，跳转到下一个状态 S0.2。网络 1、2 和 11 在步进程序以外，每一个扫描周期执行一次，但应注意它会影响步进程序，同样，步进程序也会影响到步进以外的程序。

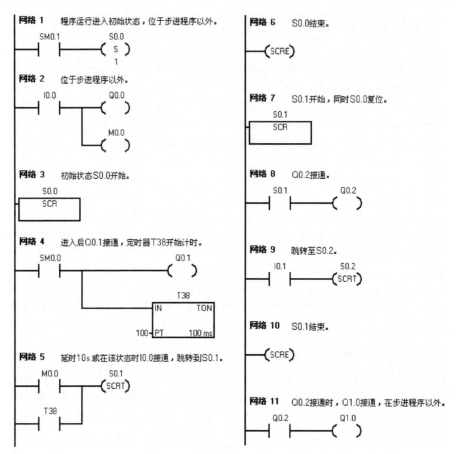

图 2-4　步进指令的用法

2）S7-300 相关指令

S7 GRAPH 是 STEP 7 中专门用于编写顺序控制程序的编程语言。它是根据功能将控制任务分解成步，按顺序用图形的方式形象直观地表示出来，而每一步要完成的动作由专门的 S7 GRAPH 指令来完成。S7 GRAPH 指令主要有步进标准指令、步进计数器和步进定时器等指令。其指令表分别如表 2-2、表 2-3 和表 2-4 所示。

表 2-2　西门子 S7-300 PLC 顺序控制指令的标准动作

指令名称	指令	操作数	数据类型	说明
步进普通线圈	N	Q、I、M、D	BOOL	当所在步为活动步时，变量的状态输出为 1；否则变量的状态为 0。
步进 S 线圈	S	Q、I、M、D	BOOL	当所在步为活动步时，变量状态置位为 1；并保持为 1，直到在任意步中被复位为止。
步进 R 线圈	R	Q、I、M、D	BOOL	当所在步为活动步时，使变量状态复位为 0 并保持，直到在任意步中被置位为止。

续表

指令名称	指令	操作数	数据类型	说明
步进接通延时	D	Q、I、M、D	BOOL	当所在步为活动步时，延时设定的时间后，使变量的状态输出为1；当所在步为非活动步时，变量的状态立刻为0。
		T#〈const〉	TIMER	
步进保持延时	L	Q、I、M、D	BOOL	当所在步为活动步时，变量的状态为1，保持设定的时间后，自动复位为0；当所在步为非活动步时，变量的状态立刻为0。
		T#〈const〉	TIMER	
块调用	CALL	FB、FC、SFB 等	块序号	当该步为活动步时，调用命令中指定的逻辑块。

表 2-3　GRAPH 中的步进计数器

事件	指令	变量	说明
S1：所在步激活 S0：所在步停止激活 L1：限定条件不再满足 L0：限定条件变为满足 V1：发生监视错误 V0：监视错误清楚 A1：获取到新的信息 R1：设定新的注册信息	CS	计数器 C0～C255	计数器设初值：当事件发生（加"C"时还要满足限定条件），设定计数值的初值。
		初始值：常数（C#0～C#999）或其他变量	计数器的初值。
	CU	计数器 C0～C255	增计数：当事件发生，计数值当前值增加1。
	CD		减计数：当事件发生，计数值当前值减1。
	CR		计数器复位：当事件发生（加"C"时还要满足限定条件），计数值复位为0。

表 2-4　GRAPH 中的步进定时器

事件	指令	变量	注释
S1：所在步激活 S0：所在步停止激活 L1：限定条件不再满足 L0：限定条件变为满足 V1：发生监视错误 V0：监视错误清楚 A1：获取到新的信息 R1：设定新的注册信息	TL	定时器 T0～T255 设定值：常数（S5T#格式）或其他变量	脉冲定时器：当事件发生，定时器被启动。在指定的时间内，定时器位为1，此后变为0。
	TD		有闭锁功能的延迟定时器：当事件发生，在指定时间内，定时器位为0，此后变为1。
	TR		复位定时器：当事件发生，定时器停止定时，定时器位与定时值被复位为0。

标准指令的用法如图 2-5 所示。

图 2-5 中进入状态 S1 后，M0.0 接通，并复位 Q0.1，此时若接通 I0.0 满足转移条件，则程序跳转到状态 S2，S2 成为活动步，同时，状态 S1 自动复位；在状态 S2 中 Q0.0 接通，Q0.1 置位，延时 5s 后，M0.1 接通，程序复位 S2，跳转到 S3，此时 Q0.0 断开，但由于 Q0.1 处于置位状态，所以在状态 S3 中 Q0.1 仍保持接通状态，直到 5s 后跳转到 S1，使 Q0.1 复位断开。

步进计数器和定时器的用法如图 2-6 所示。当 S7 为活动步时，事件 S1 使计数器 C4 的值加 1。此时定时器 T3 开始定时，T3 定时器位为 0 状态，延时 4s 后 T3 定时器位变为 1 状态。

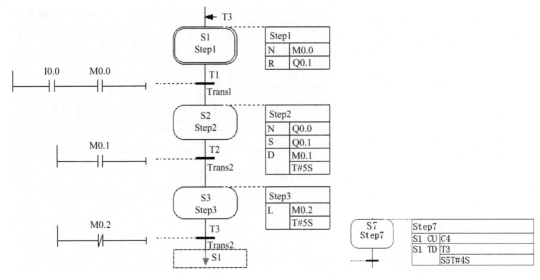

图 2-5　步进标准指令的用法　　　图 2-6　步进计数器和定时器的用法

3. 程序设计

1）输入/输出分配表

小车行程控制系统的输入/输出分配表如表 2-5 所示。

表 2-5　PLC 输入/输出分配表

输　入			输　出		
输入继电器	元件代号	作　用	输出继电器	元件代号	作　用
I0.0	SB1	启动	Q0.0	KM1/KA1	右行
I0.1	SB2	预停	Q0.1	KM2/KA2	左行
I0.2	SB3	急停	Q0.2	YV1/KA3	装料
I0.3	SB4	点退	Q0.3	YV2/KA4	卸料
I0.4	SQ1	原位			
I0.5	SQ2	右限位			
I0.6	KH	过载保护			

2）输入/输出接线

（1）S7-200 输入/输出接线图。

用西门子 S7-200 型可编程序控制器实现小车行程控制系统的输入/输出接线图如图 2-7 所示。

（2）S7-300 输入/输出接线图。

用西门子 S7-300 型 PLC 控制皮带运输机系统的输入/输出接线图如图 2-8 所示。

3）程序设计

（1）S7-200 控制程序。

① S7-200 顺序功能图。

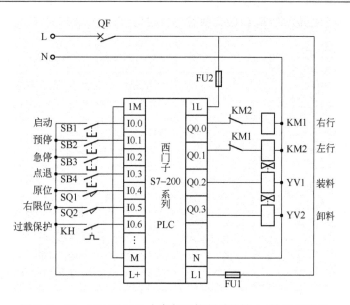

图 2-7　S7-200 型 PLC 小车行程控制系统输入/输出接线图

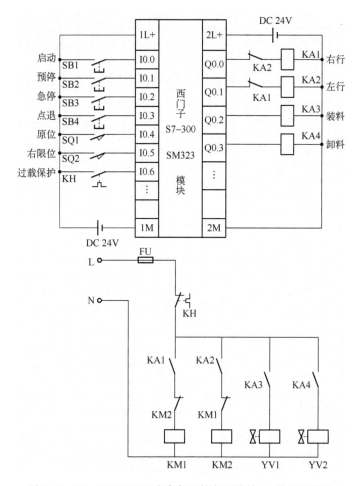

图 2-8　S7-300 型 PLC 小车行程控制系统输入/输出接线图

根据图 2-2 所示系统控制流程图可画出 S7 - 200 小车行程控制系统的状态转移图，如图 2-9 所示。

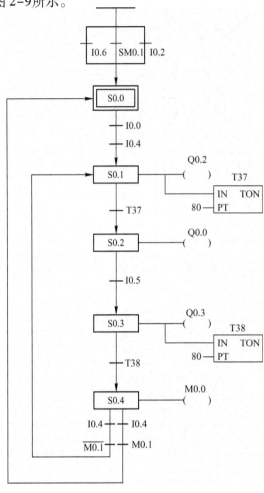

其中，M0.0 接通步进程序外的小车后退 Q0.1，M0.1 用以判断预停按钮是否被按下，点退、急停和过载保护的程序都置于步进程序之外。

② 程序设计。

运用 S7 - 200 步进指令编写的控制程序如图 2-10 所示。

程序主要采用步进控制的设计思路，小车的整个循环过程组成了一个周期，其中又分为装料、右行、卸料、左行几个阶段，这些都在不同的状态 S 中完成，程序设计思路清晰、简单明了。

对于一些不在循环周期内的动作，如点退调整、急停、过载，还有状态的复位和初始化等，一般可以放在步进程序以外用简单的逻辑指令编程；另外，由于 S7 - 200 步进程序不支持双线圈，所以在编程时若某一线圈需要多次用到时，可以采用 S 和 R 指令，或采用辅助继电器进行过渡。如程序中的 Q0.1，在步进程序中要有后退动作，在点动调整时也要用到，所以在步进程序中先接通 M0.0，再通过 M0.0 的常开在步进程序外接通 Q0.1，以避免在同一程序中出现两个 Q0.1 的线圈。

图 2-9 S7 - 200 型 PLC 小车行程控制状态转移图

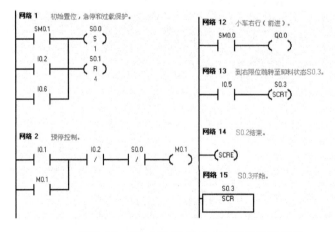

图 2-10 S7 - 200 型 PLC 小车行程控制程序

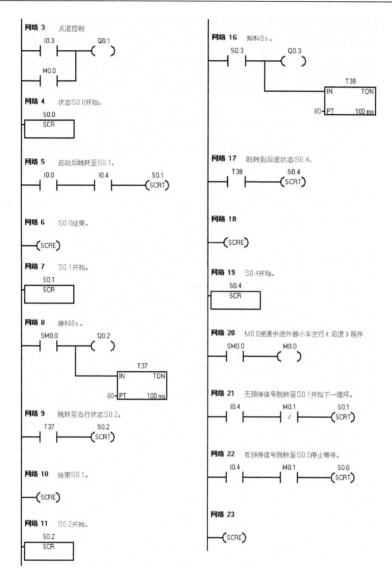

图 2-10 S7-200 型 PLC 小车行程控制程序 (续)

(2) S7-300 控制程序。

S7-300 的步进控制程序与 S7-200 有较大的不同，它一般将步进程序编写成功能块 FB，然后再在 OB1 中调用。步进程序可用 S7 GRAPH 编写，S7 GRAPH 语言是 S7-300 用于顺序控制编程的顺序功能图语言。

① 生成符号表，如图 2-11 所示。

其中，12 ～ 14 项为创建功能块 FB1 后自动生成的。

	状态	符号	地址		数据类型		注释
1		KA1	Q	0.0	BOOL		右行
2		KA2	Q	0.1	BOOL		左行
3		KA3	Q	0.2	BOOL		装料
4		KA4	Q	0.3	BOOL		卸料
5		KH	I	0.6	BOOL		过载保护
6		S1	I	0.0	BOOL		起动
7		S2	I	0.1	BOOL		预停
8		S3	I	0.2	BOOL		急停
9		S4	I	0.3	BOOL		点退
10		SQ1	I	0.4	BOOL		原位
11		SQ2	I	0.5	BOOL		右限位
12		TIME_TCK	SFC	64	SFC	64	Read the System Time
13		GT_STD_3	FC	72	FC	72	
14		小车行程控制	FB	1	FB	1	
15							

图 2-11 生成 S7-300 符号表

② 创建功能块 FB1，并选定创建语言为 "GRAPH"，并在 S7 GRAPHA 编程软件中输入如图 2-12 所示顺序控制程序。

当 PLC 上电时，步进程序自动进入初始状态 S1，当满足启动按钮 "S1" 和原位开关 "SQ1" 同时接通的转移条件时，步进程序跳转到状态 S2，状态 S1 自动复位，"KA3" 得电开始装料；8s 后 M10.0 得电，程序跳转至状态 S3，"KA1" 得电小车右行；当右限位开关 "SQ2" 闭合时，程序转移到 S4 状态，小车卸料，8s 后跳转至 S5，自动返回原位，若期间预停按钮未曾被按下过，则程序跳转到 S2，继续循环……若有人曾按下预停按钮，则跳转至状态 S1 等待。

③ 打开组织块 OB1，编写主程序，如图 2-13 所示。

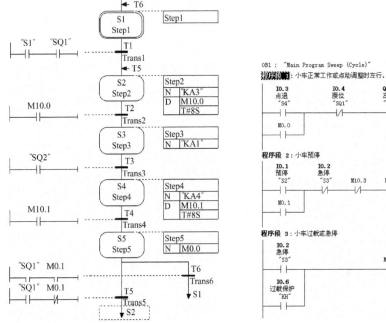

图 2-12　S7-300 中 FB1 的 GRAPH 程序　　　图 2-13　S7-300 的 OB1 控制主程序

OB1 程序中，PLC 上电后自动调用功能块 FB1，使程序进入步进程序运行。控制小车左行的 Q0.1 放于 FB1 步进程序外，使点退按钮和自动循环时都能实现小车后退动作，避免双线圈。预停标志位 M0.1 用于决定 FB1 中程序的跳转方向；当急停或过载时 M10.2 接通，中断 FB1 的调用，松开急停按钮或热继电器复位后再重新恢复调用。

 技能训练

1. 训练目标

（1）熟练掌握 S7 GRAPH 的用法。

（2）能够正确编制、输入、传输和模拟调试小车行程 PLC 控制程序。

（3）能够独立完成小车行程 PLC 控制系统线路的安装。

（4）按规定进行通电调试，出现故障能根据设计要求独立检修，直至系统正常工作。

2. 训练内容

1）程序的输入

（1）输入 S7 – 200 程序。

① 按前面的方法将图 2-10 所示程序输入至图 2-14 所示处。

② 在指令树的"程序控制"中找到段首"SCR"指令，双击或将之拖至需输入处，并输入状态元件的标号"S0.0"，如图 2-14 所示。

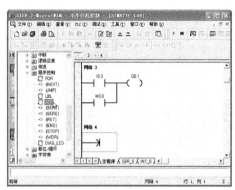

图 2-14　准备输入 SCR 指令

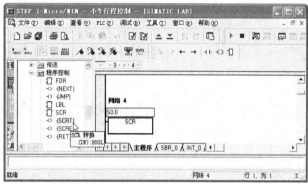

图 2-15　输入 SCR 指令

③ 找到段转移"SCRT"指令，并在如图 2-16 所示处按相同方法输入指令和指令编号"S0.1"。

④ 找到段尾"SCRE"指令，并输入该指令，如图 2-17 所示。

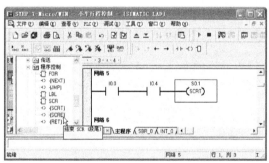

图 2-16　输入 SCRT 指令

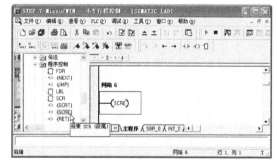

图 2-17　输入 SCRE 指令

⑤ 按同样方法将图 2-9 所示的程序输入完毕，如图 2-18 所示。

（2）输入 S7 – 300 程序。

① 创建功能块。

在 SIMATIC Manager 如图 2-19 所示的界面中，单击鼠标右键选择"插入新对象"→"功能块"，创建功能块 FB1。

② 选择 FB1 的创建语言为"GRAPH"，单击"确定"按钮，如图 2-20 所示。

③ 双击 FB1 图标准备进入 S7 GRAPH 编程界面，如图 2-21 所示。

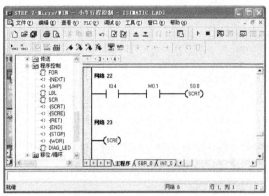

图 2-18　S7-200 小车行程控制程序输入完毕

图 2-19　创建功能块

图 2-20　选择创建语言

图 2-21　准备进入 S7 GRAPH

④ S7 GRAPH 的界面如图 2-22 所示。

⑤ 单击步进工具栏中按钮 或单击选中需要插入动作的步（Step），再单击鼠标右键，选择"Insert New Element"→"Action"，准备为步 Step1 插入动作（Action），如图 2-23 所示。

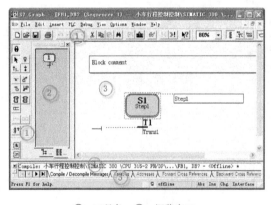

①—工具条；②—概览窗口；
③—工作区；④—详细窗口；⑤—状态条。
图 2-22　S7 GRAPH 界面

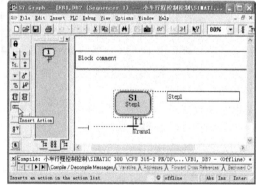

图 2-23　准备为 Step1 插入动作

⑥ 将光标移至 Step1 处，单击左键，插入动作，如图 2-24 所示。

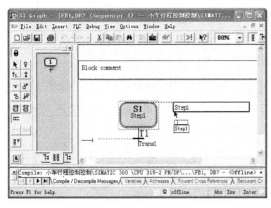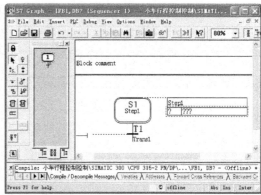

图 2-24 插入动作至 Step1

⑦ 输入动作的相应参数，如图 2-25 所示。

⑧ 转移条件的输入有 LAD 个 FBD 两种方式，可通过图 2-26 所示方法进行切换。

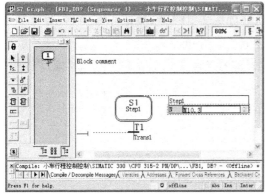

图 2-25 输入动作的相应参数　　　　　　图 2-26 转移条件形式切换

⑨ 单击图标 ⊣⊢，并将光标放至转移条件"T1"处，准备输入转移条件的常开触点，如图 2-27 所示。

⑩ 单击左键，为转移条件插入常开触点"S1"；用同样的方法插入"SQ1"常开，如图 2-28 所示。

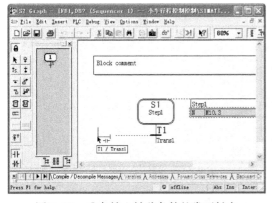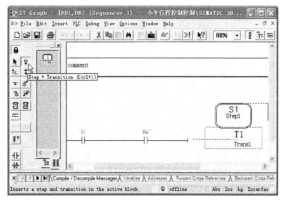

图 2-27 准备输入转移条件的常开触点　　　　图 2-28 输入 T1 中的转移条件

⑪ 单击 图标，并将光标移至转移条件 T1 处，准备输入下一步，如图 2-29 所示。

⑫ 单击左键输入 Step2，在 S2 状态中插入相应的动作，如图 2-30 所示。

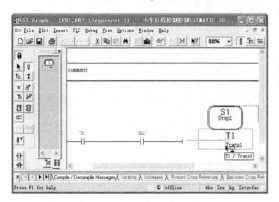
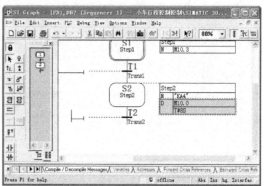

图 2-29　准备输入下一步　　　　　图 2-30　输入 S2 及相应动作

⑬ 按同样的方法将 FB1 的 GRAPH 程序输入至如图 2-31 所示位置。

⑭ 单击按钮 ，将光标放至 T5 处，单击左键并输入跳转的状态号 "2"，如图 2-32 所示。

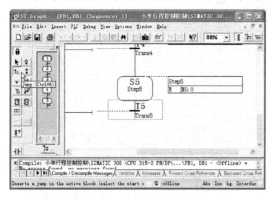
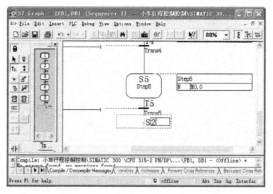

图 2-31　准备输入跳转动作　　　　　图 2-32　输入跳转到 S2 的动作

⑮ 单击 图标，将光标放至状态 S5（Step5）处并单击左键输入另一个跳转分支，如图 2-33 所示。

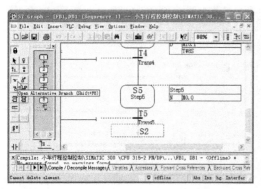
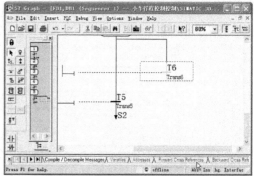

图 2-33　输入另一个跳转动作

⑯ 按同样的方法输入 T6 的转移条件和目的状态 S1，如图 2-34 所示。

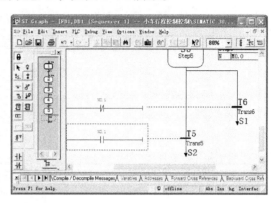

图 2-34　完成另一个跳转输入

⑰ 输入完毕后的 GRAPH 程序如图 2-35 所示。在状态 S1 和 S2 上方分别出现了跳转条件 T5、T6 的箭头。

⑱ 从图 2-36 所示的 S7 程序中可以看到，由于 FB1 的生成，系统自动生成了背景数据块 DB1，并自动调用了功能 FC72 和系统功能 SFC64。

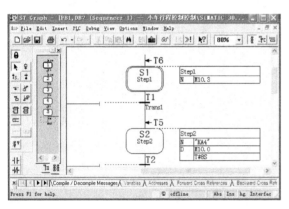

图 2-35　完成 FB1 程序输入

图 2-36　准备进入 OB1 输入程序

⑲ 双击 OB1 进入主程序编程界面，按前面学过的方法将图 2-13 所示程序输入至如图 2-37 所示处。

⑳ 在指令树下的 FB 块中，找到 FB1 块，双击或将之拖至需输入处，如图 2-38 所示。

㉑ 输入相应的块参数。INIT_SQ 为调用端，OFF_SQ 为停止调用端，DB1 为背景数据块，如图 2-39 所示。

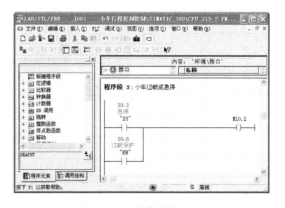

图 2-37　准备调用 FB1

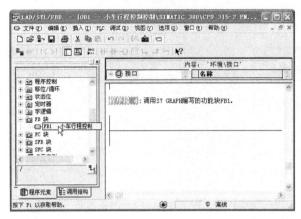

图 2-38　输入 FB1 块

2）用 S7 - PLCSIM 模拟调试软件对 S7 - 300 的 GRAPH 程序进行仿真测试

3）系统安装

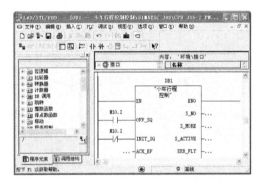

（1）准备工具和器材，如表 2-6 所示。

（2）按要求自行完成系统的安装接线。

（3）程序下载。将编写的控制程序下载至 PLC。

（4）系统调试。

① 在教师现场监护下进行通电调试，验证系统功能是否符合控制要求。

② 如果出现故障，则学生应独立检修。线路检修完毕和梯形图修改完毕应重新调试，直至系统正常工作。

图 2-39　完成 FB1 块的输入

表 2-6　所需工具、器材清单

序　号	分　类	名　　称	型号规格	数　量	单　位	备　注
1	工具	电工工具		1	套	
2		万用表	MF47 型	1	块	
3		可编程序控制器	S7 - 200/S7 - 300	1	只	
4		计算机		1	台	
5		S7 - 200 编程软件	STEP 7 MicroWIN V4.0 SP6	1	套	
6		S7 - 300 编程软件	Step_7_V54_Chinese_SP3	1	套	
7		安装铁板	600 × 900mm	1	块	
8		导轨	C45	0.3	米	
9		空气断路器	Multi9 C65N D20	1	只	
10	器材	熔断器	RT28 - 32	5	只	
11		接触器	NC3—09/220	2	只	
12		热继电器	NR4—63（1 - 1.6A）	1	只	
13		继电器	HH54P/DC 24V	5	只	
14		三相异步电动机	JW6324 - 380V 250W0.85A	1	只	
15		控制变压器	JBK3 - 100　380/220	1	只	
16		按钮	LA4 - 3H	1	只	
17		行程开关	LX19 - 111	2	只	
18		端子	D - 20	20	只	

续表

序　号	分　类	名　　称	型　号　规　格	数　量	单　位	备　注
19	消耗材料	铜塑线	BV1/1.37mm²	10	米	主电路
20		铜塑线	BV1/1.13mm²	15	米	控制
21		软线	BVR7/0.75mm²	10	米	电路
22		紧固件	M4×20 螺杆	若干	只	
23			M4×12 螺杆	若干	只	
24			φ4 平垫圈	若干	只	
25			φ4 弹簧垫圈及 φ4 螺母	若干	只	
26		号码管		若干	米	
27		号码笔		1	支	

3. 考核评分

考核时同样采用两人一组共同协作完成的方式，按表2-7 评分作为成绩的60%，并分别对两位学生进行提问作为成绩的40%。

表2-7　评分标准

内　容	考核要求	配分	评分标准	扣分	得分	备注
I/O 分配表设计	1. 根据设计功能要求，正确的分配输入和输出点。 2. 能根据课题功能要求，正确分配各种 I/O 量。	10	1. 设计的点数与系统要求功能不符合每处扣2分。 2. 功能标注不清楚每处扣2分。 3. 少、错、漏标每处扣2分。			
程序设计	1. PLC 程序能正确实现系统控制功能。 2. 梯形图程序及程序清单正确完整。	40	1. 梯形图程序未实现某项功能，酌情扣除5～10分。 2. 梯形图画法不符合规定，程序清单有误，每处扣2分。 3. 梯形图指令运用不合理每处扣2分。			
程序输入	1. 指令输入熟练正确。 2. 程序编辑、传输方法正确。	20	1. 指令输入方法不正确，每提醒一次扣2分。 2. 程序编辑方法不正确，每提醒一次扣2分。 3. 传输方法不正确，每提醒一次扣2分。			
系统安装调试	1. PLC 系统接线完整正确，有必要的保护。 2. PLC 安装接线符合工艺要求。 3. 调试方法合理正确。	30	1. 错、漏线每处扣2分。 2. 缺少必要的保护环节每处扣2分。 3. 反圈、压皮、松动每处扣2分。 4. 错、漏编码每处扣1分。 5. 调试方法不正确，酌情扣2～5分。			
安全生产	按国家颁发的安全生产法规或企业自定的规定考核。		1. 每违反一项规定从总分中扣除2分（总扣分不超过10分）。 2. 发生重大事故取消考试资格。			
时间	不能超过120分钟		扣分：每超2分钟倒扣总分1分			

 巩固提高

若本任务在自动循环时，则要求循环5次后若无急停、过载和预停信号，系统也会自动停止，等待下一次启动信号到来后再继续工作。设计满足该控制要求的控制程序。

任务 2 工件分拣控制

 知识点

○ 了解工件分拣控制系统的结构和控制要求；
○ 掌握选择性分支顺控程序的结构和基本设计方法。

 技能点

○ 掌握用 S7 GRAPH 设计选择性分支顺控程序的方法；
○ 能运用 PLC 顺序控制指令设计工件分拣控制程序；
○ 能绘制 I/O 接线图，并能安装、调试 PLC 控制的工件分拣控制系统。

任务引入

随着社会的不断发展，市场的竞争也越来越激烈，因此各个生产企业都迫切需要改进生产技术，提高生产效率，尤其在需要进行材料分拣的企业，以往一直采用的人工分拣方法，致使生产效率低，生产成本高，企业的竞争能力差，材料的自动分拣已成为企业的最佳选择。物料分拣采用可编程控制器 PLC 进行控制，能连续、大批量地分拣货物，分拣误差率低且劳动强度大大降低，可显著提高劳动生产率。本任务我们通过工件分拣控制系统学习选择性分支顺控步进程序的设计方法。

任务分析

1. 控制要求

有一工件分拣设备如图 2-40 所示，其控制要求如下：

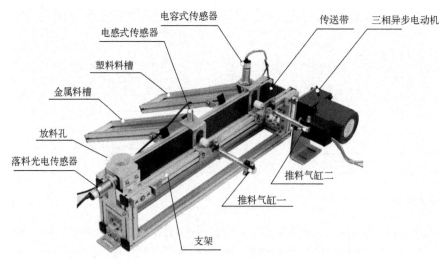

图 2-40 工件分拣设备

（1）上电后，按下启动按钮系统进入运行状态，按下停止按钮系统立即停止；

（2）运送工件的传送带有电动机驱动，当安装于落料孔处的光电传感器检测到有工件时，电动机立刻启动带动传送带送料；

（3）被送至安装于金属料槽口的用于检测金属工件的电感式传感器时，若为金属工件，则传送带停止，推料气缸一推料，将其推入金属料槽。推杆推至前限位后缩回，到后限位停止。

（4）当工件被送至金属料槽时，若电感式传感器未动作，则说明该工件为塑料工件，传送带不停止，将工件送至塑料槽口，使用于检测非金属的电容式传感器动作，通过推料气缸二的推杆将工件推入塑料料槽。推料气缸二的动作过程和推料气缸一相同。

（5）在未完成一个分拣周期时，放料孔处又检测到工件，则在完成本分拣周期后，传送带继续运行，直接进入下一个分拣周期；若完成本分拣周期后，在放料孔处还未检测到工件，则传送带自动停止等待，直到有工件时重新启动，进入下一个分拣周期。

2. 任务分析

由系统控制要求可知，本控制任务包括送料、两个气缸的推料和缩回、多个传感器的动作以及传送带是否要连续运行的判别等多个动作，相互间的关系复杂，采用基本指令编程烦琐而困难，仍应采用顺序控制的方法编程。

工件在传送过程中，由于需要经过两个传感器来分辨工件，并将之推入相应料槽，因此，必须要经过条件选择才能决定程序执行的方向。根据控制要求可画出控制任务的顺序控制流程图，如图 2-41 所示。

由图 2-41 可以看出，当电动机启动后，传送带运行，程序的流程是有检测工件的传感器决定的，工件为金属时执行左边分支，工件为塑料则执行右边分支；两分支在完成各自的动作后汇合，并判断有无工件，若有直接进入下一个分拣周期，再次分拣；若无工件则跳转到初始状态停止等待。在整个工作过程中，只要按下停止按钮，系统就立刻停止工作，直到再次按下启动按钮系统才重新开始运行。从工件分拣系统的流程图可以看出，工件分拣的工作过程属于选择性分支流程。

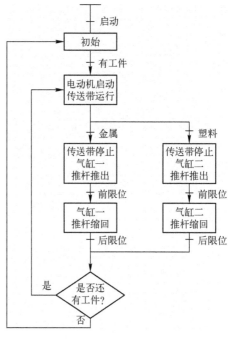

图 2-41　工件分拣设备顺序控制流程图

 知识链接

1. 基础知识

从两个或两个以上的多分支流程中，根据满足的条件选择其中的某一个分支流程执行的顺序功能流程，称之为选择性分支流程。在这种流程结构中，分支开始时需要对多个控制流程进行流程选择或者分支选择，即一个控制流可能转入多个可能的控制流中的一个，但不允许多路分支同时执行，进入哪一个分支，取决于转移条件哪个首先满足，但应注意在同一时刻，只允许一个转移条件满足。

绘制选择性分支的顺序功能图时，分支控制处转移条件应在分支线下方，且在同一时间只能有一个条件满足，即流程执行具有唯一性；而在汇合控制处，转移条件应在汇合线的上方。分支和汇合处用单水平线表示。其基本结构和画法如图 2-42 所示。

程序执行到"步 1"时，继续执行哪一分支取决于满足"条件 1"还是"条件 4"，满足"条件 1"时执行左边分支，满足"条件 4"则执行右边分支。而"条件 1"和"条件 4"应保证不会同时满足。

2. S7 – 200 选择性分支步进程序

S7 – 200 选择性分支的编程除流程的分支与汇合外，大部分与单流程编程相同，程序要完成的动作仍旧在各个状态中完成。图 2-43 为选择性分支状态转移图的一个例子。

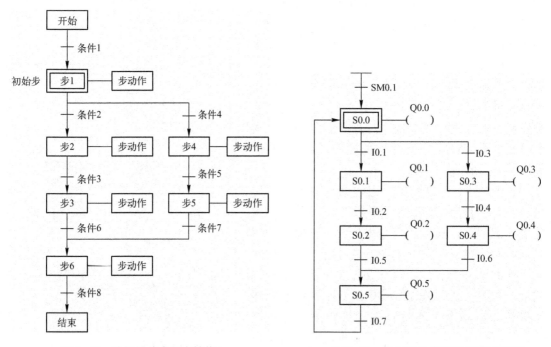

图 2-42　选择性分支基本结构　　　　图 2-43　选择性分支状态转移图举例

选择性分支在初始状态 S0.0 中分支，在状态 S0.2 中通过条件 I0.5 和在状态 S0.4 中通过条件 I0.6 将流程汇合于状态 S0.5。I0.7 为状态 S0.5 跳转至 S0.0 的条件，以实现流程的循环执行。

1）分支控制

在梯形图程序中，选择性分支的分支控制是通过在同一状态中使用 SCRT 指令来完成的。例如图 2-43 中，其分支控制是在 S0.0 中用条件 I0.1 转移到 S0.1，用 I0.3 转移到 S0.3，来实现选择性分支的分支控制的。对应梯形图如图 2-44 所示。

图 2-44 中的分支控制是在网路 4 和网络 5 中用 SCRT 指令实现的。

2）汇合控制

选择性分支中，由于各分支不同时执行，因此，其汇合与单流程控制一样只需分别在分支流程的最后一个状态转移到汇合状态即可。如图 2-43 中的汇合控制只需在状态 S0.2、S0.4 中分别通过条件 I0.5 和 I0.6 转移到状态 S0.5 即可。对应梯形图如图 2-45 所示，图中的汇合控制是在网络 13 和网络 21 中由条件 I0.5 和 I0.6 完成的。

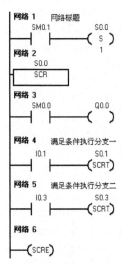

图 2-44 选择性分支控制

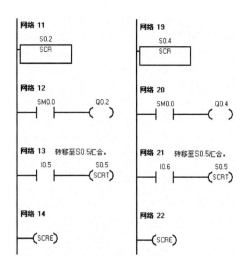

图 2-45 选择性分支汇合控制

3. S7 GRAPH 程序的选择性分支

与图 2-43 结构类似的 S7 GEAPH 程序如图 2-46 所示。程序从步 S1 开始至步 S6 结束，共占用了 6 个 Step 步，在 GRAPH 程序中无 S0 步。

4. 程序设计

1）输入/输出分配表

工件分拣系统的输入/输出分配如表 2-8 所示。

2）输入/输出接线图

（1）S7-200 输入/输出接线图。

采用 S7-200 型 PLC 控制工件分拣控制系统的输入/输出接线图如图 2-47 所示。

（2）S7-300 输入/输出接线图。

采用 S7-300 型 PLC 控制工件

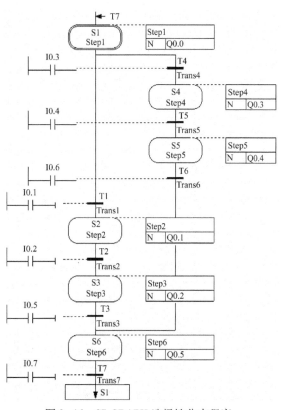

图 2-46 S7 GRAPH 选择性分支程序

分拣控制系统的输入/输出接线图如图 2-48 所示。

3）程序设计

（1）S7 - 200 控制程序。

① S7 - 200 顺序功能图。

表 2-8　工件分拣系统的输入/输出分配表

输　入			输　出		
输入继电器	元件代号	作　用	输出继电器	元件代号	作　用
I0.0	SB1	启动按钮	Q0.0	YV1	推料气缸一推料
I0.1	SB2	系统停止	Q0.1	YV2	推料气缸一缩回
I0.2	SQ1	推料气缸一前限位	Q0.2	YV3	推料气缸二推料
I0.3	SQ2	推料气缸一后限位	Q0.3	YV4	推料气缸二缩回
I0.4	SQ3	推料气缸二前限位	Q1.0	KM/KA	传送带启/停控制
I0.5	SQ4	推料气缸二后限位			
I0.6	S5	金属工件检测			
I0.7	S6	塑料工件检测			
I1.0	S7	下料检测			

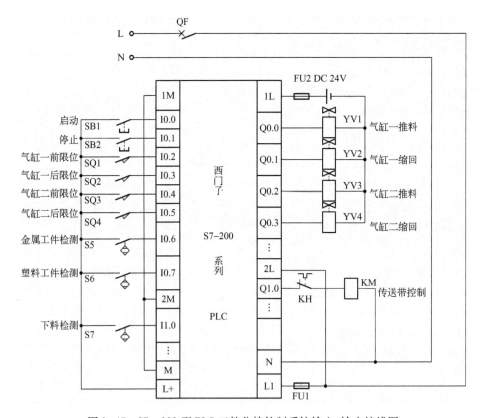

图 2-47　S7 - 200 型 PLC 工件分拣控制系统输入/输出接线图

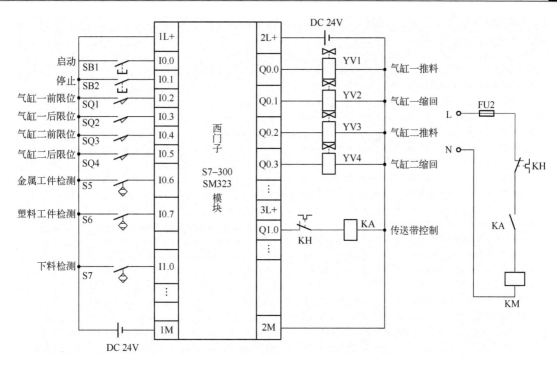

图 2-48　S7-300 型 PLC 工件分拣控制系统输入/输出接线图

根据图 2-41 所示系统控制流程图可画出 S7-200 工件分拣控制系统的状态转移图,如图 2-49 所示。

在图 2-49 中,PLC 上电后,按下启动按钮 I0.0 进入初始步 S0.0,当检测到有工件时,I1.0 动作进入状态 S0.1,此时 Q1.0 接通传送带运行。当检测到金属工件时,I0.6 动作,进入状态 S0.2,Q0.0 接通气缸一推杆推出,将金属工件推入金属料槽;同样当检测到非金属工件时,I0.7 动作,通过流程 2 将塑料工件推入对应的料槽中。M1.0 为下料口是否有工件的标志位,当有工件 (M1.0 为 ON) 时,跳转到 S0.1 系统继续运行;当无工件 (M1.0 为 OFF) 时,跳转到初始状态 S0.0 等待。

② 程序设计。控制程序的梯形图如图 2-50 所示。

系统上电后,按下启动按钮 I0.0,进入步进状态 S0.0,此时,若无料则等待;若有料

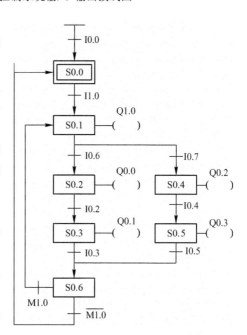

图 2-49　S7-200 工件分拣控制状态转移图

(I1.0 接通),转入状态 S0.1,传送带启动开始工作,同时 S0.0 自动复位;在状态 S0.1 中,通过工件材料检测使程序进入其中一个流程,并在状态 S0.6 处汇合。

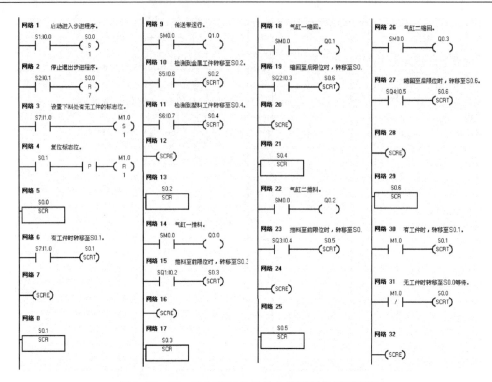

图 2-50　S7-200 型 PLC 工件分拣控制梯形图程序

在步进程序之外，用停止按钮 I0.1 将 S0.0～S0.6 七个状态全部复位，使系统退出步进程序等待。另外，当有工件时，I1.0 将是否有工件的标志位 M1.0 置位，以决定程序执行到 S0.6 后的跳转方向；当传送带启动状态 S0.1 的上升沿到来时再将 M1.0 复位，解除本周期的标志信号，进入下一循环的检测。

（2）S7-300 控制顺程序。

① 生成符号表，如图 2-51 所示。

② 创建功能块 FB1。

进入 S7 GRAPH 编程界面，根据控制要

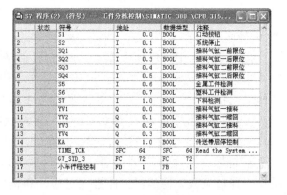

图 2-51　生成符号表

求创建如图 2-52 所示 FB1 顺序控制程序。其中选择性分支的分支条件为 T2（I0.6 常开）和 T5（I0.7 常开），即检测工件是金属还是塑料；选择性分支的汇合条件为 T4（I0.3 常开）和 T8（I0.5 常开），分别是气缸一、二缩回的后限位。系统一上电，程序直接进入 S1（Step1）等待，有料时开始往下执行，执行至 S7（Step7）时，根据是否下料的标志位的状态决定程序跳转的方向，有料时跳转到 Step2（S2）继续执行；无料时跳转至 S1（Step1）等待。

③ OB1 主程序。编写 OB1 主程序如图 2-53 所示。

OB1 中由启动按钮 I0.0 作为进入 FB1 的触发信号，停止信号 I0.1 为退出 FB1 的信号。当按下启动按钮时，进入 FB1 的 GRAPH 程序，并在 S1（Step1）处等待；当按下停止按钮时，程序跳出 FB1，等待下一次按下启动按钮进入。程序段 2 和程序段 3 是用来检测是否有料的标志位的置位

和复位程序，用以控制 GRAPH 程序中一个分拣周期最后一个状态执行后的程序跳转方向。

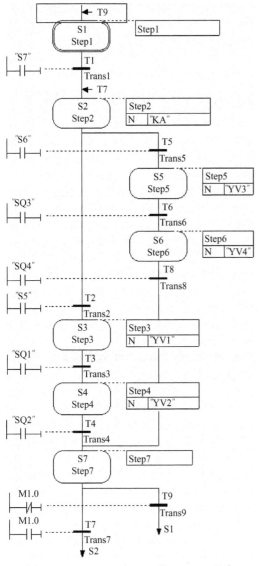

图 2-52 S7-300 中 FB1 的 GRAPH 程序

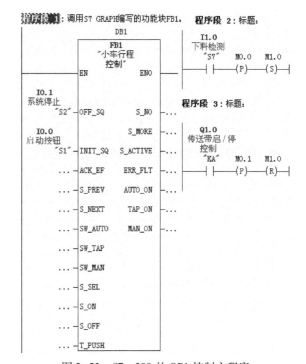

图 2-53 S7-300 的 OB1 控制主程序

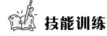 **技能训练**

1. 训练目标

（1）能够正确编制、输入、传输和模拟调试工件分拣 PLC 控制程序。

（2）能够独立完成工件分拣 PLC 控制系统线路的安装。

（3）按规定进行通电调试，出现故障能根据设计要求独立检修，直至系统正常工作。

2. 训练内容

1）程序的输入

（1）输入 S7-200 程序。按前面的方法输入图 2-50 所示 S7-200 型 PLC 工件分拣系统控制程序。

（2）输入 S7-300 程序。S7-300 主程序 OB1 的输入方法前面已经介绍，程序输入主要是 FB1 中 GRAPH 程序的选择性分支的输入方法不同。

① 按前面的方法新建 FB1，并进入 GRAPH 界面，输入程序的第一分支，如图 2-54 所示。

② 用光标选中 "S2"，并选中分支按钮，准备输入分支，如图 2-55 所示。

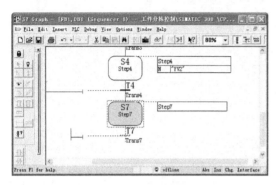

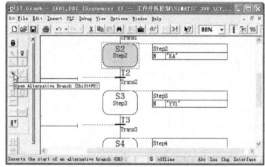

图 2-54　输入程序的第一分支　　　　图 2-55　准备输入程序的分支

③ 单击分支按钮，输入程序分支如图 2-56 所示。

④ 输入程序第二分支，用光标选中 "T8"，单击分支汇合按钮，如图 2-57 所示。

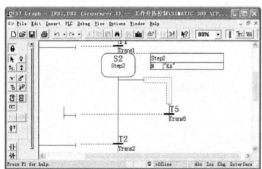

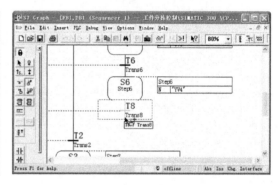

图 2-56　输入程序的分支　　　　图 2-57　选择性分支的汇合步骤一

⑤ 将光标移至 "T4" 下方，单击左键完成分支的汇合，如图 2-58 所示。

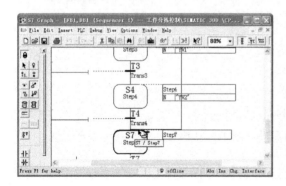

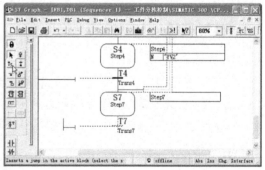

图 2-58　选择性分支的汇合步骤二

⑥ 按前面的方法完成 GRAPH 程序的输入，如图 2-59 所示。

2）用 S7 – PLS 模拟调试软件对 S7 – 300 的 GRAPH 程序进行仿真测试

3）系统安装和调试

（1）准备工具和器材，如表 2-9 所示。

（2）按要求自行完成系统的安装接线。

（3）程序下载，将编写的控制程序下载至 PLC。

（4）系统调试。

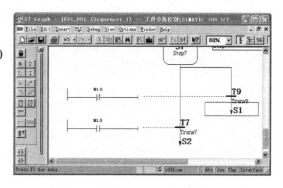

图 2-59　完成 GRAPH 程序的输入

表 2-9　所需工具、器材清单

序　号	分　类	名　称	型号规格	数　量	单　位	备　注
1	工具	电工工具		1	套	
2		万用表	MF47 型	1	块	
3		可编程序控制器	S7 – 200/S7 – 300	1	只	
4		计算机		1	台	
5		S7 – 200 编程软件	STEP 7MicroWin V4.0 SP6	1	套	
6		S7 – 300 编程软件	Step_7_V54_Chinese_SP3	1	套	
7		安装铁板	600 × 900mm	1	块	
8		导轨	C45	0.3	米	
9		电感传感器	M18X1X40	1	只	
10		电容传感器	E2KX8ME1	1	只	
11	器材	光电传感器	E3Z – L61	1	只	
12		空气断路器	Multi9 C65N D20	1	只	
13		熔断器	RT28 – 32	5	只	
14		接触器	NC3—09/220	1	只	
15		继电器	HH54P/DC 24V	4	只	
16		热继电器	NR4—63（1 – 1.6A）	1	只	
17		三相异步电动机	JW6324 – 380V 250W0.85A	1	只	
18		控制变压器	JBK3 – 100　380/220	1	只	
19		按钮	LA4 – 3H	4	只	
20		行程开关	LX19 – 111	2	只	
21		端子	D – 20	20	只	
22		铜塑线	BV1/1.37mm^2	10	米	主电路
23		铜塑线	BV1/1.13mm^2	15	米	控制
24		软线	BVR7/0.75mm^2	10	米	电路
25	消耗 材料	紧固件	M4 × 20 螺杆	若干	只	
26			M4 × 12 螺杆	若干	只	
27			ϕ4 平垫圈	若干	只	
28			ϕ4 弹簧垫圈及 ϕ4 螺母	若干	只	
29		号码管		若干	米	
30		号码笔		1	支	

① 在教师现场监护下进行通电调试，验证系统功能是否符合控制要求。

② 如果出现故障，则学生应独立检修。线路检修完毕和梯形图修改完毕应重新调试，直至系统正常工作。

3. 考核评分

考核时同样采用两人一组共同协作完成的方式，按表 2-10 所示的评分作为成绩的 60%，并分别对两位学生进行提问作为成绩的 40%。

表 2-10　评分标准

内　容	考核要求	配分	评分标准	扣分	得分	备注
I/O 分配表设计	1. 根据设计功能要求，正确的分配输入和输出点。 2. 能根据课题功能要求，正确分配各种 I/O 量。	10	1. 设计的点数与系统要求功能不符合每处扣 2 分。 2. 功能标注不清楚每处扣 2 分。 3. 少、错、漏标每处扣 2 分。			
程序设计	1. PLC 程序能正确实现系统控制功能。 2. 梯形图程序及程序清单正确完整。	40	1. 梯形图程序未实现某项功能，酌情扣除 5～10 分。 2. 梯形图画法不符合规定，程序清单有误，每处扣 2 分。 3. 梯形图指令运用不合理每处扣 2 分。			
程序输入	1. 指令输入熟练正确。 2. 程序编辑、传输方法正确。	20	1. 指令输入方法不正确，每提醒一次扣 2 分。 2. 程序编辑方法不正确，每提醒一次扣 2 分。 3. 传输方法不正确，每提醒一次扣 2 分。			
系统安装调试	1. PLC 系统接线完整正确，有必要的保护。 2. PLC 安装接线符合工艺要求。 3. 调试方法合理正确。	30	1. 错、漏线每处扣 2 分。 2. 缺少必要的保护环节每处扣 2 分。 3. 反圈、压皮、松动每处扣 2 分。 4. 错、漏编码每处扣 1 分。 5. 调试方法不正确，酌情扣 2～5 分。			
安全生产	按国家颁发的安全生产法规或企业自定的规定考核。		1. 每违反一项规定从总分中扣除 2 分（总扣分不超过 10 分）。 2. 发生重大事故取消考试资格。			
时间	不能超过 120 分钟		扣分：每超 2 分钟扣总分 1 分			

 巩固提高

若本任务推料气缸一和二推料后，都采用在弹簧作用下自动复位的方式，试编写控制程序。

任务3　十字路口交通灯控制

 知识点

○ 了解交通灯控制系统的结构和控制要求；
○ 掌握并行性分支顺控程序的结构和基本设计方法。

技能点

- 掌握用 S7 GRAPH 设计并行分支顺控程序的方法；
- 能运用 PLC 顺序控制指令设计交通灯控制程序；
- 能绘制 I/O 接线图，并能安装、调试 PLC 控制的交通灯控制系统。

任务引入

十字路口的交通灯指挥着行人和车辆的安全运行，实现交通灯的自动指挥能使交通更加井然有序，也是城市交通管理工作自动化的重要标志之一。城市交通灯采用可编程控制器控制具有可靠性高、维护方便，用法简单、通用性强等特点，步进指令的运用更能使程序显得简单明了。下面我们通过交通信号灯控制系统来学习并行分支步进程序的设计方法。

任务分析

1. 控制要求

十字路口交通灯的示意图如图 2-60 所示。

（1）按下启动按钮后，交通信号系统开始工作，且南北红灯亮，东西绿灯亮。

（2）25s 后东西绿灯闪烁（频率为 1Hz），3s 后绿灯熄灭黄灯亮，2s 后黄灯熄灭，东西红灯亮。同时，南北红灯熄灭绿灯亮。

（3）南北绿灯亮 25s 后，绿灯同样以 1Hz 的频率闪烁 3s 后熄灭，黄灯亮 2s 后熄灭，南北方向再次切换为红灯。同时东西方向的绿灯也再次点亮……

（4）如此不断循环，直到停止按钮按下所有灯熄灭。

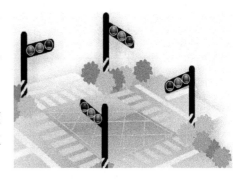

图 2-60　交通灯示意图

其具体动作如表 2-11 所示。

表 2-11　十字路口交通灯动作列表

	信号	绿灯亮	绿灯闪烁	黄灯亮	红灯亮		
东西方向	时间	25s	3s（3次）	2s	30s		
南北方向	信号	红灯亮			绿灯亮	绿灯闪烁	黄灯亮
	时间	30s			25s	3s（3次）	2s

2. 任务分析

由控制要求可以看出，这是一个典型的时间顺序控制任务，可以采用一般编程的方法，由基本指令和定时器、计数器指令共同完成；也可以采用步进指令的单流程顺序控制结构编程完成。另外，也可以将东西方向和南北方向各看做一条主线，显然它们是并行同时执行的，这在步进程序中是另一种典型的分支结构称为并行分支。本任务采用并行分支顺序控制编程，可以使步进程序流程更加清晰明了。根据表 2-10 可画出其动作时序图如图 2-61 所示。

知识链接

1. 基础知识

当转移条件满足时，同时并行处理两个或两个以上的多分支流程，称为并行性分支流程。在这种流程结构中，当一个控制流分成多个控制流即分支时，所有的控制流必须同时激活。在分支汇合时，所有的分支控制流都必须完成后，才能转入汇合状态。若某一流程先完成，则该控制流应处于等待状态，直到其他流程全部执行完毕后，方能汇合并一同转入下一状态。注意在并行性分支处，转移条件在分支线的上方，而在汇合处，转移条件在汇合线的下方。分支处与汇合处分别用双水平线表示。其基本结构和画法如图 2-62 所示。

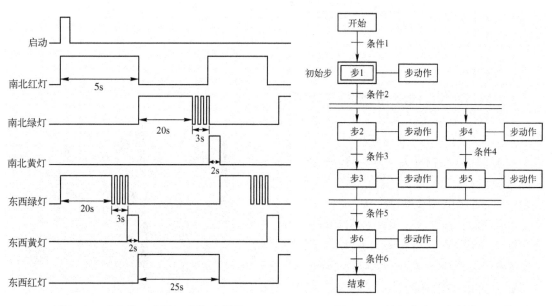

图 2-61　十字路口交通灯动作时序图　　　图 2-62　并行分支基本结构和画法

2. S7 - 200 并行分支步进程序

步进程序结构的不同主要在于分支和汇合，和选择性分支相比：选择性分支的各个分支都有转移条件，且只有一个分支可以执行；而并行分支只有一个转移条件，同时转向各个分支的首状态，完成各分支状态的启动。汇合时选择性分支各个分支都有各自的转移条件，互不相干；而并行分支只有一个转移条件，且只有所有分支全部执行完毕才能同时进行转移。图 2-63 为并行分支状态转移图的一个例子。

由图 2-58 可以看出，并行分支在初始状态 S0.0 中由 I0.1 分支，在状态 S0.2 和状态 S0.4 中通过条件 I0.4 将流程汇合于状态 S0.5。I0.5 为状态 S0.5 跳转至 S0.0 的条件，以实现流程的循环执行。

1）分支控制

图 2-63 中，在初始状态 S0.0 中，若满足转移条件 I0.1 为 ON 时，则程序流程立即同时转移到 S0.1 和 S0.3，因而，分支控制是在状态 S0.0 中进行的。状态的转移同样采用 SCRT 指令，对应分支控制的梯形图如图 2-64 所示。

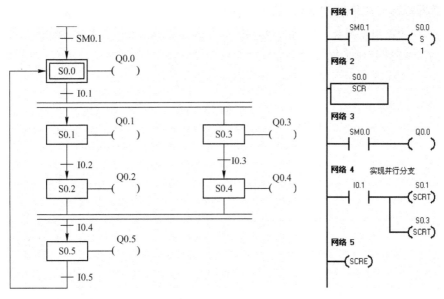

图 2-63　并行分支状态转移图　　　　图2-64　并行分支控制

　　网络 4 中通过转移条件 I0.1 同时激活两个分支的起始状态 S0.1 和 S0.3，完成并行分支控制。

　　2）汇合控制

　　由于并行分支的汇合必须在各个流程执行结束时进行，所以图 2-63 中分支的汇合需在 S0.2 和 S0.4 都激活后，对应分支汇合控制的梯形图如图 2-65 所示。

　　图 2-65 中网络 20 为并行汇合控制程序，为保证两个分支都执行完后才能汇合，用两个分支的末状态 S0.2 和 S0.4 的常开触点相串联作为分支汇合转移的先决条件，也就是说只有 S0.2 和 S0.4 都激活后，I0.4 接通才能转移到状态 S0.5，而整个汇合控制程序处于步进程序之外。另外，应注意在状态 S0.2 和 S0.4 的

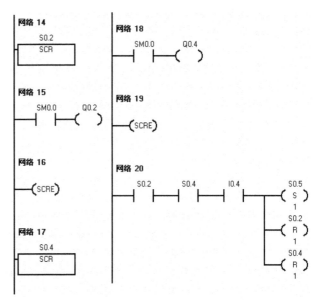

图 2-65　并行分支汇合控制一

SCR 程序段中，没有状态转移 SCRT 指令，所以状态 S0.2 和 S0.4 不能自动复位，应使用复位指令对它们进行复位。

　　并行分支的汇合控制还可采用另一种形式，如图 2-63 所示的状态转移图对应分支的汇合可在其中一个分支的末状态（S0.2 或 S0.4）中进行，而在汇合向下转移的条件前串联其余分支末状态的常开触点，如图 2-66 所示。分支汇合转移在 S0.4 中进行，为保证两个分支

执行结束后再转移，在跳转到 S0.5 的条件前串联了 S0.2。另外，由于状态 S0.2 中未出现 SCRT 转移指令不能自动复位，因而在 S0.5 中用 R 指令将其复位，完成并行分支的汇合。

3. S7 GRAPH 程序的选择性分支

与图 2-63 结构类似的 S7 GRAPH 程序如图 2-67 所示。

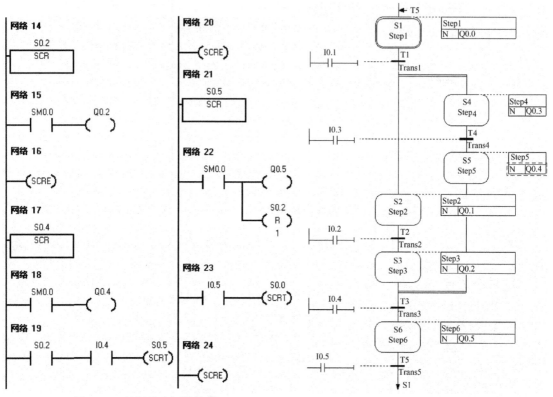

图 2-66　并行分支汇合控制二

图 2-67　S7 GRAPH 并行分支程序

4. 程序设计

1）输入/输出分配表

十字交通灯电路的输入/输出分配表如表 2-12 所示。

表 2-12　十字交通灯电路的输入/输出分配表

输　　入			输　　出		
输入继电器	元件代号	作　　用	输出继电器	元件代号	作　　用
I0.0	SB1	启动按钮	Q0.0	HL1	南北红灯
I0.1	SB2	停止按钮	Q0.1	HL2	南北黄灯
			Q0.2	HL3	南北绿灯
			Q0.3	HL4	东西红灯
			Q0.4	HL5	东西黄灯
			Q0.5	HL6	东西绿灯

2）输入/输出接线图

（1）S7-200 输入/输出接线图。用 S7-200 型 PLC 十字路口交通灯控制系统的输入/输出接线图如图 2-68 所示。

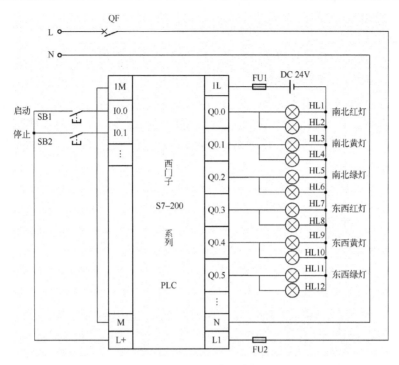

图 2-68　S7-200 型 PLC 十字路口交通灯控制系统输入/输出接线图

（2）S7-300 输入/输出接线图。用 S7-300 型 PLC 十字路口交通灯控制系统的输入/输出接线图如图 2-69 所示。

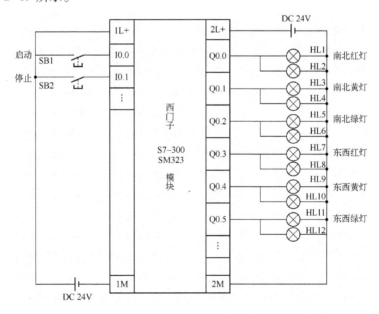

图 2-69　S7-300 型 PLC 十字路口交通灯控制系统输入/输出接线图

3）程序设计

从交通灯的控制要求可以看出，南北方向和东西方向的交通灯控制是同时进行的，因此十字路口交通灯的动作流程属于并行性分支流程，可用并行分支的步进程序编程实现控制。

（1）S7-200 控制程序。

① S7-200 顺序功能图。

根据图 2-61 所示的动作时序图可画出 S7-200 十字路口交通灯控制系统的状态转移图，如图 2-70 所示。图中东西方向和南北方向各为一个分支，同时执行。上电后步进程序进入初始状态，按下启动按钮 I0.0 后，由状态 S0.1 作为过渡状态立刻转入并行分支执行，为避免程序中出现双线圈，在步进指令中分别用 M0.0 和 M0.1 控制南北红灯、M0.2 和 M0.3 控制南北绿灯、M0.4、M0.5 和 M0.6 控制东西绿灯。两分支中的绿灯闪烁采用了内部循环，并

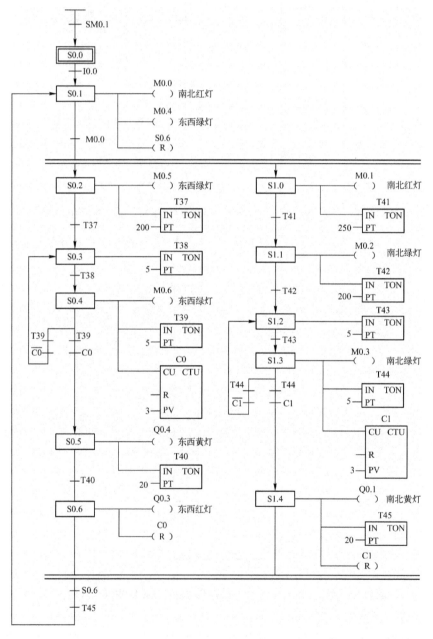

图 2-70　S7-200 十字路口交通灯状态转移图

用计数器对闪烁的次数进行计数，当计数器计数满三次后程序继续往下执行。并行分支的汇合控制是在南北方向流程的最后一个状态 S1.4 中进行的，当两个分支都执行结束后，跳转到 S0.1，开始下一个循环，同时复位没有 SCRT 指令的状态 S0.6。当然，汇合控制也可在状态 S0.6 或步进程序外进行，请读者自行思考，尝试编程实现。

② 程序设计

运用 S7-200 步进指令编写的控制程序如图 2-71 所示。控制程序完全按图 2-70 状态

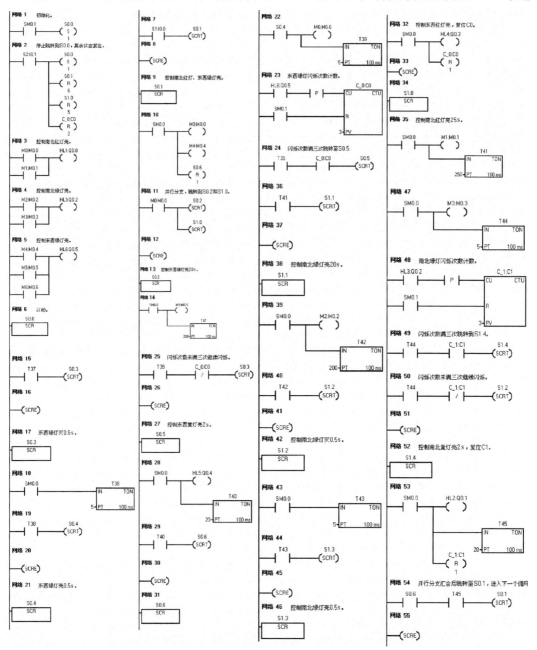

图 2-71 S7-200 型 PLC 十字路口交通灯控制程序

转移图编制，每一个状态执行的动作由 SM0.0 或该状态的状态元件的常开触点驱动，系统的停止通过跳转到 S0.0 同时复位其余状态来实现。计数器的复位除在每个分支的最后一个状态进行外，停止按钮也对其进行复位，以防止程序在执行到分支中途按下停止按钮计数器不能复位的情况。

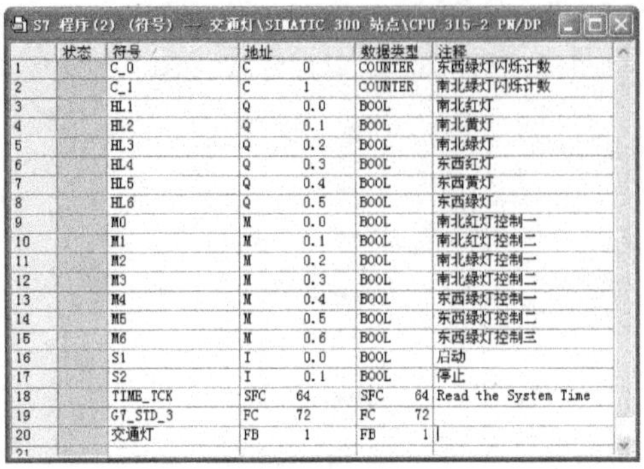
S7 程序(2) (符号) — 交通灯\SIMATIC 300 站点\CPU 315-2 PN/DP

	状态	符号	地址		数据类型		注释
1		C_0	C	0	COUNTER		东西绿灯闪烁计数
2		C_1	C	1	COUNTER		南北绿灯闪烁计数
3		HL1	Q	0.0	BOOL		南北红灯
4		HL2	Q	0.1	BOOL		南北黄灯
5		HL3	Q	0.2	BOOL		南北绿灯
6		HL4	Q	0.3	BOOL		东西红灯
7		HL5	Q	0.4	BOOL		东西黄灯
8		HL6	Q	0.5	BOOL		东西绿灯
9		M0	M	0.0	BOOL		南北红灯控制一
10		M1	M	0.1	BOOL		南北红灯控制二
11		M2	M	0.2	BOOL		南北绿灯控制一
12		M3	M	0.3	BOOL		南北绿灯控制二
13		M4	M	0.4	BOOL		东西绿灯控制一
14		M5	M	0.5	BOOL		东西绿灯控制二
15		M6	M	0.6	BOOL		东西绿灯控制三
16		S1	I	0.0	BOOL		启动
17		S2	I	0.1	BOOL		停止
18		TIME_TCK	SFC	64	SFC	64	Read the System Time
19		G7_STD_3	FC	72	FC	72	
20		交通灯	FB	1	FB	1	
21							

图 2-72　S7 -300 符号表

（2）S7 -300 控制顺程序。

① 生成符号表，如图 2-72 所示。

② 创建功能块 FB1。

进入 S7 GRAPH 编程界面，根据控制要求创建如图 2-73 所示 FB1 顺序控制程序。

上电后进入 GRAPH 程序初始状态 S1，按下启动按钮 I0.0，步进程序转移到过渡状态 S2，在使东西绿灯和南北红灯点亮的同时，为计数器 C0 和 C1 置初值（闪烁次数 3），并立即进入并行分支；两条分支按控制要求分别控制东西和南北交通灯工作，在一个循环结束后，跳转到 S2 进入下一个循环，如此不断反复。

程序中两个方向绿灯的闪烁都是通过分支中的小循环来实现的，循环的次数分别通过计数器 C0 和 C1 控制。在此由于两个计数器都采用减计数的方式，所以在两条分支执行完后，计数器 C0 和 C1 的当前值均为 0，而跳转到 S2 时，置初值（CS）指令又将计数器的当前值恢复为设定初值，从而为下一个循环做好准备。

③ OB1 主程序。

编写 OB1 主程序如图 2-74 所示。图中 OB1 由启动按钮 I0.0 调用功能块 FB1，通过 FB1 中的 GRAPH 程序来实现交通灯的控制，停止按钮 I0.1 用于结束 FB1 的调用。同样为了避免双线圈，南北红灯 Q0.0 由 GRAPH 程序中的 M0.0 和 M0.1 控制，南北绿灯 Q0.2 由 M0.2 和 M0.3 控制，东西绿灯 Q0.5 则由 M0.4、M0.5 和 M0.6 控制。

技能训练

1. 训练目标

（1）能够正确编制、输入、传输和模拟调试十字路口交通灯 PLC 控制程序。

（2）能够独立完成十字路口交通灯 PLC 控制系统线路的安装。

（3）按规定进行通电调试，出现故障能根据设计要求独立检修，直至系统正常工作。

2. 训练内容

1）程序的输入

（1）输入 S7 -200 程序。按前面的方法输入图 2-71 所示 S7 -200 型 PLC 十字路口交通灯系统控制程序。

（2）输入 S7 -300 程序。S7 -300 主程序 OB1 按前面介绍过的输入方法输入，这里不再重复。下面来看 FB1 中 GRAPH 程序的并行分支的输入方法。

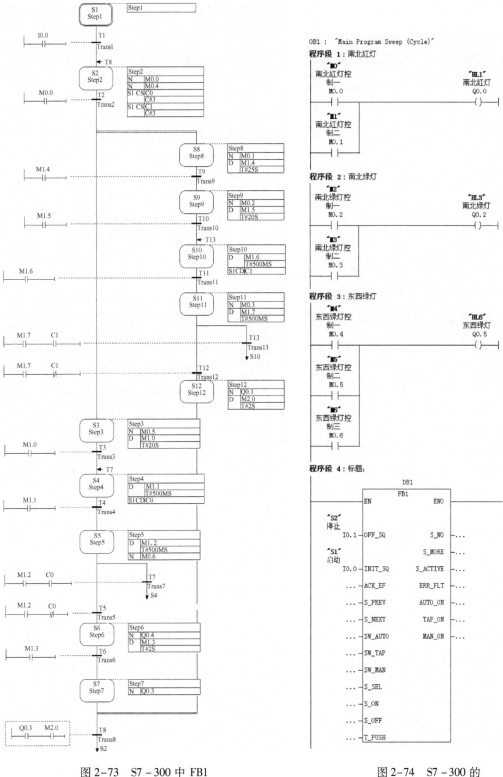

图 2-73 S7-300 中 FB1
的 GRAPH 程序

图 2-74 S7-300 的
OB1 控制主程序

① 按前面的方法将 2-73 所示 GRAPH 程序左边支路输入至如图 2-75 所示处。

② 单击 按钮，并用光标选中转移条件 T2，如图 2-76 所示。

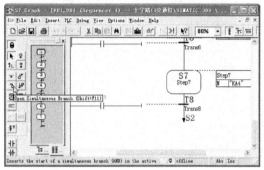

图 2-75　输入左边支路

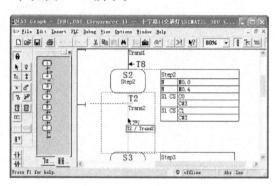

图 2-76　准备输入并行分支

③ 单击鼠标左键，输入并行分支，如图 2-77 所示。

④ 输入右边支路至如图 2-78 所示处。

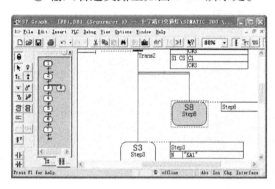

图 2-77　输入并行分支

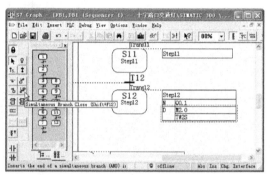

图 2-78　输入右边支路

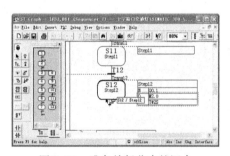

图 2-79　准备并行分支的汇合

⑤ 单击 按钮，用光标选中状态 S12，如图 2-79 所示。

⑥ 单击鼠标左键，并拖至状态 S7 下端，再次单击鼠标左键，完成并行分支的汇合，如图 2-80 所示。

2）用 S7-PLCSIM 模拟调试软件对 S7-300 的 GRAPH 程序进行仿真测试

3）系统安装

（1）准备工具和器材，如表 2-13 所示。

（2）按要求自行完成系统的安装接线。

（3）程序下载。将编写的控制程序下载至 PLC。

（4）系统调试。

① 在教师现场监护下进行通电调试，验证系统功能是否符合控制要求。

② 如果出现故障，学生应独立检修。线路检修完毕和梯形图修改完毕应重新调试，直

至系统正常工作。

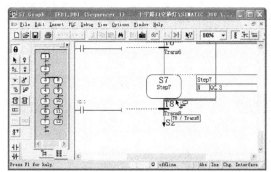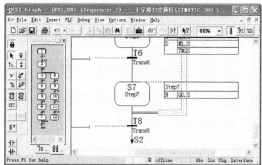

图 2-80 完成并行分支的汇合

表 2-13 所需工具、器材清单

序 号	分 类	名 称	型号规格	数 量	单 位	备 注
1	工具	电工工具		1	套	
2		万用表	MF47 型	1	块	
3		可编程序控制器	S7-200/S7-300	1	只	
4		计算机		1	台	
5		S7-200 编程软件	STEP 7MicroWin V4.0 SP6	1	套	
6		S7-300 编程软件	Step_7_V54_Chinese_SP3	1	套	
7		安装铁板	600×900mm	1	块	
8		导轨	C45	0.3	米	
9		空气断路器	Multi9 C65N D20	1	只	
10		熔断器	RT28-32	2	只	
11		指示灯	DC 24V	6	只	
12	器材	控制变压器	JBK3-100 380/220	1	只	
13		按钮	LA4-3H	1	只	
14		端子	D-20	20	只	
15		铜塑线	BV1/1.13mm²	10	米	
16		软线	BVR7/0.75mm²	25	米	
17			M4×20 螺杆	若干	只	
18		紧固件	M4×12 螺杆	若干	只	
19			φ4 平垫圈	若干	只	
20			φ4 弹簧垫圈及 φ4 螺母	若干	只	
21		号码管		若干	米	
22		号码笔		1	支	

3. 考核评分

考核时同样采用两人一组共同协作完成的方式,按表 2-14 评分作为成绩的 60%,并分别对两位学生进行提问作为成绩的 40%。

表 2-14 评分标准

内 容	考核要求	配分	评分标准	扣分	得分	备注
I/O 分配表设计	1. 根据设计功能要求,正确的分配输入和输出点。 2. 能根据课题功能要求,正确分配各种 I/O 量。	10	1. 设计的点数与系统要求功能不符合每处扣 2 分。 2. 功能标注不清楚每处扣 2 分。 3. 少、错、漏标每处扣 2 分。			

续表

内　容	考核要求	配分	评分标准	扣分	得分	备注
程序设计	1. PLC 程序能正确实现系统控制功能。 2. 梯形图程序及程序清单正确完整。	40	1. 梯形图程序未实现某项功能，酌情扣除 5～10 分。 2. 梯形图画法不符合规定，程序清单有误，每处扣 2 分。 3. 梯形图指令运用不合理每处扣 2 分。			
程序输入	1. 指令输入熟练正确。 2. 程序编辑、传输方法正确。	20	1. 指令输入方法不正确，每提醒一次扣 2 分。 2. 程序编辑方法不正确，每提醒一次扣 2 分。 3. 传输方法不正确，每提醒一次扣 2 分。			
系统安装调试	1. PLC 系统接线完整正确，有必要的保护。 2. PLC 安装接线符合工艺要求。 3. 调试方法合理正确。	30	1. 错、漏线每处扣 2 分。 2. 缺少必要的保护环节每处扣 2 分。 3. 反圈、压皮、松动每处扣 2 分。 4. 错、漏编码每处扣 1 分。 5. 调试方法不正确，酌情扣 2～5 分。			
安全生产	按国家颁发的安全生产法规或企业自定的规定考核。		1. 每违反一项规定从总分中扣除 2 分（总扣分不超过 10 分）。 2. 发生重大事故取消考试资格。			
时间	不能超过 120 分钟		扣分：每超 2 分钟倒扣总分 1 分			

 巩固提高

　　为了在人流高峰时方便行人过马路，避免出现拥挤，请在交警岗亭内设置一按钮，当按下该按钮时，东西和南北方向均为红灯，30s 后交通灯再重新启动恢复控制。

项目三

可编程序控制器在典型控制中的应用

PLC 实际上就是一台工业控制计算机，PLC 控制系统也能够具有一切计算机控制系统的功能，因此为使 PLC 具有更强大的控制功能，从 20 世纪 80 年代开始，各 PLC 制造商就逐步在 PLC 的指令系统中加入一些功能指令，或称应用指令、高级指令。这些功能指令实际上就是生产商开发的一个个具有特定功能的子程序，以供用户调用。

随着芯片技术的发展，PLC 的运算速度和存储量也在不断增加，其功能指令的功能也越来越丰富和强大，许多工程技术人员梦寐以求的控制功能，可通过功能指令极易实现，大大的扩展了 PLC 的应用范围，提高了其使用价值。

正是 PLC 的功能指令在程序设计时具有上述无可替代的功能，所以编程人员必须熟练掌握功能指令，才能使程序设计更加得心应手。本项目通过几个经典的控制任务介绍西门子 PLC 几种常用功能指令的应用方法。

任务1　全自动洗衣机控制

 知识点

○ 西门子 S7 – 200 PLC 的定时器、计数器指令的综合应用方法；

○ 西门子 S7 – 300 PLC 的定时器、计数器指令的综合应用方法；

○ 西门子 PLC 的比较指令的基本格式与使用方法。

技能点

○ 理解全自动洗衣机控制系统运行原理；

○ 掌握全自动洗衣机控制系统的编程方法；

○ 能够设计全自动洗衣机控制系统的 I/O 分配、PLC 接线图，并对该系统进行安装、调试、检修并完善。

 任务引入

全自动洗衣机是常见的家用电器，目前市场上的全自动洗衣机产品类型丰富、技术成熟、功能完善，采用的控制方式也多种多样。尽管现在的全自动洗衣机很少采用 PLC

控制，但其对于 PLC 控制技术来讲仍是一个十分典型的控制任务，通过对该任务的实现，对 PLC 指令的综合应用及系统的设计能力的提高，有着十分重要的意义。本任务将通过西门子 PLC 的比较指令编程实现全自动洗衣机的控制要求，介绍 PLC 综合控制系统的设计方法。

任务分析

1. 系统概述

全自动洗衣机结构示意图如图 3-1 所示，全自动洗衣机的洗衣桶（外桶）和脱水桶（内桶）是以同一中心安放的。外桶固定，作盛水用。内桶可以旋转，作脱水（甩干）用。内桶的四周有很多小孔，使内、外桶的水流相通。该洗衣机的进水和排水分别由进水阀和排水阀来控制。进水时，通过电控系统使进水阀打开，经进水管将水注入到外桶；排水时，通过电控系统使排水阀打开，将水由外桶排到机外。洗涤正转、反转由洗涤电动机驱动波轮正、反转来实现，此时脱水桶并不旋转；脱水时，通过电控系统将离合器合上，由洗涤电动机带动内桶正转进行甩干。高、低水位开关分别用来检测高、低水位，启动按钮用来启动洗衣机工作，停止按钮则用来实现手动停止进水、排水、脱水及报警。

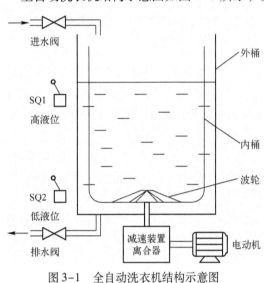

图 3-1　全自动洗衣机结构示意图

2. 控制要求

接通电源系统处于初始状态，准备好启动：

（1）按下启动按钮，系统开始进水，水满（即水位到达高水位）时停止进水并开始正转洗涤。

（2）正洗 15s 后暂停，暂停 3s 后开始反转洗涤，反洗 15s 后暂停。

（3）暂停 3s 后，若正、反洗未满 3 次，则返回正洗开始的动作；若正、反洗达到 3 次时，则开始排水。

（4）水位下降到低水位时开始脱水并继续排水，脱水 10s 即完成从进水到排水的一个大循环过程。

（5）若未完成 3 次大循环，则返回从进水开始的全部动作，进行下一次大循环；若完成了 3 次大循环，则进行洗完报警。

（6）报警器采用蜂鸣器按间隔 1s 发出声音的方式报警，报警 10s 后结束全部过程，自动停机。

（7）若在洗衣机正、反洗衣循环运行时按下停止按钮，则实现立刻停止进水（若正在进水时）和洗涤动作，并自动排水、脱水及报警；若按下停止按钮时正处于排水、脱水状态时，则继续执行当前动作，动作完成后不再循环并报警。

3. 任务分析

1）系统动作流程图

根据上述全自动洗衣机的控制要求，可以绘制出该系统的动作流程图，如图 3-2 所示。由系统流程图可以看出该控制任务是一个典型的顺序控制，其中包含了正、反洗循环和整个动作的大循环两个循环，编程实现两个循环的控制程序是整个程序设计的关键。

本任务实现时将不采用步进指令编程的常规设计思想，而采用另一种较为简单的实现顺序控制的方法，并通过比较指令来进行是否应进入下一循环的判断。

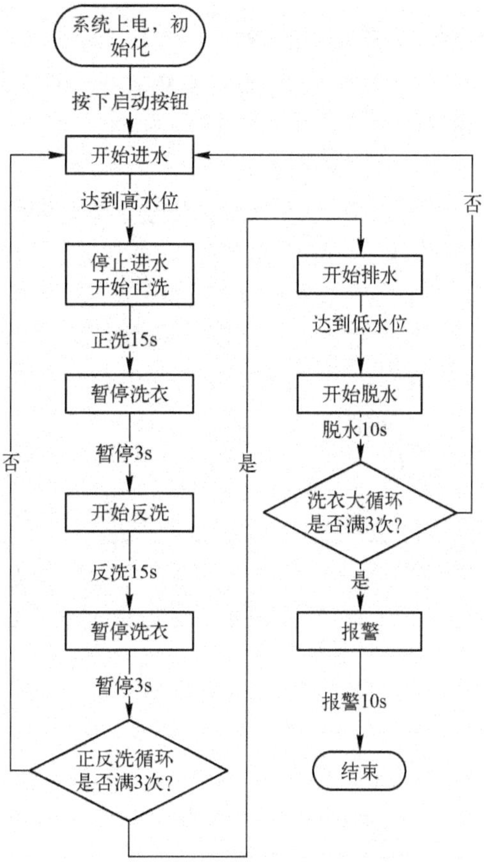

2）输入动作元件列表

上述全自动洗衣机系统中，起控制作用的输入元件主要是启停按钮与高低液位开关，这些元件如表 3-1 所示。

3）输出动作元件列表

全自动洗衣机的动作核心是带动波轮旋转与脱水桶旋转的电动机，为简化系统设计过程，我们在此不关注驱动电动机的主电路以及电动机的减速与离合装置，因此可以认为电动机带动波轮正反旋转由 2 个继电器控制，电动机带动脱水桶高速旋转则由正转继电器与电磁离合器共同作用。除了与电动机动作有关的电器之外，洗衣机系统的输出元件还包括进水阀、排水阀与报警蜂鸣器。将上述系统的输出动作元件列表如表 3-2 所示。

图 3-2　全自动洗衣机控制系统动作流程图

表 3-1　全自动洗衣机控制系统输入元件列表

元件代号	元件名称	用途
SB1	启动按钮	系统启动
SB2	停止按钮	系统停止
SQ1	高水位开关	高水位感应
SQ2	低水位开关	低水位感应

表 3-2　全自动洗衣机控制系统输出元件列表

元件代号	元件名称	用途
KA1	正转继电器	电动机正转
KA2	反转继电器	电动机反转
YC	电磁离合器线圈	脱水桶旋转
YV1	进水阀	进水
YV2	排水阀	排水
HA	蜂鸣器	报警

知识链接

1. 基础知识

"比较"是自动控制中一种常用的功能，特别在闭环系统中更是不可或缺，因此作为自动化三大支柱之一的 PLC 中一般都具有比较指令，在程序设计中应用也十分广泛。灵活运用比较指令可以使程序设计思路清晰、简单易读，并有助于程序设计能力的提高。

西门子 PLC 的比较指令一般有两个操作数 IN1 和 IN2，其数据长度必须一致，指令本身相当于一个触点，当满足指定条件时，触点闭合，否则触点断开，无须使能端的触发，所以应用起来十分方便。

2. 相关 PLC 指令

西门子 S7 - 200 和 S7 - 300 PLC 的比较指令虽然指令格式不同，但其用法和功能大同小异。

1）S7 - 200 相关指令

西门子 S7 - 200 PLC 的比较指令有两种分类法。按数据格式分类，可分为字节比较（B）、整数比较（I）、双整数比较（D）、实数比较（R）和字符串比较（S）；按逻辑关系分类，可分为等于（==）、不等于（<>）、大于等于（>=）、小于等于（<=）、大于（>）和小于（<）。其中字节比较（B）、整数比较（I）、双整数比较（D）及实数比较（R）包含所有 6 种逻辑关系，而字符串比较（S）只有等于（==）和不等于（<>）两种逻辑关系。

（1）字节（B）比较指令。

① 指令格式。字节比较指令格式与类型如表 3-3 所示。

表 3-3　字节比较指令格式与类型表

格式 ＼ 类型	等　于	不　等　于	大　于　等　于	小　于　等　于	大　　于	小　　于
LAD	???? ┤ ==B ├ ????	???? ┤ <>B ├ ????	???? ┤ >=B ├ ????	???? ┤ <=B ├ ????	???? ┤ >B ├ ????	???? ┤ <B ├ ????
STL	LDB = IN1,IN2 AB = IN1,IN2 OB = IN1,IN2	LDB <> IN1,IN2 AB <> IN1,IN2 OB <> IN1,IN2	LDB >= IN1,IN2 AB >= IN1,IN2 OB >= IN1,IN2	LDB <= IN1,IN2 AB <= IN1,IN2 OB <= IN1,IN2	LDB > IN1,IN2 AB > IN1,IN2 OB > IN1,IN2	LDB < IN1,IN2 AB < IN1,IN2 OB < IN1,IN2

② 指令操作数。字节比较指令操作数如表 3-4 所示。

表 3-4　字节比较指令操作数表

输入/输出	操　作　数	数据类型
IN1，IN2	IB，QB，MB，SMB，VB，SB，LB，AC，常数，＊VD，＊LD，＊AC	字节
输出	I，Q，M，SM，T，C，V，S，L	BOOL

③ 指令功能。

字节比较指令用于 IN1 和 IN2 两个字节之间的比较。比较包括：IN1 = IN2、IN1 >= IN2、IN1 <= IN2、IN1 > IN2、IN1 < IN2 或 IN1 <> IN2。在 LAD 中，指令本身相当于一个常开触点，比较结果为真时，触点处于闭合状态；比较结果为假时，触点处于断开状态。

注意：字节比较指令不支持带符号操作，即 IN1、IN2 的取值范围为十进制的 0 ～ 255（16#FF）。

（2）整数（I）比较指令。

① 指令格式。整数比较指令格式与类型如表 3-5 所示。

② 指令操作数。整数比较指令操作数如表 3-6 所示。

表3-5　整数比较指令格式与类型表

类型 格式	等　于	不　等　于	大　于　等　于	小　于　等　于	大　于	小　于
LAD	???? ―| ==I |― ????	???? ―| <>I |― ????	???? ―| >=I |― ????	???? ―| <=I |― ????	???? ―| >I |― ????	???? ―| <I |― ????
STL	LDW = IN1,IN2 AW = IN1,IN2 OW = IN1,IN2	LDW <> IN1,IN2 AW <> IN1,IN2 OW <> IN1,IN2	LDW >= IN1,IN2 AW >= IN1,IN2 OW >= IN1,IN2	LDW <= IN1,IN2 AW <= IN1,IN2 OW <= IN1,IN2	LDW > IN1,IN2 AW > IN1,IN2 OW > IN1,IN2	LDW < IN1,IN2 AW < IN1,IN2 OW < IN1,IN2

表3-6　整数比较指令操作数表

输入/输出	操　作　数	数　据　类　型
IN1, IN2	IW, QW, MW, SW, SMW, T, C, VW, LW, AIW, AC, 常数, *VD, *LD, *AC	INT
输出	I, Q, M, SM, T, C, V, S, L, 使能位	BOOL

③ 指令功能。

整数比较指令用于 IN1 和 IN2 两个整数之间的比较，由于整数有正整数和负整数之分，所以整数比较指令支持带符号操作，取值范围可以是十进制的 $-32768 \sim +32767$（16#8000 ～ 16#7FFF），其指令类型和字节比较指令相同，同样有等于等六种。

（3）双整数（D）比较指令。

① 指令格式。双整数比较指令格式与类型如表3-7所示。

表3-7　双整数比较指令格式与类型表

类型 格式	等　于	不　等　于	大　于　等　于	小　于　等　于	大　于	小　于
LAD	???? ―| ==D |― ????	???? ―| <>D |― ????	???? ―| >=D |― ????	???? ―| <=D |― ????	???? ―| >D |― ????	???? ―| <D |― ????
STL	LDD = IN1,IN2 AD = IN1,IN2 OD = IN1,IN2	LDD <> IN1,IN2 AD <> IN1,IN2 OD <> IN1,IN2	LDD >= IN1,IN2 AD >= IN1,IN2 OD >= IN1,IN2	LDD <= IN1,IN2 AD <= IN1,IN2 OD <= IN1,IN2	LDD > IN1,IN2 AD > IN1,IN2 OD > IN1,IN2	LDD < IN1,IN2 AD < IN1,IN2 OD < IN1,IN2

② 指令操作数。双整数比较指令操作数如表3-8所示。

表3-8　双整数比较指令操作数表

输入/输出	操　作　数	数　据　类　型
IN1, IN2	ID, QD, MD, SD, SMD, VD, LD, HC, AC, 常数, *VD, *LD, *AC	DINT
输出	I, Q, M, SM, T, C, V, S, L, 使能位	BOOL

③ 指令功能。

双整数比较指令的功能和整数比较指令的功能基本相同，只是进行比较的两个数 IN1 和 IN2 的数据长度为双字，双整数比较指令支持带符号操作，其取值范围为十进制的 $-2147483648 \sim +2147483647$（16#80000000 ～ 16#7FFFFFFF）。

（4）实数（R）比较指令。

① 指令格式。实数比较指令格式与类型如表3-9所示。

表 3-9　实数比较指令格式与类型表

类型 格式	等　于	不　等　于	大　于　等　于	小　于　等　于	大　于	小　于
LAD	???? ┤ ==R ├ ????	???? ┤ <>R ├ ????	???? ┤ >=R ├ ????	???? ┤ <=R ├ ????	???? ┤ >R ├ ????	???? ┤ <R ├ ????
STL	LDR = IN1,IN2 AR = IN1,IN2 OR = IN1,IN2	LDR <> IN1,IN2 AR <> IN1,IN2 OR <> IN1,IN2	LDR >= IN1,IN2 AR >= IN1,IN2 OR >= IN1,IN2	LDR <= IN1,IN2 AR <= IN1,IN2 OR <= IN1,IN2	LDR > IN1,IN2 AR > IN1,IN2 OR > IN1,IN2	LDR < IN1,IN2 AR < IN1,IN2 OR < IN1,IN2

② 指令操作数。实数比较指令操作数如表 3-10 所示。

表 3-10　实数比较指令操作数表

输入/输出	操 作 数	数据类型
IN1,IN2	ID, QD, MD, SD, SMD, VD, LD, AC, 常数, ＊VD, ＊LD, ＊AC	REAL
输出	I, Q, M, SM, T, C, V, S, L, 使能位	BOOL

③ 指令功能。实数比较指令的指令功能同前，支持有符号操作，其操作数长度为双字，正数的取值范围为十进制的 +1.175495E - 38 ～ +3.402823E + 38，负数的取值范围为 -1.175495E - 38 ～ -3.402823E + 38。

2) S7 - 300 相关指令

S7 - 300 PLC 具有同样丰富的比较指令，具体功能及类型和 S7 - 200 相似，可以满足用户的各种需要。S7 - 300 的比较指令同样可按比较的数据类型和逻辑关系分类。按数据类型可分为整数比较（I）、双整数比较（D）和实数比较（R）指令；按逻辑关系可以分为等于（EQ）、不等于（NQ）、大于（GT）、小于（LT）、大于等于（GE）和小于等于（LE）指令。

（1）整数比较指令。

① 指令格式。整数比较指令格式与类型如表 3-11 所示。

表 3-11　整数比较指令格式与类型表

类型 格式	等　于	不　等　于	大　于	小　于	大　于　等　于	小　于　等　于
助记符	EQ_I	NQ_I	GT_I	LT_I	GE_I	LE_I
符号	CMP ==I ─IN1 ─IN2	CMP <>I ─IN1 ─IN2	CMP >I ─IN1 ─IN2	CMP <I ─IN1 ─IN2	CMP >=I ─IN1 ─IN2	CMP <=I ─IN1 ─IN2

② 指令操作数。整数比较指令操作数如表 3-12 所示。

表 3-12　整数比较指令操作数表

参　数	存　储　区	数据类型
方块图输入	I、Q、M、L、D	BOOL
方块图输出	I、Q、M、L、D	BOOL
IN1	I、Q、M、L、D 或常数	整数
IN2	I、Q、M、L、D 或常数	整数

③ 指令功能。IN1 和 IN2 为整数，数据长度为 1 个字，当所比较的整数数据满足逻辑关系时，输出为 1（函数的 RLO =1）。

（2）双整数比较指令。

① 指令格式。双整数比较指令格式与类型如表 3-13 所示。

表 3-13 双整数比较指令格式与类型表

类型 格式	等 于	不 等 于	大 于	小 于	大于等于	小于等于
助记符	EQ_D	NQ_D	GT_D	LT_D	GE_D	LE_D
符号	CMP ==D —IN1 —IN2	CMP <>D —IN1 —IN2	CMP >D —IN1 —IN2	CMP <D —IN1 —IN2	CMP >=D —IN1 —IN2	CMP <=D —IN1 —IN2

② 指令操作数。双整数比较指令操作数如表 3-14 所示。

表 3-14 双整数比较指令操作数表

参 数	存 储 区	数 据 类 型
方块图输入	I、Q、M、L、D	BOOL
方块图输出	I、Q、M、L、D	BOOL
IN1	ID、QD、MD、L、D 或常数	双整数
IN2	I、Q、M、L、D 或常数	双整数

③ 指令功能。IN1 和 IN2 为双整数，数据长度为双字，当所比较的整数数据满足逻辑关系时，输出为 1（函数的 RLO =1）。

（3）实数比较指令。

① 指令格式。实数比较指令格式与类型如表 3-15 所示。

表 3-15 实数比较指令格式与类型表

类型 格式	等 于	不 等 于	大 于	小 于	大于等于	小于等于
助记符	EQ_R	NQ_R	GT_R	LT_R	GE_R	LE_R
符号	CMP ==R —IN1 —IN2	CMP <>R —IN1 —IN2	CMP >R —IN1 —IN2	CMP <=R —IN1 —IN2	CMP >=R —IN1 —IN2	CMP <=R —IN1 —IN2

② 指令格式。实数比较指令操作数如表 3-16 所示。

表 3-16 实数比较指令操作数表

参 数	存 储 区	数 据 类 型
方块图输入	I、Q、M、L、D	BOOL
方块图输出	I、Q、M、L、D	BOOL
IN1	I、Q、M、L、D 或常数	实数
IN2	I、Q、M、L、D 或常数	实数

③ 指令功能。IN1 和 IN2 为实数，数据长度为双字，当所比较的整数数据满足逻辑关系时，输出为 1（函数的 RLO =1）。

注意：如果以串联方式使用比较框，则使用"与"运算将其链接至下级程序的 RLO；

如果以并联方式使用比较框，则使用"或"运算将其链接至下级程序的 RLO。即比较框可以串联或并联使用。

3. 程序设计

1）输入/输出分配表

全自动洗衣机系统控制电路的输入/输出分配表如表 3-17 所示。

2）输入/输出接线图

（1）S7-200 PLC 输入/输出接线图。全自动洗衣机系统控制电路的 S7-200 PLC 输入/输出接线如图 3-3 所示。

表 3-17 全自动洗衣机系统控制电路的输入/输出分配表

输　入			输　出		
元 件 代 号	输入继电器	作　用	元 件 代 号	输出继电器	作　用
SB1	I0.0	启动按钮	KA1	Q0.0	正转控制
SB2	I0.1	停止按钮	KA2	Q0.1	反转控制
SQ1	I0.2	高液位开关	YC	Q0.2	电磁离合器
SQ2	I0.3	低液位开关	YV1	Q0.3	进水阀
			YV2	Q0.4	排水阀
			HA	Q0.5	蜂鸣器

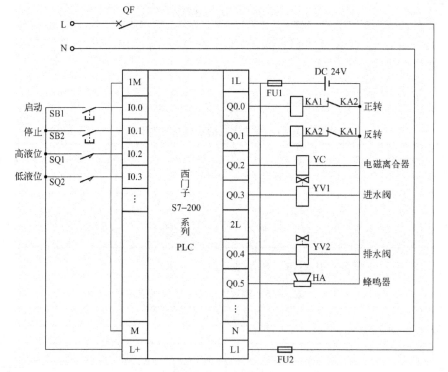

图 3-3　全自动洗衣机系统控制电路的 S7-200 PLC 输入/输出接线图

（2）S7-300 PLC 输入/输出接线图。全自动洗衣机系统控制电路的 S7-300 PLC 输入/输出接线如图 3-4 所示。

3）PLC 控制程序设计

根据图 3-2 所示的全自动洗衣机动作流程图，进行该系统的 PLC 控制程序设计。

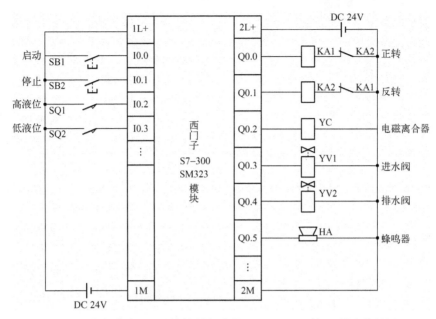

图 3-4　全自动洗衣机系统控制电路的 S7-300 PLC 输入/输出接线图

（1）S7-200 PLC 控制程序。

① 建立符号表。建立如表 3-18 所示的输入/输出符号表，以便于程序的设计与阅读。

表 3-18　输入/输出符号表

符　号	地　址	注　释	符　号	地　址	注　释
S1	I0.0	启动按钮	KA2	Q0.1	反转继电器
S2	I0.1	停止按钮	YC	Q0.2	电磁离合器
SQ1	I0.2	高水位开关	YV1	Q0.3	进水阀
SQ2	I0.3	低水位开关	YV2	Q0.4	排水阀
KA1	Q0.0	正转继电器	HA	Q0.5	蜂鸣器

② 程序设计框架。

通过对全自动洗衣机控制要求的解读，将整个控制过程分为若干个状态：进水状态、正洗状态、反洗状态、洗涤暂停状态、排水状态、脱水状态、报警状态以及等待停止状态。洗衣机系统运行时，始终在这些状态之间进行切换。在编写 PLC 程序时，可以利用辅助继电器 M 作为这些状态的标志位，对每个状态内的动作进行严格控制，各标志位对应的状态如表 3-19 所示。

表 3-19　标志位对应状态列表

标　志　位	对应状态	标　志　位	对应状态
M0.0	进水状态	M1.0	排水状态
M0.1	正洗状态	M1.1	脱水状态
M0.2	正洗暂停状态	M1.2	报警状态
M0.3	反洗状态	M1.3	等待停止状态
M0.4	反洗暂停状态		

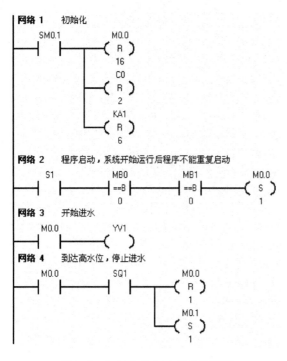

图 3-5　初始化及启动程序梯形图

③ 系统初始化及启动程序。

系统初始化和启动程序如图 3-5 所示，图中网络 1 通过初始化脉冲 SM0.1 将涉及的所有标志位、计数器和输出点复位，使程序初始化；网络 2 则通过两个字节比较（等于）触点的串联组合，即在程序未启动时，所有状态位均为 0，这两个触点均接通，此时接通 S1 系统才可以启动；程序启动后，由于状态标志位不全为 0，这两个触点必然有一个为"断开"，此时即使再次按下启动按钮，系统也不会重新从头执行程序，从而防止了因误操作使程序重复启动而带来的误动作。M0.0 为进水状态的标志位，能带动 YV1 的工作，只要到达高水位，SQ1 动作，即停止进水，M0.0 被复位，同时置位 M0.1，进入正洗状态。

④ 正反洗涤程序设计。

洗衣机的正洗、正洗暂停、反洗、反洗暂停这几个动作由图 3-6 所示控制程序完成，M0.1 ～ M0.4 每一个状态标志都对应一个状态，控制完成相应的动作。其中 M0.1 为正洗状态标志，M0.2 为正洗暂停状态标志，M0.3 为反洗状态标志，M0.4 为反洗暂停状态标志。

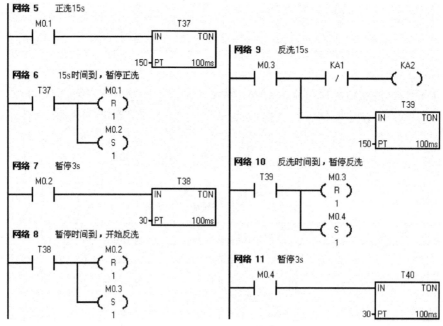

图 3-6　正反洗及其暂停程序梯形图

　　图 3-7 所示程序用于正反洗涤次数计数及其判断。用 T40 的计时状态作为计数条件，当次数未达到 3 次时，转回 M0.1（正洗状态）继续进行正、反洗涤；当达到 3 次时，则置位 M1.0，进入排水状态。

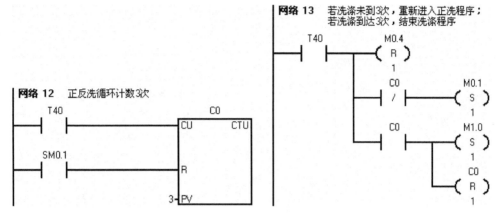

图 3-7　洗涤次数计数程序梯形图

　　⑤ 排水与脱水动作程序设计。

　　排水与脱水控制程序如图 3-8 所示。M1.0 为 ON 时，系统进入排水状态，直到水位到达低水位，低水位开关 SQ2 有信号，则结束排水动作，置位 M1.1，进入脱水状态。

　　大循环计数与跳转程序如图 3-9 所示，图中计数器 C1 用于大循环计数，其中以排水动作结束（T41）为计数条件。程序以计数器 C1 是否动作作为判别的条件，若大循环次数未到 3 次，则重新开始新一轮大循环；若已经达到 C1 的大循环设定值，则跳转进入下一流程。另外，该网络中的 M1.3 为停止按钮的标志位，用于停止后计数器 C1 的复位。

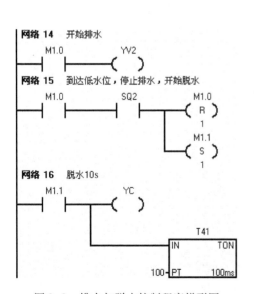

图 3-8　排水与脱水控制程序梯形图

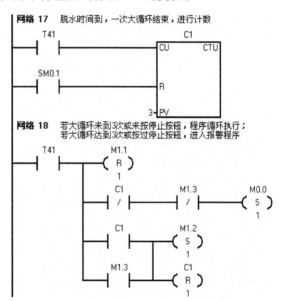

图 3-9　大循环计数与跳转程序梯形图

　　⑥ 报警及停止程序设计。

　　图 3-10 为报警动作及结束程序。网络 19 和网络 20 用于控制报警动作，让定时器 T42

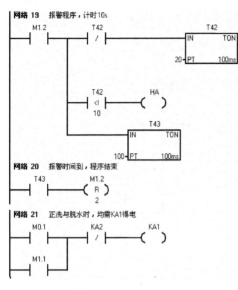

图 3-10　报警动作及结束程序梯形图

自通自断，它的运行周期为 2s，再利用整数比较指令（小于）让蜂鸣器 HA 在这 2s 周期的前一半时间内接通，后一半时间内断开，使报警器间隔通断发出报警，10s 结束。网络 21 是正转继电器 KA1 的驱动程序，在正转和脱水状态下利用 M0.1 和 M1.1 驱动 KA1 线圈，以避免程序中出现双线圈的错误。

图 3-11 为停止功能的实现程序。系统启动后，辅助继电器 M0.0 ～ M0.4 以及 M1.0 ～ M1.2 中至少有一个动作，两个字节比较指令（大于等于）的并联组合使得停止按钮只有在系统启动后才有作用。停止按钮动作后，M1.3 置位，即在程序中保留了"等待停止"的状态，M1.3 的触点在网络 18 中控制程序跳转的走向。当系统运行于洗涤状态时，M1.0 ～ M1.2 均未动作，此时 MB1 的数值为 0，因此按下停止按钮，就能立即让洗涤动作停止，并且置位 M1.0，开始进入排水动作的控制程序；而当系统运行于排水、脱水状态时，由于 MB1 的数值不为 0，所以不影响当前的动作，只是保留了"等待停止"的状态，系统继续排水、脱水等动作。

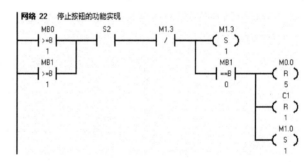

图 3-11　停止功能的实现程序梯形图

⑦ 系统程序清单。

Network 1 //初始化。
LD　　SM0.1
R　　　M0.0,16
R　　　C0,2
R　　　Q0.0,6
Network 2 //程序启动,系统开始运行后程序不能重复启动。
LD　　I0.0
AB=　　MB0,0
AB=　　MB1,0

S　　　M0.0,1
Network 3 //开始进水。
LD　　M0.0
=　　　Q0.3
Network 4 //到达高水位,停止进水。
LD　　M0.0
A　　　I0.2
R　　　M0.0,1
S　　　M0.1,1
Network 5 //正洗 15s。

LD　　　M0.1
TON　　T37,150
Network 6 // 15s 时间到,暂停正洗。
LD　　　T37
R　　　M0.1,1
S　　　M0.2,1
Network 7 //暂停3s。
LD　　　M0.2
TON　　T38,30
Network 8 //暂停时间到,开始反洗。
LD　　　T38
R　　　M0.2,1
S　　　M0.3,1
Network 9 //反洗15s。
LD　　　M0.3
=　　　Q0.1
TON　　T39,150
Network 10 //反洗时间到,暂停反洗。
LD　　　T39
R　　　M0.3,1
S　　　M0.4,1
Network 11 //暂停3s。
LD　　　M0.4
TON　　T40,30
Network 12 //正反洗循环计数3次。
LD　　　T40
LD　　　SM0.1
CTU　　C0,3
Network 13 //若洗涤未到3次,重新进入正洗程序;若洗涤到达3次,结束洗涤程序。
LD　　　T40
LPS
R　　　M0.4,1
AN　　　C0
S　　　M0.1,1
LPP
A　　　C0
S　　　M1.0,1
R　　　C0,1
Network 14 //开始排水。
LD　　　M1.0
=　　　Q0.4

Network 15 //到达低水位,停止排水,开始脱水。
LD　　　M1.0
A　　　I0.3
R　　　M1.0,1
S　　　M1.1,1
Network 16 //脱水10s。
LD　　　M1.1
=　　　Q0.2
TON　　T41,100
Network 17 //脱水时间到,一次大循环结束,进行计数。
LD　　　T41
LD　　　SM0.1
CTU　　C1,3
Network 18 //若大循环未到3次或未按停止按钮,程序循环执行;若大循环达到3次或按过停止按钮,进入报警程序。
LD　　　T41
LPS
R　　　M1.1,1
AN　　　C1
AN　　　M1.3
S　　　M0.0,1
LPP
LD　　　C1
O　　　M1.3
ALD
S　　　M1.2,1
R　　　C1,1
Network 19 //报警程序,计时10s。
LD　　　M1.2
LPS
AN　　　T42
TON　　T42,20
LRD
AW <　　T42,10
=　　　Q0.5
LPP
TON　　T43,100
Network 20 //报警时间到,程序结束。
LD　　　T43

R	M1.2,2		A	I0.1
Network 21 //正洗与脱水时,均需 KA1 得电。			AN	M1.3
LD	M0.1		S	M1.3,1
O	M1.1		AB =	MB1,0
=	Q0.0		R	M0.0,5
Network 22 //停止按钮的功能实现。			R	C1,1
LDB >=	MB0,1		S	M1.0,1
OB >=	MB1,1			

（2）S7 – 300 PLC 控制程序。

S7 – 300 PLC 控制程序的设计思路和 S7 – 200 的控制程序相似，同样采用置位和复位指令实现顺序控制，而循环次数通过比较指令实现。其梯形图程序如图 3–12 所示，读者可自行分析。

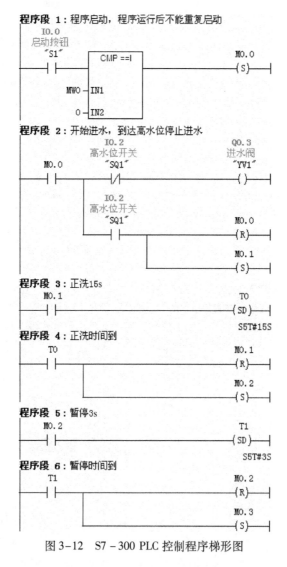

图 3–12　S7 – 300 PLC 控制程序梯形图

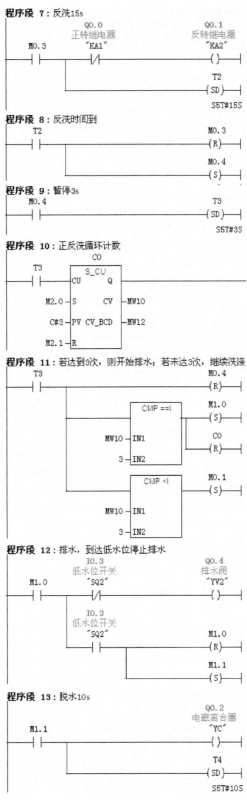

图 3-12　S7-300 PLC 控制程序梯形图（续）

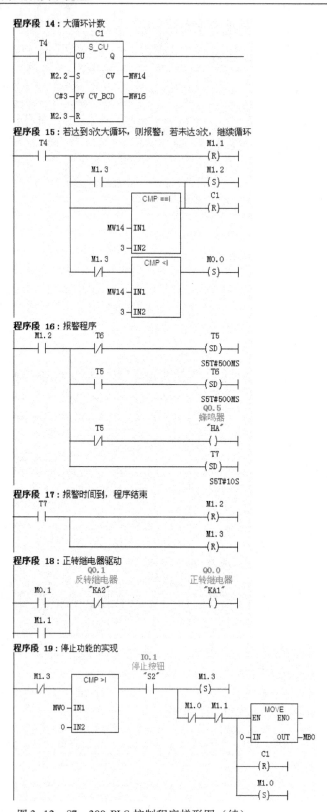

图 3-12 S7-300 PLC 控制程序梯形图（续）

 **技能训练**

1. 训练目标

（1）能够正确编制、输入和传输全自动洗衣机系统的控制程序。

（2）能够独立完成全自动洗衣机系统控制线路的安装。

（3）按规定进行通电调试，出现故障能根据设计要求独立检修，直至系统正常工作。

2. 训练内容

1）程序的输入

在整个控制程序中除比较指令外，其余指令的输入方法均已介绍，下面着重介绍比较指令的输入方法。

（1）输入 S7-200 梯形图程序。

① 按前面的方法将程序输入至 S1 常开处，并在指令树下"比较"中找到所需比较指令，如图 3-13 所示。

② 双击或将其拖至需要输入的位置，完成比较指令的输入，如图 3-14 所示。

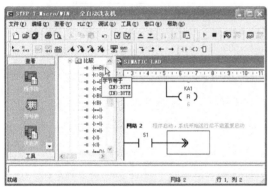

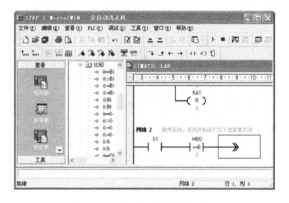

图 3-13　准备输入比较指令　　　　　　　图 3-14　完成比较指令的输入

③ 将整个全自动洗衣机的程序输入完毕。

（2）输入 S7-300 梯形图程序。

① 按前面的方法将图 3-12 所示程序输入至 S1 常开处，并在指令树下"比较器"中找到所需比较指令，如图 3-15 所示。

② 双击或将其拖至需要输入位置，完成比较指令的输入，如图 3-16 所示。

2）系统安装和调试

（1）准备工具和器材，如表 3-20 所示。

（2）按要求自行完成系统的安装接线，其中液位开关用行程开关模拟，电磁离合器、进水阀、排水阀和报警灯用继电器模拟。

（3）程序下载。将 S7-200 和 S7-300 的控制程序分别下载至相应的 PLC。

（4）系统调试。

① 在教师现场监护下对不同的控制程序进行通电调试，验证系统功能是否符合控制要求。

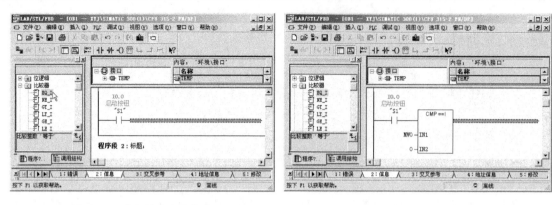

图 3-15　准备输入比较指令　　　　图 3-16　完成比较指令的输入

表 3-20　所需工具、器材清单

序号	分类	名　称	型号规格	数量	单位	备注
1	工具	电工工具		1	套	
2	器材	万用表	MF47 型	1	块	
3		可编程序控制器	S7 - 200 CPU 224XP	1	台	
4			S7 - 300 CPU 315 -2PN/DP	1	台	
5		计算机	装有 STEP 7 V4.0 和 V5.4	1	台	
6		安装铁板	600 ×900mm	1	块	
7		导轨	C45	0.3	米	
8		空气断路器	Multi9 C65N D20	1	只	
9		熔断器	RT28 - 32	2	只	
10		继电器	HH54P/DC 24V	6	只	
11		行程开关	LX19 - 111	2	只	
12		直流开关电源	DC 24V、50W	1	只	
13		按钮	LA4-3H	2	只	
14		端子	JF5 2.5mm²	4	块	
15		软线	BVR7/0.75mm²	30	米	
16		紧固件	M4 ×20 螺杆	若干	只	
17			M4 ×12 螺杆	若干	只	
18			φ4 平垫圈	若干	只	
19			φ4 弹簧垫圈	若干	只	
20			φ4 螺母	若干	只	
21		号码管		若干	米	
22		号码笔		1	支	

② 如果出现故障，学生应独立检修。线路检修完毕和梯形图修改完毕应重新调试，直至系统正常工作。

3. 考核评分

考核时同样采用两人一组共同协作完成的方式，按表 3-21 所示评分标准作为成绩的 60%，并分别对两位学生进行提问作为成绩的 40%。

表3-21 评分标准

内 容	考 核 要 求	配分	评 分 标 准	扣分	得分	备注
I/O 分配表设计	1. 根据设计功能要求，正确的分配输入和输出点。 2. 能根据课题功能要求，正确分配各种I/O量。	10	1. 设计的点数与系统要求功能不符合每处扣2分。 2. 功能标注不清楚每处扣2分。 3. 少、错、漏标每处扣2分。			
程序设计	1. PLC 程序能正确实现系统控制功能。 2. 梯形图程序及程序清单正确完整。	40	1. 梯形图程序未实现某项功能，酌情扣除5～10分。 2. 梯形图画法不符合规定，程序清单有误，每处扣2分。 3. 梯形图指令运用不合理每处扣2分。			
程序输入	1. 指令输入熟练正确。 2. 程序编辑、传输方法正确。	20	1. 指令输入方法不正确，每提醒一次扣2分。 2. 程序编辑方法不正确，每提醒一次扣2分。 3. 传输方法不正确，每提醒一次扣2分。			
系统安装调试	1. PLC 系统接线完整正确，有必要的保护。 2. PLC 安装接线符合工艺要求。 3. 调试方法合理正确。	30	1. 错、漏线每处扣2分。 2. 缺少必要的保护环节每处扣2分。 3. 反圈、压皮、松动每处扣2分。 4. 错、漏编码每处扣1分。 5. 调试方法不正确，酌情扣2～5分。			
安全生产	按国家颁发的安全生产法规或企业自定的规定考核。		1. 每违反一项规定从总分中扣除2分（总扣分不超过10分）。 2. 发生重大事故取消考试资格。			
时间	不能超过120分钟		扣分：每超2分钟倒扣总分1分			

 巩固提高

用步进指令编写全自动洗衣机的控制程序，实现其控制功能，细细体会两种编程方法各自的特点及应注意的问题。

任务2 多工位自动送料小车控制

 知识点

- 西门子 S7-200 PLC 的数据传送指令、加减运算指令的基本格式及使用方法；
- 西门子 S7-300 PLC 的数据传送指令、加减运算指令的基本格式及使用方法；
- 西门子 PLC 的比较指令、数据传送指令和加减运算指令的综合应用方法。

 技能点

- 理解多工位小车自动送料控制系统运行原理；
- 掌握多工位小车自动送料控制系统的编程方法；
- 能够设计多工位小车自动送料控制系统的 I/O 分配、PLC 接线图，并对该系统进行调试、检修与完善。

 任务引入

在工厂实际生产或货运时，往往会遇到小车根据工作需要往返于多地运送物料的情况，例如：生产车间多工位运送加工原料或将成品运送至固定位置堆放等。在进行系统设计时，由于小车要在各工位间根据具体召唤工位的位置决定小车的运行方向，且小车在到达目的工位前经过非目的工位时不能停止，增加了控制的复杂性。

若用继电器电路实现，由于其系统设计只能通过基本逻辑关系进行设计，会使控制系统变得非常复杂，且由于触点应用较多，故障率也会大大提高；而用 PLC 实现则可简化电气线路，且程序设计时可将各工位编号，并通过比较指令来确定是否到达目的工位，从而使程序简单易读，清晰明了。本任务我们就学习利用数据传送指令、加减运算指令和比较指令编程实现小车多工位运料控制的方法。

任务分析

1. 系统概述

某工厂加工车间有六个加工工位，为了提高产品加工的生产效率，减少工人来回取料的时间，现需要设计一个能在各个工位间来回送料的小车控制系统，如图 3-17 所示。

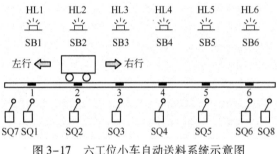

图 3-17 六工位小车自动送料系统示意图

系统通过安装于本工位的呼叫按钮来召唤小车。当工人按下本工位的呼叫按钮后，小车立刻运载物料到达该工位，待工人取料完毕，小车停在该位处于等待状态，准备接受下一次呼叫，如此不断完成六个工位间的送料任务。

2. 控制要求

六个工位依次编号为 1 ~ 6 号位，每个工位上均有一个位置开关（SQ1 ~ SQ6）和一个带有指示灯的呼叫按钮（SB1 ~ SB6），行程两端各设置一个越位保护开关（SQ7 ~ SQ8），运料小车由一台三相异步电动机驱动。

系统具体控制要求如下：

（1）系统上电后，小车若未停于六个工位之一，则自动调整其位置，使其停止于某个工位待命；

（2）按下某个呼叫按钮，小车向呼叫工位行进；

① 若呼叫工位号大于小车所在工位号，小车右行至呼叫工位停止；

② 若呼叫工位号小于小车所在工位号，小车左行至呼叫工位停止；

③ 若小车所停工位呼叫，则呼叫无效，小车不动。

（3）小车接受呼叫信号后开始行进，到达呼叫工位停止 3s 后，才可执行下一呼叫命令。

（4）系统接受多工位呼叫，小车应遵循就近优先响应的原则；若呼叫工位与小车所停工位距离相等，则遵循先左后右的原则。

（5）按下呼叫按钮指示灯点亮，直到小车到达呼叫工位后熄灭，3s 后系统执行下一呼叫命令。

3. 任务分析

根据多工位自动送料小车的控制要求，可绘制出如图 3-18 所示系统动作流程图。

本系统设计的关键在于如何判断小车响应呼叫工位，并遵循"就近优先、距离相等时先左后右"的原则，以确定小车行进方向。本例在系统设计中采用逐个比较的方法判断最近的呼叫工位，并以小车停靠工位为中心，依次逐个比较左面和右面工位是否有呼叫信号，以保证呼叫工位和小车停靠工位距离相等时左边呼叫信号优先响应。呼叫信号的判断响应程序的设计流程如图3-19所示。

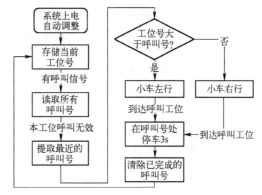

图 3-18　多工位自动送料小车控制系统运行流程图

设当前小车所处的工位号为 m，按"就近优先、先左后右"的原则，相距最近的呼叫号与工位号差值为 1，相距最远的呼叫号与工位号差值为 5。先将当前所有的呼叫工位号与"m−1"比较，若有呼叫工位号与"m−1"相等，则小车左边相邻的工位有呼叫命令，于是先执行该呼叫命令；若没有呼叫工位号与"m+1"相等，则与"m+1"比较以判断右侧相邻工位是否有呼叫命令，同样若有则执行该呼叫命令，如无则将所有呼叫工位号与"m−2"比较，并根据比较结果决定小车响应的工位。如此不断比较直至"m+5"，从而判断小车最先执行的呼叫命令。

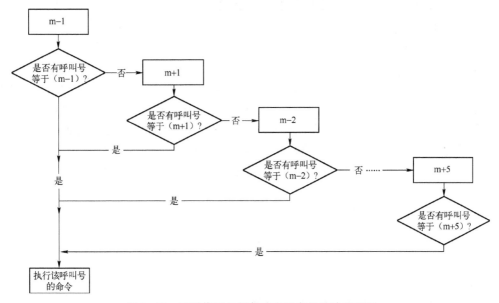

图 3-19　呼叫信号的判断响应程序的设计流程图

（1）六工位自动送料小车控制系统输入元件列表如表 3-22 所示。

表 3-22　六工位自动送料小车控制系统输入元件列表

元件代号	元件名称	元件代号	元件名称
SB1	1#工位呼叫按钮	SQ1	1#工位位置开关
SB2	2#工位呼叫按钮	SQ2	2#工位位置开关
SB3	3#工位呼叫按钮	SQ3	3#工位位置开关
SB4	4#工位呼叫按钮	SQ4	4#工位位置开关
SB5	5#工位呼叫按钮	SQ5	5#工位位置开关
SB6	6#工位呼叫按钮	SQ6	6#工位位置开关

（2）六工位小车自动送料控制系统输出元件列表如表 3-23 所示。

表 3-23　六工位小车自动送料控制系统输出元件列表

元件代号	元 件 名 称	用　　途	元件代号	元 件 名 称	用　　途
KM1	电动机正转运行接触器	小车左行	HL3	3#指示灯	3#工位呼叫指示
KM2	电动机反转运行接触器	小车右行	HL4	4#指示灯	4#工位呼叫指示
HL1	1#指示灯	1#工位呼叫指示	HL5	5#指示灯	5#工位呼叫指示
HL2	2#指示灯	2#工位呼叫指示	HL6	6#指示灯	6#工位呼叫指示

 知识链接

1. 基础知识

"传送指令"是 PLC 数据处理指令中最基本的指令，其功能是将立即数或某一存储区的数据传送到另一存储区域。在 PLC 程序设计时，若需要进行数据处理，一般应先用传送指令将待处理的数据和处理后的结果存放于存储器中，因此在 PLC 的指令系统中，传送指令是必不可少的。

PLC 还具有算术运算功能。PLC 的算术运算功能是通过算术运算指令来实现的，算术运算指令主要有加、减、乘、除几种，由于本任务只涉及加、减运算，因此乘、除运算指令的用法就不再进行介绍，若有需要读者可自行查阅编程手册。

2. 相关 PLC 指令

1）S7-200 相关指令

（1）传送指令。

西门子 S7-200 PLC 的传送指令主要有单个数据传送、块传送、字节立即读写、字节交换等，其中单个数据传送和块传送指令又可按传送的数据类型分为字节型、字型、双字型、实数型等。本任务着重介绍单个数据传送指令，其余传送指令类型的用法可查阅编程手册。

单个数据传送指令的指令功能是将输入端 IN 的数据传送到输出端 OUT 之中，而输入端 IN 中的数据保持不变。各种类型单个数据传送指令的指令格式和类型及操作数如表 3-24 及表 3-25 所示。

表 3-24　单个数据传送指令格式与类型表

格式＼类型	字节传送指令	字传送指令	双字传送指令	实数传送指令
LAD	MOV_B EN　ENO IN　OUT	MOV_W EN　ENO IN　OUT	MOV_DW EN　ENO IN　OUT	MOV_R EN　ENO IN　OUT
STL	MOVB IN, OUT	MOVW IN, OUT	MOVD IN, OUT	MOVR IN, OUT

表 3-25　单个数据传送指令操作数表

指令	输入/输出	操　作　数	数 据 类 型
字节传送	IN	IB、QB、VB、MB、SMB、SB、LB、AC、*VD、*LD、*AC、常数	BYTE
	OUT	IB、QB、VB、MB、SMB、SB、LB、AC、*VD、*LD、*AC	
字传送	IN	IW、QW、VW、MW、SMW、SW、T、C、LW、AC、AIW、*VD、*AC、*LD、常数	WORD INT
	OUT	IW、QW、VW、MW、SMW、SW、T、C、LW、AC、AQW、*VD、*LD、*AC	
双字传送	IN	ID、QD、VD、MD、SMD、SD、LD、HC、&VB、&IB、&QB、&MB、&SB、&T、&C、&SMB、&AIW、&AQW、AC、*VD、*LD、*AC、常数	DWORD DINT
	OUT	ID、QD、VD、MD、SMD、SD、LD、AC、*VD、*LD、*AC	
实数传送	IN	ID、QD、VD、MD、SMD、SD、LD、AC、*VD、*LD、*AC、常数	REAL
	OUT	ID、QD、VD、MD、SMD、SD、LD、AC、*VD、*LD、*AC	

（2）加减运算指令。

西门子 S7 - 200 PLC 加减运算指令主要用于 PLC 中数据的加、减算术运算。按数据类型又可将加减运算指令分为整数加减指令、双整数加减指令和实数加减指令。各类加法运算指令的指令格式和类型及操作数如表 3-26 及表 3-27 所示，而减法运算指令的指令格式和类型及操作数如表 3-28 及表 3-29 所示。

表 3-26 加法运算指令格式与类型表

类型\\格式	整数加法指令	双整数加法指令	实数加法指令	功 能
LAD	ADD_I EN ENO IN1 OUT IN2	ADD_DI EN ENO IN1 OUT IN2	ADD_R EN ENO IN1 OUT IN2	INT1 + INT2 = OUT
STL	MOVW IN1,OUT +I IN2,OUT	MOVD IN1,OUT +D IN2,OUT	MOVR IN1,OUT +R IN2,OUT	

表 3-27 加法运算指令操作数表

指 令	输入/输出	操 作 数	数据类型
整数加法	IN1，IN2	IW、QW、VW、MW、SMW、SW、T、C、LW、AC、AIW、＊VD、＊AC、＊LD、常数	INT
	OUT	IW、QW、VW、MW、SMW、SW、LW、T、C、AC、＊VD、＊AC、＊LD	
双整数加法	IN1，IN2	ID、QD、VD、MD、SMD、SD、LD、AC、HC、＊VD、＊LD、＊AC、常数	DINT
	OUT	ID、QD、VD、MD、SMD、SD、LD、AC、＊VD、＊LD、＊AC	
实数加法	IN1，IN2	ID、QD、VD、MD、SMD、SD、LD、AC、＊VD、＊LD、＊AC、常数	REAL
	OUT	ID、QD、VD、MD、SMD、SD、LD、AC、＊VD、＊LD、＊AC	

表 3-28 减法运算指令格式与类型表

类型\\格式	整数减法指令	双整数减法指令	实数减法指令	功 能
LAD	SUB_I EN ENO IN1 OUT IN2	SUB_DI EN ENO IN1 OUT IN2	SUB_R EN ENO IN1 OUT IN2	IN1 - IN2 = OUT
STL	MOVW IN1,OUT -I IN2,OUT	MOVD IN1,OUT -D IN2,OUT	MOVR IN1,OUT -R IN2,OUT	

表 3-29 减法运算指令操作数表

指 令	输入/输出	操 作 数	数据类型
整数减法	IN1，IN2	IW、QW、VW、MW、SMW、SW、T、C、LW、AC、AIW、＊VD、＊AC、＊LD、常数	INT
	OUT	IW、QW、VW、MW、SMW、SW、LW、T、C、AC、＊VD、＊AC、＊LD	
双整数减法	IN1，IN2	ID、QD、VD、MD、SMD、SD、LD、AC、HC、＊VD、＊LD、＊AC、常数	DINT
	OUT	ID、QD、VD、MD、SMD、SD、LD、AC、＊VD、＊LD、＊AC	
实数减法	IN1，IN2	ID、QD、VD、MD、SMD、SD、LD、AC、＊VD、＊LD、＊AC、常数	REAL
	OUT	ID、QD、VD、MD、SMD、SD、LD、AC、＊VD、＊LD、＊AC	

2）S7 - 300 PLC 相关指令

（1）传送指令。S7 - 300 PLC 的数据传送指令只有一条，其格式及主要参数如表 3-30 所示。

表 3-30 传送指令格式及主要参数表

格　式	参数	数据类型	说　明	存　储　区
MOVE —EN　ENO— —IN　OUT—	EN	BOOL	允许输入	I、Q、M、L、D
	ENO	BOOL	允许输出	
	IN	长度为 8 位、16 位、32 位的所有数据类型	源数据	I、Q、M、L、D 或常数
	OUT	长度为 8 位、16 位、32 位的所有数据类型	目的地址	I、Q、M、L、D

MOVE 指令的功能是将 IN 输入端指定的数据传送到 OUT 输出端指定的目的地址，指令通过 EN 端前的逻辑状态激活，即当 EN 输入为 "1" 时，执行指令将原数据传送到目的地址指定的存储区。ENO 与 EN 的逻辑状态相同。MOVE 传送的数据对象只能是字节（8 位）、字（16 位）或双字（32 位），其他数据长度不支持。

（2）加减运算指令。

S7-300 PLC 的加减运算指令与 S7-200 PLC 类似，按数据类型也可分为整数加减、双整数加减和实数加减，各类加减运算指令功能及参数见表 3-31。

表 3-31 加减运算指令功能及其参数表

格　式	操作数	说　明	存　储　区	数据类型	功　能
ADD_I —EN　ENO— —IN1 —IN2　OUT—	EN	允许输入	I, Q, M, L, D	BOOL	
	ENO	允许输出	I, Q, M, L, D	BOOL	
	IN1	被加数	I, Q, M, L, D 或常数	INT	IN1 + IN2 = OUT
	IN2	加数	I, Q, M, L, D 或常数	INT	
	OUT	相加结果	I, Q, M, L, D	INT	
ADD_DI —EN　ENO— —IN1 —IN2　OUT—	EN	允许输入	I, Q, M, L, D	BOOL	
	ENO	允许输出	I, Q, M, L, D	BOOL	
	IN1	被加数	I, Q, M, L, D 或常数	DINT	IN1 + IN2 = OUT
	IN2	加数	I, Q, M, L, D 或常数	DINT	
	OUT	相加结果	I, Q, M, L, D	DINT	
ADD_R —EN　ENO— —IN1 —IN2　OUT—	EN	允许输入	I, Q, M, L, D	BOOL	
	ENO	允许输出	I, Q, M, L, D	BOOL	
	IN1	被加数	I, Q, M, L, D 或常数	REAL	IN1 + IN2 = OUT
	IN2	加数	I, Q, M, L, D 或常数	REAL	
	OUT	相加结果	I, Q, M, L, D	REAL	
SUB_I —EN　ENO— —IN1 —IN2　OUT—	EN	允许输入	I, Q, M, L, D	BOOL	
	ENO	允许输出	I, Q, M, L, D	BOOL	
	IN1	被减数	I, Q, M, L, D 或常数	INT	IN1 − IN2 = OUT
	IN2	减数	I, Q, M, L, D 或常数	INT	
	OUT	相减结果	I, Q, M, L, D	INT	
SUB_DI —EN　ENO— —IN1 —IN2　OUT—	EN	允许输入	I, Q, M, L, D	BOOL	
	ENO	允许输出	I, Q, M, L, D	BOOL	
	IN1	被减数	I, Q, M, L, D 或常数	DINT	IN1 − IN2 = OUT
	IN2	减数	I, Q, M, L, D 或常数	DINT	
	OUT	相减结果	I, Q, M, L, D	DINT	
SUB_R —EN　ENO— —IN1 —IN2　OUT—	EN	允许输入	I, Q, M, L, D	BOOL	
	ENO	允许输出	I, Q, M, L, D	BOOL	
	IN1	被减数	I, Q, M, L, D 或常数	REAL	IN1 − IN2 = OUT
	IN2	减数	I, Q, M, L, D 或常数	REAL	
	OUT	相减结果	I, Q, M, L, D	REAL	

3. 程序设计

1）输入/输出分配表

六工位自动送料小车的系统控制电路的输入/输出分配表如表 3-32 所示。

表3-32　六工位自动送料小车控制电路的输入/输出分配表

输　入			输　出		
元 件 代 号	输入继电器	作　用	元 件 代 号	输出继电器	作　用
SB1	I0.0	1#工位呼叫	KM1/KA1	Q0.0	小车左行
SB2	I0.1	2#工位呼叫	KM2/KA2	Q0.1	小车右行
SB3	I0.2	3#工位呼叫	HL1	Q0.4	1#呼叫指示
SB4	I0.3	4#工位呼叫	HL2	Q0.5	2#呼叫指示
SB5	I0.4	5#工位呼叫	HL3	Q0.6	3#呼叫指示
SB6	I0.5	6#工位呼叫	HL4	Q0.7	4#呼叫指示
SQ1	I1.0	1#工位到位	HL5	Q1.0	5#呼叫指示
SQ2	I1.1	2#工位到位	HL6	Q1.1	6#呼叫指示
SQ3	I1.2	3#工位到位			
SQ4	I1.3	4#工位到位			
SQ5	I1.5	5#工位到位			
SQ6	I1.6	6#工位到位			

2）输入/输出接线图

（1）S7-200 输入/输出接线图。六工位自动送料小车 S7-200 PLC 输入/输出接线如图 3-20 所示。

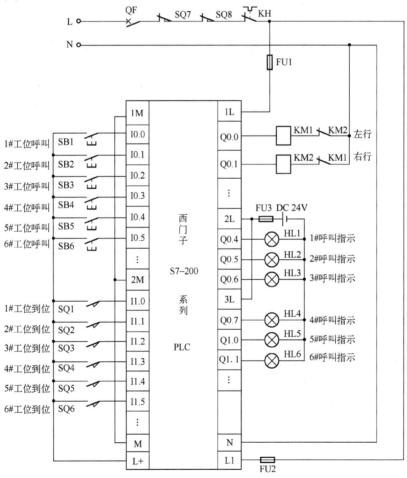

图 3-20　六工位自动送料小车 S7-200 PLC 输入/输出接线图

（2）S7 – 300 输入/输出接线图。六工位自动送料小车 S7 – 300 PLC 输入/输出接线如图 3–21 所示。

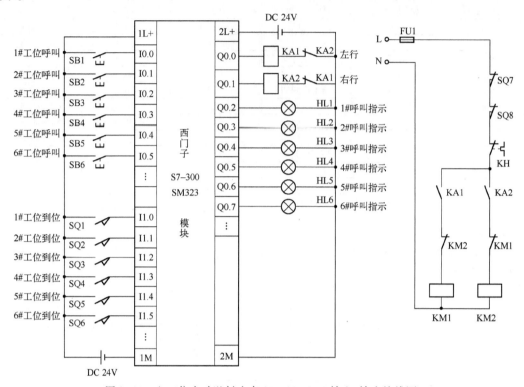

图 3-21　六工位自动送料小车 S7 – 300 PLC 输入/输出接线图

3）PLC 控制程序设计

根据图 3–18 及图 3–19 所示流程图，进行该系统的 PLC 控制程序设计。

（1）S7 – 200 PLC 控制程序。

① 建立输入/输出符号表，如表 3–33 所示。

表 3–33　输入/输出符号表

符　　号	地　　址	注　　释	符　　号	地　　址	注　　释
S1	I0. 0	1#呼叫按钮	SQ5	I1. 4	5#位置开关
S2	I0. 1	2#呼叫按钮	SQ6	I1. 5	6#位置开关
S3	I0. 2	3#呼叫按钮	KM1	Q0. 0	小车左行
S4	I0. 3	4#呼叫按钮	KM2	Q0. 1	小车右行
S5	I0. 4	5#呼叫按钮	HL1	Q0. 4	1#呼叫指示
S6	I0. 5	6#呼叫按钮	HL2	Q0. 5	2#呼叫指示
SQ1	I1. 0	1#位置开关	HL3	Q0. 6	3#呼叫指示
SQ2	I1. 1	2#位置开关	HL4	Q0. 7	4#呼叫指示
SQ3	I1. 2	3#位置开关	HL5	Q1. 0	5#呼叫指示
SQ4	I1. 3	4#位置开关	HL6	Q1. 1	6#呼叫指示

② 程序设计框架。

根据流程图图 3–18 和图 3–19，该系统控制程序应分成若干个顺序执行的状态，用于判断小车是否到位和决定小车应响应的下一个呼叫信号，而这些状态在程序设计时是用辅助继电器 M 作为状态位来实现的。在选择执行的呼叫命令时，程序按顺序执行小车停靠工位号与呼叫工位号的比较。假设工位号为 m，则将 m 按顺序依次和（m-1）、（m+1）、（m-2）、（m+2）、（m-3）、（m+3）、（m-4）、（m+4）、（m-5）、（m+5）进行比较，符合优先执行原则的则立刻响应，否则暂时不响应，等待下一次比较，直至所有呼叫信号响应完毕。六工位自动送料小车系统程序状态位列表如表 3-34 所示。

表 3-34　六工位自动送料小车系统程序状态位列表

状　态　位	作　　用	状　态　位	作　　用
M1.0	（m-1）比较与执行	M1.5	（m+3）比较与执行
M1.1	（m+1）比较与执行	M1.6	（m-4）比较与执行
M1.2	（m-2）比较与执行	M1.7	（m+4）比较与执行
M1.3	（m+2）比较与执行	M2.0	（m-5）比较与执行
M1.4	（m-3）比较与执行	M2.1	（m+5）比较与执行

③ 系统初始化程序。

系统在上电后，首先将程序所用的位元件（M）和存储区域（V）复位。按照系统的控制要求，小车应停靠在六个工位中的某一个工位，否则系统自动将小车调整至某一工位，并存储当前工位号，以等待呼叫信号的到来，控制程序如图 3-22 所示。图中 M0.0 为小车未

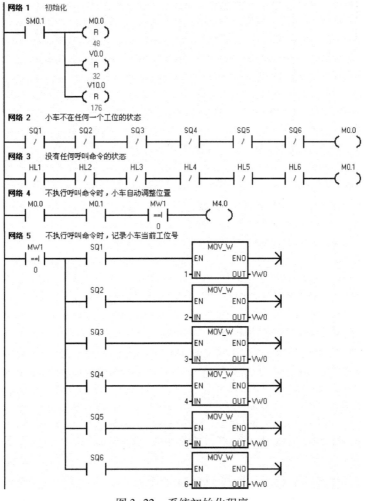

图 3-22　系统初始化程序

停靠在任何工位的状态检测，M0.1 为没有任何呼叫命令的状态检测，当这两个条件同时满足且小车无呼叫信号时（MW1 = 0），M4.0 接通，小车左行自动调整到左边最近工位停止，并将停靠位工位号存入 VW0，等待呼叫信号的到来。

④ 有呼叫信号时小车当前位置记录控制程序。

当有呼叫信号时，M0.0 失电，M0.1 置位（见网络 12）进入比较判断程序，此时各状态位 M1.0 ～ M2.1 中至少有一个动作，MW1 的值不为 0，当小车运行经过或到达某工位时，系统将有呼叫信号工位的工位号存入 VW0，用以记录有呼叫信号时小车的当前位置。实现该功能的控制程序如图 3-23 所示。

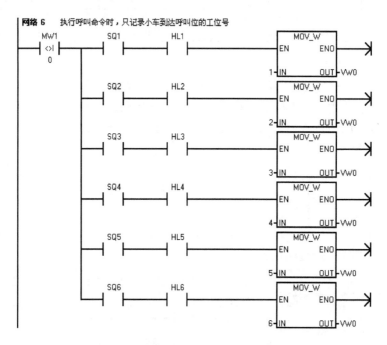

图 3-23　有呼叫信号时小车当前位置的记录控制程序

⑤ 呼叫信号及指示灯控制程序。

图 3-24 所示为呼叫信号及指示灯控制程序，当某工位发出呼叫命令时，该工位按钮指示灯点亮，小车到达该工位则熄灭。在小车停靠位呼叫时，呼叫命令无效，指示灯不点亮。

⑥ 呼叫工位号存储和清除控制程序。

当某一工位有呼叫信号时，按钮指示灯 HL 点亮，用其上升沿作为触发信号，用数据传送指令将该工位号传送至对应的寄存器 VW10 ～ VW20。例如：5 号位有呼叫信号，则 HL5 的上升沿到来时，数据"5"存入对应寄存器 VW18，以记忆该工位有呼叫信号，以备运算响应。而当某一呼叫信号完成时，则应将该工位对应呼叫信号存储区清零，解除该呼叫信号，这项工作是通过到位开关的上升沿触发传送指令来实现的。控制程序如图 3-25 所示。

由上可知，通过该程序 PLC 可同时记忆多个呼叫信号，并通过运算按照控制要求所规定的原则逐一响应，直至无呼叫信号，即数据区 VW10 ～ VW20 的值均为零。

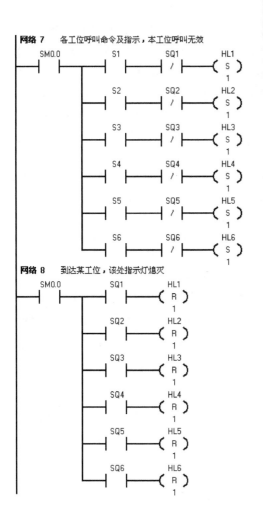

图 3-24　呼叫信号及指示灯控制程序

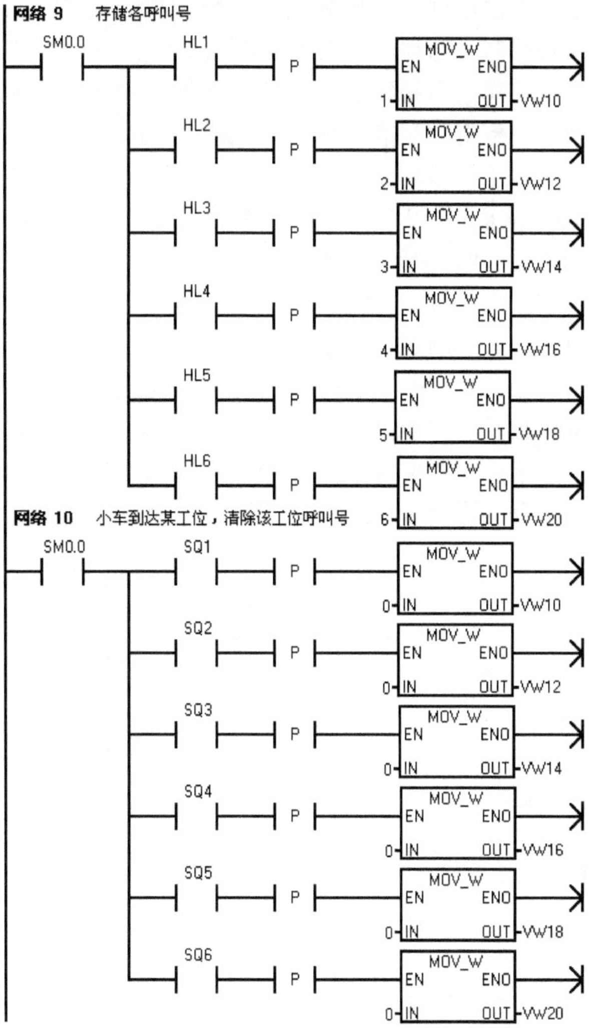

图 3-25　呼叫工位号存储和清除控制程序

⑦ 小车左右运行控制程序。

当 MW1 不等于零，即有呼叫信号时，将原存于 VW0 的小车当前停靠位置的工位号经过加减运算后存于 VW2，按前述先左后右、先近后远的原则与存有呼叫工位号的 V10 ～ VW20 逐一进行比较，当 VW2 中的数据与某一呼叫工位号相等时，则说明该呼叫工位满足响应原则，小车应优先响应。小车的运行是靠 M0.3 来触发的，运行的方向则取决于此时 VW2 中的结果是通过加运算得到的，还是通过减运算得到的；若是加运算的结果则右行，若是减运算的结果则左行。小车的左行在自动调整状态时由 M4.0 触发，在正常工作状态时由 M4.1 触发，故只要 MB4 不为零，KM1 就得电，小车左行；而由于小车的右行由 M5.0 触发，也可利用 MB5 是否为零，决定小车是否应该使 KM2 得电，让小车向右运行。小车左右运行控制程序如图 3-26 所示。

⑧ 运算响应控制程序。

由于判断小车优先响应的呼叫工位是根据图 3-19 所示流程设计的，应按先左后右、由近至远的原则逐一判断各工位是否有呼叫，所以需用加法和减法指令将存有小车当前位置的工位号减 1 和加 1，以用于和存有呼叫信号的 VW10 ～ VW20 中的数据进行比较。

小车左右相邻工位（工位号为 m－1 和 m＋1）是否有呼叫信号判断响应程序如图 3-27 所示。当有呼叫信号时，M0.1 置 1，进入左边相邻工位是否为呼叫信号判断，现将存有小车当前工位号的 VW0 减 1 并存入 VW2，通过图 3-26 所示程序与 VW10 比较，若 VW2 中的数据等于 VW10 中的数据，说明左相邻工位有呼叫信号，M0.3 接通，M4.1 得电小车左行，到位后 VW0 中的当前位置工位号改变，解除该工位的呼叫信号；若不相等，经过 0.1s 后复位 M1.0，退出该状态，同时置位 M1.1 进入下一状态，进入右侧相邻工位是否有呼叫信号判断，其判断过程类似。

由上可知进入某一工位状态进行运算的时间为 0.1s，若该工位有呼叫信号，则经图 3-26 程序比较后立即执行，否则退出进入下一个运算状态，其运算的顺序按图 3-19 所示流程图逐个进行，以保证小车的响应符合控制要求所规定的原则。其余各工位的运算响应控制程序结构和编程方法和图 3-27 相似，在此不再重复，具体可见程序清单。

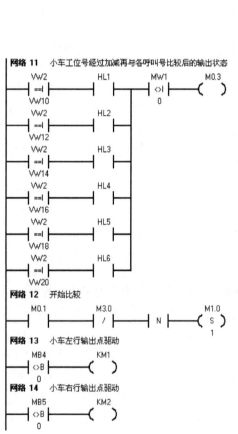

图 3-26　小车左右运行控制程序

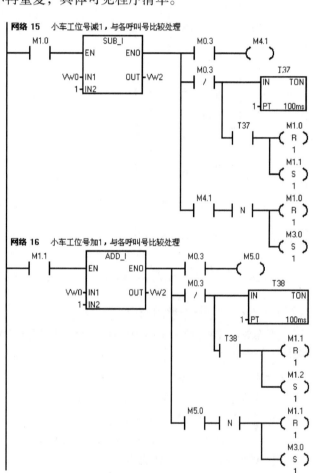

图 3-27　小车左右相邻工位（工位号为 m－1 和 m＋1）是否有呼叫信号判断响应程序

⑨ 小车停靠时间控制程序。

小车响应完某个呼叫信号后，在该工位上停靠 3s，并退出运算状态 M1.0 ~ M2.1，进入状态 M3.0，停靠期间不执行任何呼叫命令；停靠时间到，复位 M3.0，并存于 VW2 中的上一呼叫号清零，同时置位 M1.0，进入下一轮运算循环。其控制程序如图 3-28 所示。

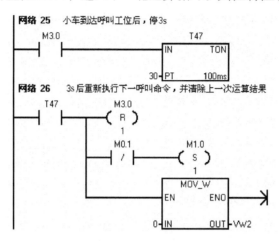

图 3-28 小车停靠时间控制程序

⑩ 系统程序清单。

```
Network 1 //初始化。
LD      SM0.1
R       M0.0,48
R       V0.0,32
R       V10.0,176
Network 2 //小车不在任何一个工位的状态。
LDN     I1.0
AN      I1.1
AN      I1.2
AN      I1.3
AN      I1.4
AN      I1.5
=       M0.0
Network 3 //没有任何呼叫命令的状态。
LDN     Q0.4
AN      Q0.5
AN      Q0.6
AN      Q0.7
AN      Q1.0
AN      Q1.1
=       M0.1
Network 4 //不执行呼叫命令时,小车自动调整
位置。
LD      M0.0
A       M0.1
AW =    MW1,0
=       M4.0
Network 5 //不执行呼叫命令时,记录小车当前
工位号。
```

```
LDW =   MW1,0
LPS
A       I1.0
MOVW    1,VW0
LRD
A       I1.1
MOVW    2,VW0
LRD
A       I1.2
MOVW    3,VW0
LRD
A       I1.3
MOVW    4,VW0
LRD
A       I1.4
MOVW    5,VW0
LPP
A       I1.5
MOVW    6,VW0
Network 6 //执行呼叫命令时,只记录小车到达
呼叫位的工位号。
LDW <>  MW1,0
LPS
A       I1.0
A       Q0.4
MOVW    1,VW0
LRD
A       I1.1
A       Q0.5
```

```
MOVW        2,VW0
LRD
A           I1.2
A           Q0.6
MOVW        3,VW0
LRD
A           I1.3
A           Q0.7
MOVW        4,VW0
LRD
A           I1.4
A           Q1.0
MOVW        5,VW0
LPP
A           I1.5
A           Q1.1
MOVW        6,VW0
```

Network 7 //各工位呼叫命令及指示,本工位呼叫无效。

```
LD          SM0.0
LPS
A           I0.0
AN          I1.0
S           Q0.4,1
LRD
A           I0.1
AN          I1.1
S           Q0.5,1
LRD
A           I0.2
AN          I1.2
S           Q0.6,1
LRD
A           I0.3
AN          I1.3
S           Q0.7,1
LRD
A           I0.4
AN          I1.4
S           Q1.0,1
LPP
A           I0.5
AN          I1.5
S           Q1.1,1
```

Network 8 //到达某工位,该处指示灯熄灭。

```
LD          SM0.0
LPS
A           I1.0
R           Q0.4,1
LRD
A           I1.1
R           Q0.5,1
LRD
```

```
A           I1.2
R           Q0.6,1
LRD
A           I1.3
R           Q0.7,1
LRD
A           I1.4
R           Q1.0,1
LPP
A           I1.5
R           Q1.1,1
```

Network 9 //存储各呼叫号。

```
LD          SM0.0
LPS
A           Q0.4
EU
MOVW        1,VW10
LRD
A           Q0.5
EU
MOVW        2,VW12
LRD
A           Q0.6
EU
MOVW        3,VW14
LRD
A           Q0.7
EU
MOVW        4,VW16
LRD
A           Q1.0
EU
MOVW        5,VW18
LPP
A           Q1.1
EU
MOVW        6,VW20
```

Network 10 //小车到达某工位,清除该工位呼叫号。

```
LD          SM0.0
LPS
A           I1.0
EU
MOVW        0,VW10
LRD
A           I1.1
EU
MOVW        0,VW12
LRD
A           I1.2
EU
MOVW        0,VW14
LRD
```

```
A        I1. 3
EU
MOVW     0,VW16
LRD
A        I1. 4
EU
MOVW     0,VW18
LPP
A        I1. 5
EU
MOVW     0,VW20
```

Network 11 //小车工位号经过加减再与各呼叫号比较后的输出状态。

```
LDW =    VW2,VW10
A        Q0. 4
LDW =    VW2,VW12
A        Q0. 5
OLD
LDW =    VW2,VW14
A        Q0. 6
OLD
LDW =    VW2,VW16
A        Q0. 7
OLD
LDW =    VW2,VW18
A        Q1. 0
OLD
LDW =    VW2,VW20
A        Q1. 1
OLD
AW <>    MW1,0
=        M0. 3
```

Network 12 //开始比较。

```
LD       M0. 1
AN       M3. 0
ED
S        M1.0,1
```

Network 13 //小车左行输出点驱动。

```
LDB <>   MB4,0
=        Q0. 0
```

Network 14 //小车右行输出点驱动。

```
LDB <>   MB5,0
=        Q0. 1
```

Network 15 //小车工位号减1,与各呼叫号比较处理。

```
LD       M1. 0
MOVW     VW0,VW2
AENO
-I       1,VW2
AENO
LPS
A        M0. 3
=        M4. 1
```

```
LRD
AN       M0. 3
TON      T37,1
A        T37
R        M1.0,1
S        M1.1,1
LPP
A        M4. 1
ED
R        M1.0,1
S        M3.0,1
```

Network 16 //小车工位号加1,与各呼叫号比较处理。

```
LD       M1. 1
MOVW     VW0,VW2
AENO
+I       1,VW2
AENO
LPS
A        M0. 3
=        M5. 0
LRD
AN       M0. 3
TON      T38,1
A        T38
R        M1.1,1
S        M1.2,1
LPP
A        M5. 0
ED
R        M1.1,1
S        M3.0,1
```

Network 17 //小车工位号减2,与各呼叫号比较处理。

```
LD       M1. 2
MOVW     VW0,VW2
AENO
-I       +2,VW2
AENO
LPS
A        M0. 3
=        M4. 2
LRD
AN       M0. 3
TON      T39,1
A        T39
R        M1.2,1
S        M1.3,1
LPP
A        M4. 2
ED
R        M1.2,1
S        M3.0,1
```

Network 18 //小车工位号加2，与各呼叫号比较处理。
```
LD      M1.3
MOVW    VW0,VW2
AENO
+I      +2,VW2
AENO
LPS
A       M0.3
=       M5.1
LRD
AN      M0.3
TON     T40,1
A       T40
R       M1.3,1
S       M1.4,1
LPP
A       M5.1
ED
R       M1.3,1
S       M3.0,1
```
Network 19 //小车工位号减3，与各呼叫号比较处理。
```
LD      M1.4
MOVW    VW0,VW2
AENO
-I      +3,VW2
AENO
LPS
A       M0.3
=       M4.3
LRD
AN      M0.3
TON     T41,1
A       T41
R       M1.4,1
S       M1.5,1
LPP
A       M4.3
ED
R       M1.4,1
S       M3.0,1
```
Network 20 //小车工位号加3，与各呼叫号比较处理。
```
LD      M1.5
MOVW    VW0,VW2
AENO
+I      +3,VW2
AENO
LPS
A       M0.3
=       M5.2
LRD
```

```
AN      M0.3
TON     T42,1
A       T42
R       M1.5,1
S       M1.6,1
LPP
A       M5.2
ED
R       M1.5,1
S       M3.0,1
```
Network 21 //小车工位号减4，与各呼叫号比较处理。
```
LD      M1.6
MOVW    VW0,VW2
AENO
-I      +4,VW2
AENO
LPS
A       M0.3
=       M4.4
LRD
AN      M0.3
TON     T43,1
A       T43
R       M1.6,1
S       M1.7,1
LPP
A       M4.4
ED
R       M1.6,1
S       M3.0,1
```
Network 22 //小车工位号加4，与各呼叫号比较处理。
```
LD      M1.7
MOVW    VW0,VW2
AENO
+I      +4,VW2
AENO
LPS
A       M0.3
=       M5.3
LRD
AN      M0.3
TON     T44,1
A       T44
R       M1.7,1
S       M2.0,1
LPP
A       M5.3
ED
R       M1.7,1
S       M3.0,1
```
Network 23 //小车工位号减5，与各呼叫号比较处理。
```
LD      M2.0
```

```
MOVW    VW0,VW2
AENO
-I      +5,VW2
AENO
LPS
A       M0.3
=       M4.5
LRD
AN      M0.3
TON     T45,1
A       T45
R       M2.0,1
S       M2.1,1
LPP
A       M4.5
ED
R       M2.0,1
S       M3.0,1
```
Network 24//小车工位号加5,与各呼叫号比较处理。
```
LD      M2.1
MOVW    VW0,VW2
AENO
+I      +5,VW2
AENO
LPS
```

```
A       M0.3
=       M5.4
LRD
AN      M0.3
TON     T46,1
LRD
A       M5.4
ED
R       M2.1,1
S       M3.0,1
LPP
A       T46
R       M2.1,1
```
Network 25 //小车到达呼叫工位后,停3s。
```
LD      M3.0
TON     T47,30
```
Network 26 // 3s 后重新执行下一呼叫命令,并清除上一次运算结果。
```
LD      T47
LPS
R       M3.0,1
AN      M0.1
S       M1.0,1
LPP
MOVW    0,VW2
```

（2）S7-300 PLC 控制程序。

① 建立输入/输出符号表，如表3-35所示。

表3-35　输入/输出符号表

符号	地址	数据类型	注释	符号	地址	数据类型	注释
S1	I0.0	BOOL	1#呼叫按钮	SQ5	I1.4	BOOL	5#位置开关
S2	I0.1	BOOL	2#呼叫按钮	SQ6	I1.5	BOOL	6#位置开关
S3	I0.2	BOOL	3#呼叫按钮	KA1	Q0.0	BOOL	小车左行继电器
S4	I0.3	BOOL	4#呼叫按钮	KA2	Q0.1	BOOL	小车右行继电器
S5	I0.4	BOOL	5#呼叫按钮	HL1	Q0.2	BOOL	1#呼叫指示
S6	I0.5	BOOL	6#呼叫按钮	HL2	Q0.3	BOOL	2#呼叫指示
SQ1	I1.0	BOOL	1#位置开关	HL3	Q0.4	BOOL	3#呼叫指示
SQ2	I1.1	BOOL	2#位置开关	HL4	Q0.5	BOOL	4#呼叫指示
SQ3	I1.2	BOOL	3#位置开关	HL5	Q0.6	BOOL	5#呼叫指示
SQ4	I1.3	BOOL	4#位置开关	HL6	Q0.7	BOOL	6#呼叫指示

② 程序设计。

S7-300 PLC 的六工位自动送料小车控制系统的程序设计，除指令格式有所不同外并无多大区别，也可按照 S7-200 PLC 的控制程序的设计思路和方法进行，其完整的控制程序的梯形图如图3-29所示。读者可参考 S7-200 PLC 的程序解释，自行进行分析。

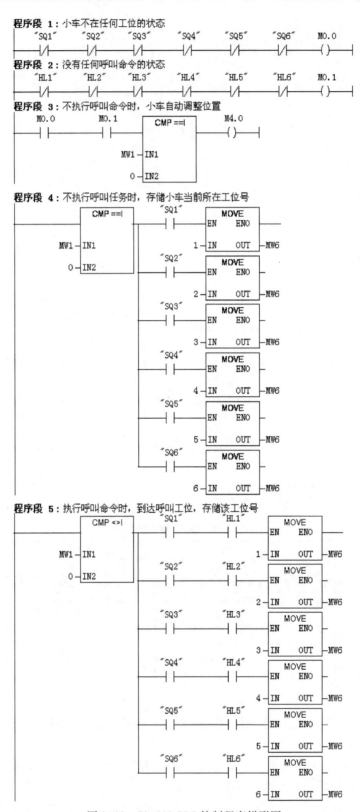

图 3-29　S3-300 PLC 控制程序梯形图

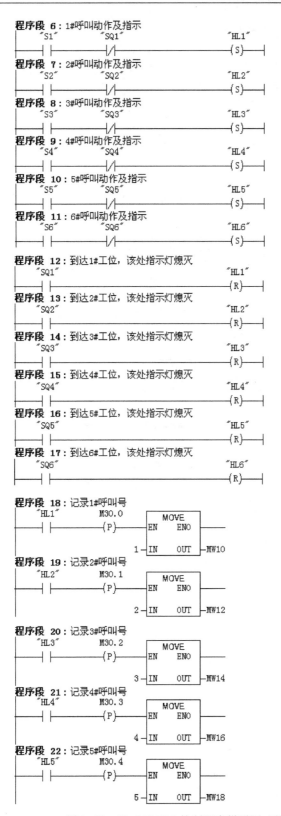

图 3-29 S3-300 PLC 控制程序梯形图(续)

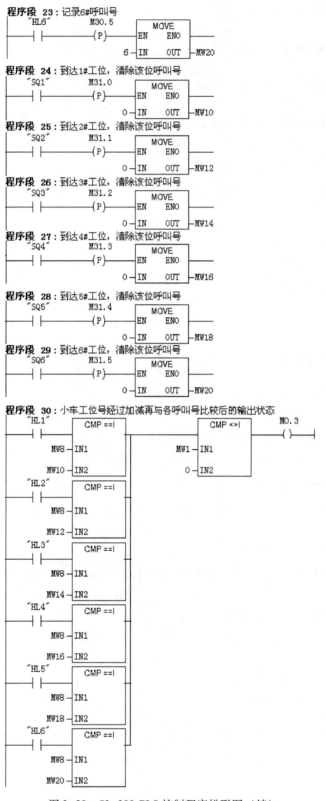

图 3-29　S3-300 PLC 控制程序梯形图（续）

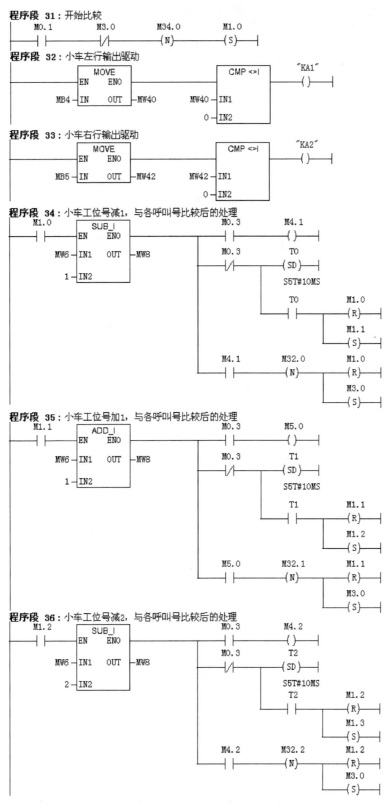

图 3-29 S3-300 PLC 控制程序梯形图（续）

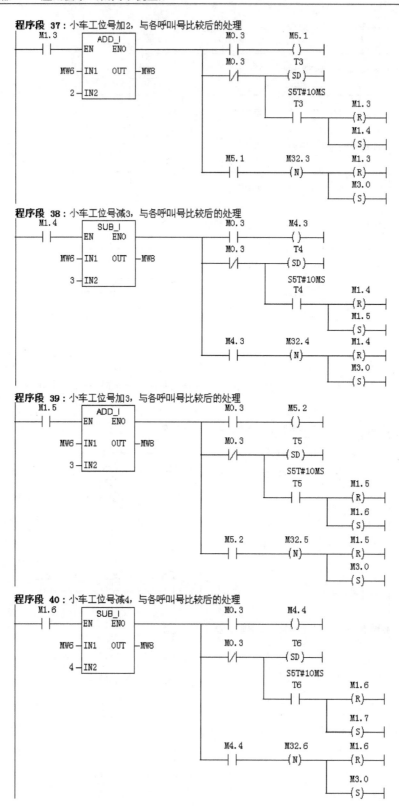

图 3-29　S3-300 PLC 控制程序梯形图（续）

程序段 41：小车工位号加4，与各呼叫号比较后的处理

```
M1.7        ADD_I                      M0.3        M5.3
─┤├──────┤EN    ENO├───              ─┤├──────────( )─
                                       M0.3         T7
     MW6─┤IN1  OUT├─MW8              ─┤/├─────────(SD)─
                                                 S5T#10MS
       4─┤IN2                           T7         M1.7
                                    ─┤├──────────(R)─
                                                  M2.0
                                                 (S)─

                                       M5.3       M32.7      M1.7
                                    ─┤├─────────┤├────────(N)─
                                                           M3.0
                                                          (S)─
```

程序段 42：小车工位号减5，与各呼叫号比较后的处理

```
M2.0        SUB_I                      M0.3        M4.5
─┤├──────┤EN    ENO├───              ─┤├──────────( )─
                                       M0.3         T8
     MW6─┤IN1  OUT├─MW8              ─┤/├─────────(SD)─
                                                 S5T#10MS
       5─┤IN2                           T8         M2.0
                                    ─┤├──────────(R)─
                                                  M2.1
                                                 (S)─

                                       M4.5       M33.0      M2.0
                                    ─┤├─────────┤├────────(N)─
                                                           M3.0
                                                          (S)─
```

程序段 43：小车工位号加5，与各呼叫号比较后的处理

```
M2.1        ADD_I                      M0.3        M5.4
─┤├──────┤EN    ENO├───              ─┤├──────────( )─
                                       M0.3         T9
     MW6─┤IN1  OUT├─MW8              ─┤/├─────────(SD)─
                                                 S5T#10MS
       5─┤IN2                           T9         M2.1
                                    ─┤├──────────(R)─
                                       M5.3       M32.7      M2.1
                                    ─┤├─────────┤├────────(N)─
                                                           M3.0
                                                          (S)─
```

程序段 44：到达有呼叫命令的工位，小车暂停3s

```
M3.0                               T10
─┤├───────┬──────────────────────(SD)─
          │                      S5T#3S
          │   T10                  M3.0
          ├──┤├──────────────────(R)─
          │   M0.1                 M1.0
          ├──┤/├──────────────────(S)─
          │          MOVE
          └───────┤EN    ENO├──
                 0─┤IN   OUT├─MW8
```

图 3-29　S3-300 PLC 控制程序梯形图（续）

 技能训练

1. 训练目标

（1）能够正确编制、输入和传输六工位自动送料小车系统的控制程序。

（2）能够独立完成六工位自动送料小车系统控制线路的安装。

（3）按规定进行通电调试，出现故障能根据设计要求独立检修，直至系统正常工作。

2. 训练内容

1）程序的输入

（1）输入 S7 – 200 梯形图程序。

① 数据传送指令的输入。

a. 按以前学过的方法将程序输入至图 3–30 所示处，并在指令树下"传输"中找到字传送指令。

b. 双击或将该图标拖到需输入处，完成传送指令的输入，如图 3–31 所示。

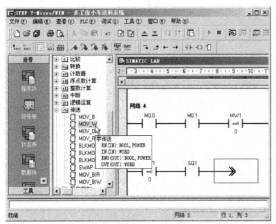

图 3–30　准备输入传送指令

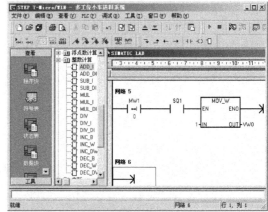

图 3–31　完成传送指令的输入

② 减法指令的输入。

a. 按以前学过的方法将程序输入至图 3–32 所示处，并在指令树下"整数计算"中找到整数减法指令。

b. 双击或将该图标拖到需输入处，完成减法指令的输入，如图 3–33 所示。

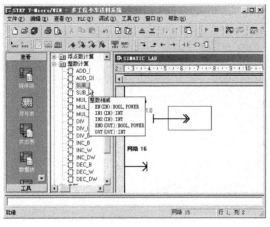

图 3–32　准备输入减法指令

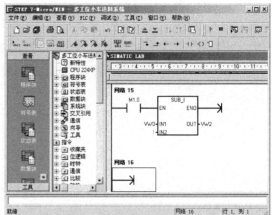

图 3–33　完成减法指令的输入

③ 加法指令的输入。

a. 按以前学过的方法将程序输入至图 3–34 所示处，并在指令树下"整数计算"中找到整数加法指令。

b. 双击或将该图标拖到需输入处，完成加法指令的输入，如图 3-35 所示。

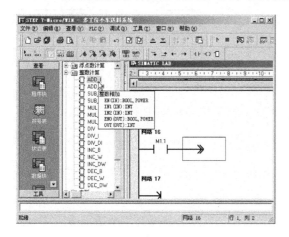

图 3-34 准备输入加法指令　　　　图 3-35 完成加法指令的输入

（2）输入 S7-300 梯形图程序。

① 数据传送指令的输入。

a. 按以前学过的方法将程序输入至图 3-36 所示处，并在指令树下"移动"中找到传送指令。

b. 双击或将该图标拖到需输入处，完成传送指令的输入，如图 3-37 所示。

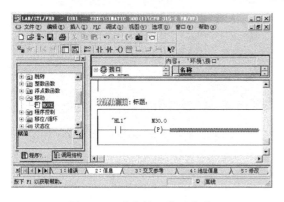 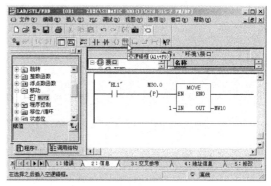

图 3-36 准备输入传送指令　　　　图 3-37 完成传送指令的输入

c. 传送指令还可以单击工具条上的"空逻辑框"按钮，并选择"MOVE"，双击或按回车键完成输入，如图 3-38 所示。

② 减法指令的输入。

a. 按以前学过的方法将程序输入至图 3-39 所示处，并在指令树下"整数函数"中找到整数减法指令。

b. 双击或将该图标拖到需输入处，完成减法指令的输入，如图 3-40 所示。

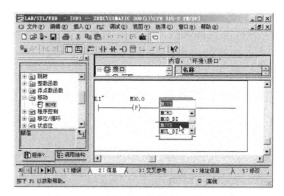

图 3-38 选择空逻辑框输入传送指令

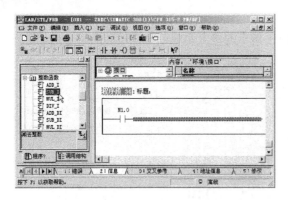

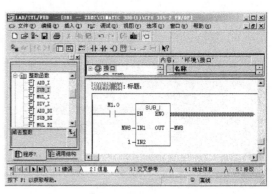

图 3-39　准备输入减法指令　　　　　　　图 3-40　完成减法指令的输入

③ 加法指令的输入。

a. 按以前学过的方法将程序输入至图 3-41 所示处，并在指令树下"整数函数"中找到整数加法指令。

b. 双击或将该图标拖到需输入处，完成加法指令的输入，如图 3-42 所示。

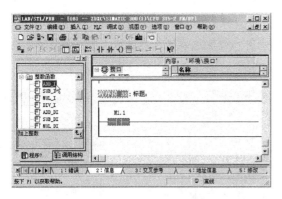

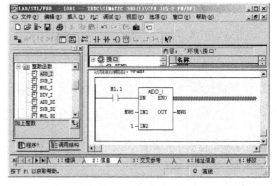

图 3-41　准备输入加法指令　　　　　　　图 3-42　完成加法指令的输入

2）系统安装和调试

（1）准备工具和器材，如表 3-36 所示。

（2）按要求自行完成系统的安装接线，并用万用表检查电路，避免发生短路故障。

（3）程序下载。将 S7-200 和 S7-300 的控制程序分别下载至相应的 PLC。

（4）系统调试。

① 在教师现场监护下对不同的控制程序进行通电调试，验证系统功能是否符合控制要求。

② 如果出现故障，学生应独立检修。线路检修完毕和梯形图修改完毕应重新调试，直至系统正常工作。

3. 考核评分

考核时同样采用两人一组共同协作完成的方式，按表 3-37 所示评分标准作为成绩的 60%，并分别对两位学生进行提问作为成绩的 40%。

表 3–36 所需工具、器材清单

序号	分类	名 称	型 号 规 格	数量	单位	备注
1	工具	电工工具		1	套	
2		万用表	MF47 型	1	块	
3		可编程序控制器	S7 – 200 CPU 224XP	1	台	
4			S7 – 300 CPU 315 – 2PN/DP	1	台	
5		计算机	装有 STEP 7 V4. 0 和 V5. 4	1	台	
6		安装铁板	600 × 900mm	1	块	
7		导轨	C45	0. 3	米	
8		空气断路器	Multi9 C65N D20	1	只	
9		熔断器	RT28 – 32	5	只	
10		继电器	HH54P/DC 24V	2	只	
11		行程开关	LX19 – 111	6	只	
12	器材	直流开关电源	DC 24V、50W	1	只	
13		按钮	LA4–3H	2	只	
14		端子	JF52. 5mm²	4	块	
15		软线	BVR7/0. 75mm²	30	米	
16			M4 × 20 螺杆	若干	只	
17			M4 × 12 螺杆	若干	只	
18		紧固件	φ4 平垫圈	若干	只	
19			φ4 弹簧垫圈	若干	只	
20			φ4 螺母	若干	只	
21		号码管		若干	米	
22		号码笔		1	支	

表 3–37 评分标准

内 容	考核要求	配分	评分标准	扣分	得分	备注
I/O 分配表设计	1. 根据设计功能要求,正确的分配输入和输出点。 2. 能根据课题功能要求,正确分配各种 I/O 量。	10	1. 设计的点数与系统要求功能不符合每处扣 2 分。 2. 功能标注不清楚每处扣 2 分。 3. 少、错、漏标每处扣 2 分。			
程序设计	1. PLC 程序能正确实现系统控制功能。 2. 梯形图程序及程序清单正确完整。	40	1. 梯形图程序未实现某项功能,酌情扣除 5～10 分。 2. 梯形图画法不符合规定,程序清单有误,每处扣 2 分。 3. 梯形图指令运用不合理每处扣 2 分。			
程序输入	1. 指令输入熟练正确。 2. 程序编辑、传输方法正确。	20	1. 指令输入方法不正确,每提醒一次扣 2 分。 2. 程序编辑方法不正确,每提醒一次扣 2 分。 3. 传输方法不正确,每提醒一次扣 2 分。			
系统安装调试	1. PLC 系统接线完整正确,有必要的保护。 2. PLC 安装接线符合工艺要求。 3. 调试方法合理正确。	30	1. 错、漏线每处扣 2 分。 2. 缺少必要的保护环节每处扣 2 分。 3. 反圈、压皮、松动每处扣 2 分。 4. 错、漏编码每处扣 1 分。 5. 调试方法不正确,酌情扣 2～5 分。			
安全生产	按国家颁发的安全生产法规或企业自定的规定考核。		1. 每违反一项规定从总分中扣除 2 分(总扣分不超过 10 分)。 2. 发生重大事故取消考试资格。			
时间	不能超过 120 分钟		扣分:每超 2 分钟倒扣总分 1 分			

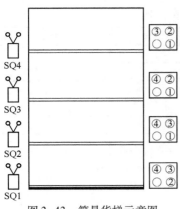

图 3-43　简易货梯示意图

巩固提高

有一四层简易货梯如图 3-43 所示，货梯不设开关门系统，SQ1 ～ SQ4 分别为一到四层的到位开关，到位后停止 30s 后才能响应下一呼叫命令；每层厅外有一控制面板，上设本层呼叫和目的层选择按钮，呼叫按钮带指示灯，用以记忆召唤信号，到召唤层停止后熄灭；有多个召唤信号时，货梯采用就近优先响应的原则，若两召唤层离电梯停靠层距离相等，则优先执行下行命令。试编写该系统的控制程序。

任务3　霓虹彩灯控制

知识点

- 西门子 S7-200 PLC 的移位指令的基本格式及使用方法；
- 西门子 S7-300 PLC 的移位指令的基本格式及使用方法；
- 西门子 PLC 移位指令的综合应用方法。

技能点

- 理解霓虹彩灯控制系统运行原理；
- 掌握霓虹彩灯控制系统的编程方法；
- 能够设计霓虹控制系统的 I/O 分配、PLC 接线图，并对该系统进行调试、检修与完善。

任务引入

在繁华都市的夜景中，霓虹彩灯随处可见，它们色彩鲜艳、花样繁多，在建筑物外墙装饰、商店门面装饰以及舞台背景装饰等场合，霓虹彩灯都吸引了无数人的眼球。如果仔细观察霓虹彩灯的动作，会发现它们的动作富有规律，而且均伴随着的时间推移而逐步变化，不断循环。PLC 在控制彩灯时，可通过输出数据 1 或 0 来实现彩灯的亮和灭，这用 PLC 指令中的移位指令可以方便的实现；同时移位指令还可以用于顺序控制等多种场合，因此掌握移位指令的用法对学习和应用 PLC 十分重要。本任务通过对霓虹彩灯的模拟控制，介绍常用移位指令的使用方法。

任务分析

1. 控制要求

现有 8 个彩灯，它们的编号依次为 HL1 ～ HL8，要求按下启动按钮 SB1 后，依次按以下四种固定的动作不断循环；若按下停止按钮 SB2，则彩灯的动作立刻停止。

动作要求：

（1）HL1 ～ HL8 逐个点亮，每盏灯动作间隔时间 1s，并循环 2 次；

（2）HL1 ～ HL4 逐个点亮，同时 HL8 ～ HL5 逐个点亮，每盏灯动作间隔时间 1s，并循环 3 次；

（3）HL1 ～ HL8 依次点亮，每盏灯动作间隔时间 1s，8 盏灯全部点亮后保持 3s，HL8 ～ HL1 逐个熄灭，每盏灯动作间隔时间 1s，8 盏灯全部熄灭后花色三动作结束。

（4）HL1 ～ HL4 依次点亮，同时 HL8 ～ HL5 依次点亮，每盏灯动作间隔时间 1s，8 盏灯全部点亮后再按相反方向逐个熄灭，如此循环 3 次。

2. 任务分析

根据上述控制要求可知，动作要求 1 中，HL1 ～ HL8 逐个点亮，每次只有一个 HL 处于得电状态，可以先在一个寄存器内送入一个"1"，然后采用循环移位指令控制"1"按时间间隔逐个移位来实现。动作要求 3 中，HL1 ～ HL8 是依次点亮的，因此后一个彩灯点亮时，前一个彩灯并不熄灭，直至全亮，因此移位时补入寄存器的数据必须为"1"。动作 2 和 3 要求 HL1 ～ HL8 中四盏正序点亮，四盏逆序点亮，所以应用左移和右移指令分别控制四位数据左移，四位数据右移，并在一次循环结束时对相应的寄存器重新初始化。另外，各动作的循环次数可采用计数器控制，使程序进入下一个动作。霓虹彩灯控制系统的输入、输出元件列表 3-38 所示。

表 3-38 霓虹彩灯控制系统输入、输出元件列表

输入元件		输出元件	
元件代号	元件名称	元件代号	元件名称
SB1	启动按钮	HL1	1#彩灯
SB2	停止按钮	HL2	2#彩灯
		HL3	3#彩灯
		HL4	4#彩灯
		HL5	5#彩灯
		HL6	6#彩灯
		HL7	7#彩灯
		HL8	8#彩灯

 知识链接

1. 基础知识

移位在 PLC 控制中是一种非常常见的动作，大多数 PLC 的指令集也都有移位指令供编程人员使用，移位指令运用的恰当往往可以大大简化控制程序，使程序变得精简有效，起到事半功倍的作用。

移位其实是一种若干位数据在数据寄存器中进行移动的动作。数据寄存器的长度和移位的数据类型，不同的 PLC 有不同的规定。如 S7-200 PLC 的移位指令相当丰富，针对不同长度的数据寄存器有不同的移位指令与之对应，可以在一个字节、字或双字中进行数据移位。

移位指令一般需要脉冲触发，其移动方式有单方向的移位指令和循环移位指令；按移动方向分又可以分为左移指令和右移指令。严格讲移位指令实际上是一种数据运算，左移相当于对数据做乘法运算，右移相当于对数据做除法运算。16 位数据右移 2 位的具体动作过程

如图 3-44 所示。

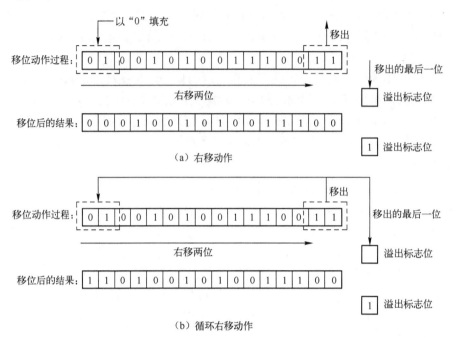

图 3-44　16 位数据右移 2 位的具体动作过程

图 3-44 中数据右移时，最低两位溢出，最高两位以 0 补充，其中最后移出的位被移入溢出标志位保存，并在下一次移位操作时刷新；循环右移时，最低两位移至最高两位，最后移出的位同样被送入溢出标志位，并在下一次移位操作时刷新。

2. 相关 PLC 指令

1）S7-200 相关指令

西门子 S7-200 PLC 有多种类型的移位指令，包括左移指令、右移指令、循环左移指令、循环右移指令和寄存器移位指令等。除寄存器移位指令外，左移、右移、循环左移、循环右移指令按操作数的数据类型又可分为字节移位、字移位和双字移位等类型。

（1）左移指令。

西门子 S7-200 PLC 的左移指令可以实现将输入数值根据设定的位数在目标单元内向左移位，即由低位向高位移位。S7-200 PLC 的左移指令及其功能说明见表 3-39。

表 3-39　S7-200 PLC 的左移指令及其功能说明

指令名称	LAD	STL	功能描述	说　明
字节左移	SHL_B EN　ENO IN　OUT N	SLB OUT, N	将输入字节（IN）数值向左移动 N 位，并将结果载入输出字节（OUT）。	该指令对每个移位后的空位自动补 0。如果移位数目（N）大于或等于 8，则数值最多只能移 8 位。
字左移	SHL_W EN　ENO IN　OUT N	SLW OUT, N	将输入字（IN）数值向左移动 N 位，并将结果载入输出字（OUT）。	该指令对每个移位后的空位自动补 0。如果移位数目（N）大于或等于 16，则数值最多只能移 16 位。

续表

指令名称	LAD	STL	功能描述	说　明
双字左移	SHL_DW EN　ENO IN　OUT N	SLD OUT, N	将输入双字（IN）数值向左移动 N 位，并将结果载入输出双字（OUT）。	该指令对每个移位后的空位自动补0。如果移位数目（N）大于或等于32，则数值最多只能移32位。
循环字节左移	ROL_B EN　ENO IN　OUT N	RLB OUT, N	将输入字节数值（IN）向左旋转 N 位，并将结果载入输出字节（OUT）。旋转具有循环性。	如果移位数目（N）大于或等于8，则在执行循环移位之前先对位数（N）进行模数8操作，从而使位数在0～7之间。
循环字左移	ROL_W EN　ENO IN　OUT N	RLW OUT, N	将输入字数值（IN）向左旋转 N 位，并将结果载入输出字（OUT）。旋转具有循环性。	如果移位数目（N）大于或等于16，则在执行循环移位之前先对位数（N）进行模数16操作，从而使位数在0～15之间。
循环双字左移	ROL_DW EN　ENO IN　OUT N	RLD OUT, N	将输入双字数值（IN）向左旋转 N 位，并将结果载入输出双字（OUT）。旋转具有循环性。	如果移位数目（N）大于或等于32，则在执行循环移位之前先对位数（N）进行模数32操作，从而使位数在0～31之间。

字节左移指令的用法如图 3-45 所示。

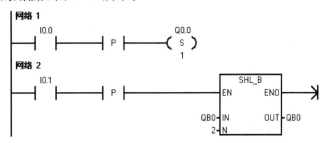

图 3-45　字节左移指令的用法

该控制程序可以实现 Q0.0、Q0.2、Q0.4、Q0.6 逐个动作。当 I0.0 有信号时，Q0.0 动作，然后每次 I0.1 有信号时，都会将 Q0.0 的动作向左移动 2 位。I0.1 第一次有信号时，Q0.0 的动作向左移动 2 位，即 Q0.2 动作，Q0.0 熄灭；I0.0 第二次有信号时，Q0.4 动作，Q0.2 熄灭；I0.0 第三次有信号时，Q0.6 动作，Q0.4 熄灭；I0.0 第四次有信号时，移位动作超出 QB0 字节长度，数据溢出，Q0.6 熄灭。

（2）右移指令。

西门子 S7-200 PLC 的右移指令可以实现将输入数值根据设定的移位位数在目标单元内向右移位，即由高位向低位移位。各种右移指令及其功能说明见表 3-40。

表 3-40　S7-200 PLC 的右移指令

指令名称	格　式		功能描述	说　明
	LAD	STL		
字节右移	SHR_B EN　ENO IN　OUT N	SRB OUT, N	将输入字节（IN）数值向右移动 N 位，并将结果载入输出字节（OUT）。	该指令对每个移出位补0。如果移位数目（N）大于或等于8，则数值最多被移位8次。

续表

指令名称	格　式		功能描述	说　明
	LAD	STL		
字右移	SHR_W EN　ENO IN　OUT N	SRW OUT, N	将输入字（IN）数值向右移动 N 位，并将结果载入输出字（OUT）。	该指令对每个移出位补 0。如果移位数目（N）大于或等于 16，则数值最多被移位 16 次。
双字右移	SHR_DW EN　ENO IN　OUT N	SRD OUT, N	将输入双字（IN）数值向右移动 N 位，并将结果载入输出双字（OUT）。	该指令对每个移出位补 0。如果移位数目（N）大于或等于 32，则数值最多被移位 32 次。
循环字节右移	ROR_B EN　ENO IN　OUT N	RRB OUT, N	将输入字节数值（IN）向右旋转 N 位，并将结果载入输出字节（OUT）。旋转具有循环性。	如果移位数目（N）大于或等于 8，执行旋转之前先对位数（N）进行模数 8 操作，从而使位数在 0～7 之间。
循环字右移	ROR_W EN　ENO IN　OUT N	RRW OUT, N	将输入字数值（IN）向右旋转 N 位，并将结果载入输出字（OUT）。旋转具有循环性。	如果移位数目（N）大于或等于 16，执行旋转之前先对位数（N）进行模数 16 操作，从而使位数在 0～15 之间。
循环双字右移	ROR_DW EN　ENO IN　OUT N	RRD OUT, N	将输入双字数值（IN）向右旋转 N 位，并将结果载入输出双字（OUT）。旋转具有循环性。	如果移位数目（N）大于或等于 32，执行旋转之前先对位数（N）进行模数 32 操作，从而使位数在 0～31 之间。

字节右移指令的用法如图 3-46 所示。

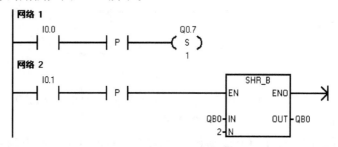

图 3-46　字节右移指令的用法

该控制程序可以实现 Q0.7、Q0.5、Q0.3、Q0.1 逐个动作。当 I0.0 有信号时，Q0.7 动作，然后每次 I0.1 有信号时，都会将 Q0.7 的动作向右移动 2 位。I0.1 第一次有信号时，Q0.7 的动作向右移动 2 位，即 Q0.5 动作，Q0.7 熄灭；I0.1 第二次有信号时，Q0.3 动作，Q0.5 熄灭；I0.1 第三次有信号时，Q0.1 动作，Q0.3 熄灭；I0.1 第四次有信号时，移位动作超出 QB0 字节长度，数据溢出，Q0.1 熄灭。

左、右移位指令（包括循环移位）的操作数如表 3-41 所示。

（3）寄存器移位指令。

左移和右移指令都是在固定的数据单元内，根据移位长度对该数据单元内的数据进行移位操作的，虽然使用方便，但是不够灵活。而寄存器移位指令能弥补左移和右移指令的不足，利用寄存器移位指令可以由操作者自行创设一个用于移位操作的寄存器单元，该移位寄存器的起始地址以及长度都可根据操作者的需要来设定。寄存器移位指令及其功能如表 3-42 所示。

表 3-41　左、右移位指令（包括循环移位）操作数

指　　　令	输入/输出	操　　作　　数	数据类型
字节移位	IN	IB、QB、VB、MB、SMB、SB、LB、AC、＊VD、＊LD、＊AC、常数	BYTE
	OUT	IB、QB、VB、MB、SMB、SB、LB、AC、＊VD、＊LD、＊AC	BYTE
	N	IB、QB、VB、MB、SMB、SB、LB、AC、＊VD、＊LD、＊AC、常数	BYTE
字移位	IN	IW、QW、VW、MW、SMW、SW、LW、T、C、AC、AIW、＊VD、＊LD、＊AC、常数	WORD
	OUT	IW、QW、VW、MW、SMW、SW、LW、T、C、AC、＊VD、＊LD、＊AC	WORD
	N	IB、QB、VB、MB、SMB、SB、LB、AC、＊VD、＊LD、＊AC、常数	BYTE
双字移位	IN	ID、QD、VD、MD、SMD、SD、LD、AC、HC、＊VD、＊LD、＊AC、常数	DWORD
	OUT	ID、QD、VD、MD、SMD、SD、LD、AC、＊VD、＊LD、＊AC	DWORD
	N	IB、QB、VB、MB、SMB、SB、LB、AC、＊VD、＊LD、＊AC、常数	BYTE

表 3-42　S7-200 PLC 的寄存器移位指令

格　　　式		功能描述	说　　　明
LAD	STL		
SHRB EN ENO DATA S_BIT N	SHRB DATA, S_BIT, N	将 DATA 数值移入移位寄存器。S_BIT 指定移位寄存器的最低位。N 指定移位寄存器的长度和移位方向（正向移位 = N，反向移位 = −N）。移位寄存器的长度最多可达 64 位。	该指令的操作单元由最低位（S_BIT）和长度（N）指定的位数定义。"正向移位"（N 为正值）：输入数据（DATA）移入移位寄存器的最低位中（由 S_BIT 指定），并移出移位寄存器的最高位。"反向移位"（N 为负值）：输入数据（DATE）移入移位寄存器的最高位中，并移出最低位（S_BIT）中的数据。

寄存器移位的操作数如表 3-43 所示。

表 3-43　寄存器移位指令操作数

输入/输出	操　　作　　数	数据类型
DATE	I、Q、V、M、SM、S、T、C、L	BOOL
S_BIT	I、Q、V、M、SM、S、T、C、L	BOOL
N	IB、QB、VB、MB、SMB、SB、LB、AC、＊VD、＊LD、＊AC、常数	BYTE

由于在寄存器移位指令中，用于移位操作的数据单元长度是由操作者自行设定的，该数据单元被称为"移位寄存器"，"移位寄存器"最高位（MSB.b）地址的计算方法如下：

$$MSB.b = [(S\_BIT 字节) + ([N] - 1 + (S\_BIT 位))/8].[被 8 除的余数]$$

例如：S_BIT 为 M5.2，N = 15，那么 MSB.b 的计算方法为：

$$MSB.b = M5 + (15 - 1 + 2)/8 = M5 + 2，余数为 0，最高位地址 = M7.0$$

寄存器移位指令的用法如图 3-47 所示。

该程序能实现 Q0.1 ～ Q0.6 依次动作，全部点亮后再依次熄灭。程序中 M0.0 为 SHRB 指令的移位操作数据；移位寄存器的起始地址为 Q0.1，长度为 6 位，即移位寄存器为 Q0.1 ～ Q0.6。首先用 I0.0 将 M0.0 置 "1"，此后 I0.1 的上升沿每到来一次，SHRB 指令会将 M0.0 的数值 "1" 依次移入移位寄存器，使 Q0.1 ～ Q0.6 依次动作；当 Q0.6 动作后，M0.0 复位，如果继续执行 SHRB 指令，则会将 "0" 依次移入移位寄存器，使 Q0.1 ～ Q0.6 按顺序逐个熄灭；当 Q0.6 熄灭后，M0.0 重新置 "1"，这时又能将 Q0.1 ～ Q0.6 依次点亮，从而实现当 I0.1 不断发出信号时，Q0.1 ～ Q0.6 依次点亮，直至全亮后再依次熄灭直至全灭，并如此不断

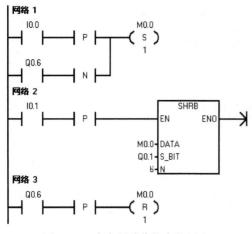

图 3-47　寄存器移位指令的用法

循环的动作。

2）S7－300 PLC 相关指令

西门子 S7－300 PLC 同样有多种类型的移位指令，包括左移指令、右移指令、循环左移指令、循环右移指令等。其中右移指令按操作数的数据类型又分为整数右移、双整数右移、字右移、双字右移；左移指令按操作数的数据类型又分为字左移、双字左移；而循环左移和循环右移指令的操作数数据类型只能是双字。

（1）左移指令。S7－300 PLC 的左移指令及操作数如表 3-44 所示。

表 3-44　S7－300 PLC 的左移指令及操作数

指令名称	LAD	操　作　数				说　　明
		参数	存储区域	作用	数据类型	
字左移	SHL_W EN　ENO IN　OUT N	EN	I、Q、M、L、D	输入使能	BOOL	输入 N 用于指定移动的位数，指令执行时将 IN 输入值的 0～15 位向左移动 N 位，高 N 位溢出，低位自动移入 N 个 0，用以填充低 N 个空位。
		ENO		输出使能	BOOL	
		IN		要移位的值	WORD	
		N		移动位数	WORD	
		OUT		移位结果	WORD	
双字左移	SHL_DW EN　ENO IN　OUT N	EN		输入使能	BOOL	输入 N 用于指定移动的位数，指令执行时将 IN 输入值的 0～31 位向左移动 N 位，高 N 位溢出，低位自动移入 N 个 0，用以填充低 N 个空位。
		ENO		输出使能	BOOL	
		IN		要移位的值	DWORD	
		N		移动位数	WORD	
		OUT		移位结果	DWORD	

S7－300 PLC 字左移指令的用法如图 3-48 所示。

该控制程序可以实现 Q0.0、Q0.2、Q0.4、Q0.6 逐个动作。当 I0.0 有信号时，Q0.0 动作，此后每次 I0.1 有信号时，都会将 Q0.0 的动作向左移动 2 位。I0.1 第一次有信号时，Q0.0 的动作向左移动 2 位，即 Q0.2 动作，Q0.0 熄灭；I0.1 第二次有信号时，Q0.4 动作，Q0.2 熄灭；I0.1 第三次有信号时，Q0.6 动作，Q0.4 熄灭；I0.1 第四次有信号时，移位动作进入高 8 位，Q0.6 熄灭……直至移位动作超出 QW0 的长度，数据溢出，此时 QW0 的每一位的值都为 0。

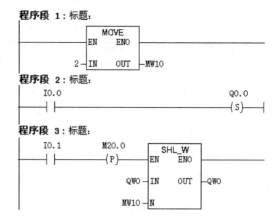

图 3-48　S7－300 PLC 字左移指令的用法

（2）右移指令。S7－300 PLC 的右移指令及操作数如表 3-45 所示。

表 3-45　S7-300 PLC 的右移指令及操作数

指令名称	LAD	操作数				说　明
		参数	存储区域	作　用	数据类型	
字右移	SHR_W EN　ENO IN　OUT N	EN	I、Q、M、L、D	输入使能	BOOL	输入 N 用于指定移动的位数，指令执行时将 IN 输入值的 0～15 位向右移动 N 位，低 N 位溢出，高位自动移入 N 个 0，用以填充高 N 个空位。
		ENO		输出使能	BOOL	
		IN		要移位的值	WORD	
		N		移动位数	WORD	
		OUT		移位结果	WORD	
双字右移	SHR_DW EN　ENO IN　OUT N	EN	I、Q、M、L、D	输入使能	BOOL	输入 N 用于指定移动的位数，指令执行时将 IN 输入值的 0～31 位向右移动 N 位，低 N 位溢出，高位自动移入 N 个 0，用以填充高 N 个空位。
		ENO		输出使能	BOOL	
		IN		要移位的值	DWOR	
		N		移动位数	WORD	
		OUT		移位结果	DWOR	
整数右移	SHR_I EN　ENO IN　OUT N	EN	I、Q、M、L、D	输入使能	BOOL	输入 N 用于指定移动的位数，指令执行时将 IN 输入值的 0～15 位向右移动 N 位，低 N 位溢出，16～31 位不受影响，当 N 大于 16 时，该命令与 N 等于 16 一样。自左移入用于填补空位的值将被赋予位 15 的逻辑状态（整数的符号位），即当该整数为正时，所有空位均以"0"填充，而当该整数为负时，则所有空位均以"1"填充。
		ENO		输出使能	BOOL	
		IN		要移位的值	INT	
		N		移动位数	WORD	
		OUT		移位结果	INT	
双整数右移	SHR_DI EN　ENO IN　OUT N	EN	I、Q、M、L、D	输入使能	BOOL	输入 N 用于指定移动的位数，指令执行时将 IN 输入值的 0～31 位向右移动 N 位，低 N 位溢出，当 N 大于 32 时，该命令与 N 等于 32 一样。自左移入用于填补空位的值将被赋予位 15 的逻辑状态（整数的符号位），即当该整数为正时，所有空位均以"0"填充，而当该整数为负时，则所有空位均以"1"填充。
		ENO		输出使能	BOOL	
		IN		要移位的值	DINT	
		N		移动位数	BOOL	
		OUT		移位结果	BOOL	

字右移指令的用法如图 3-49 所示。

该控制程序可以实现 Q0.7、Q0.5、Q0.3、Q0.1 逐个动作。当 I0.0 有信号时，Q0.7 动作，然后每次 I0.1 上升沿信号到来时，都会将 Q0.7 的动作向右移动 2 位。I0.1 第一次有信号时，Q0.7 的动作向右移动 2 位，即 Q0.5 动作，Q0.7 熄灭；I0.1 第二次有信号时，Q0.3 动作，Q0.5 熄灭；I0.1 第三次有信号时，Q0.1 动作，Q0.3 熄灭；I0.1 第四次有信号时，Q0.1 的动作将向 Q1.7 移动，为了不使 Q1.7 动作，在此用 Q0.1 的下降沿将 QW0 的数据清零，所有输出动作停止。

（3）循环移位指令。S7-300 PLC 的循环移位指令只有双字循环左移和双字循环右移两种，其指令功能及其操作数如表 3-46 所示。

3. 程序设计

1）输入/输出分配表

霓虹彩灯系统控制电路的输入/输出分配表如表 3-47 所示。

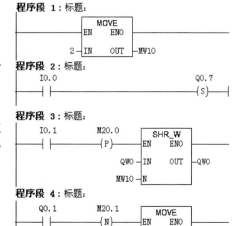

图 3-49　S7-300 PLC 字右移指令的用法

2）输入/输出接线图

（1）S7 - 200 PLC 输入/输出接线图。霓虹彩灯系统 S7 - 200 PLC 输入/输出接线如图 3-50 所示。

表 3-46　S7 -300 PLC 的循环移位指令及操作数

指令名称	LAD	操 作 数				说　明
		参数	存 储 区 域	作　用	数据类型	
双字循环左移	ROL_DW EN ENO IN OUT N	EN	I、Q、M、L、D	输入使能	BOOL	输入 N 用于指定移动的位数，指令执行时将 IN 输入的全部内容逐位循环左移 N 位，即低 N 位将被高 N 为填充。当 N 大于 32 时，则该命令循环 $[(N-1)*32+1]$ 位。
		ENO		输出使能	BOOL	
		IN:		要移位的值	DWORD	
		N		移动位数	WORD	
		OUT		移位结果	DWORD	
双字循环右移	ROR_DW EN ENO IN OUT N	EN	I、Q、M、L、D	输入使能	BOOL	输入 N 用于指定移动的位数，指令执行时将 IN 输入的全部内容逐位循环右移 N 位，即低 N 位将被高 N 为填充。当 N 大于 32 时，则该命令循环 $[(N-1)*32+1]$ 位。
		ENO		输出使能	BOOL	
		IN		要移位的值；	DWORD	
		N		移动位数	WORD	
		OUT		移位结果	DWORD	

表 3-47　霓虹彩灯控制电路的输入/输出分配表

输　入			输　出		
元 件 代 号	输入继电器	作　用	元 件 代 号	输出继电器	作　用
SB1	I0.0	启动按钮	HL1	Q0.0	1#彩灯
SB2	I0.1	停止按钮	HL2	Q0.1	2#彩灯
			HL3	Q0.2	3#彩灯
			HL4	Q0.3	4#彩灯
			HL5	Q0.4	5#彩灯
			HL6	Q0.5	6#彩灯
			HL7	Q0.6	7#彩灯
			HL8	Q0.7	8#彩灯

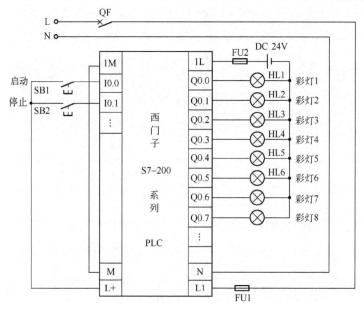

图 3-50　霓虹彩灯系统 S7 - 200 PLC 输入/输出接线图

（2）S7 - 300 PLC 输入/输出接线图。霓虹彩灯系统 S7 - 300 PLC 输入/输出接线如图 3-51 所示。

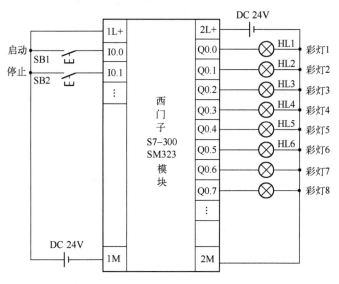

图 3-51   霓虹彩灯系统 S7 - 300 PLC 输入/输出接线图

3）程序设计

（1）S7 - 200 PLC 控制程序。

① 建立输入/输出符号表，如表 3-48 所示。

表 3-48   输入/输出符号表

符　　号	地　　址	注　　释	符　　号	地　　址	注　　释
S1	I0.0	启动按钮	HL4	Q0.3	4#彩灯
S2	I0.1	停止按钮	HL5	Q0.4	5#彩灯
HL1	Q0.0	1#彩灯	HL6	Q0.5	6#彩灯
HL2	Q0.1	2#彩灯	HL7	Q0.6	7#彩灯
HL3	Q0.2	3#彩灯	HL8	Q0.7	8#彩灯

② 系统初始化程序。

按照系统的控制要求，系统在上电后，所有彩灯都处于熄灭状态，并等待系统的启动信号，因此程序要进行初始化，系统停止和初始化程序如图 3-52 所示。系统的停止控制，也是使所有彩灯停止工作，并重新等待启动信号，因此停止程序与初始化程序相同。

③ 花色一控制程序。

按下 SB1 系统启动，首先运行的是第一种花色，即 HL1 ～ HL8 逐个以 1s 的时间间隔动作，并循环 2 次。为了使各种花色的动作互不干扰，在程序中对各种花色的运行都用一个辅助继电器作为该种花色运行的状态位，只有在该状态位被置为"1"时，才能执行相应花色的动作。花色一的控制

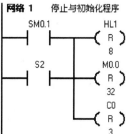

图 3-52   系统停止与初始化程序

程序如图 3-53 所示。

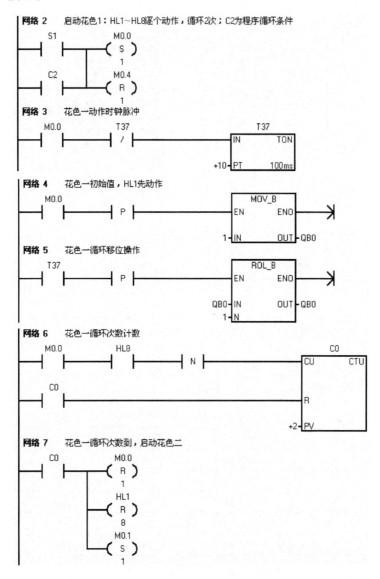

图 3-53　花色一控制程序

图 3-53 中花色一的启动是通过置位状态位 M0.0 实现的，为实现四种花色的循环，同时用记录花色四循环次数的计数器 C2 复位花色四自身的状态位 M0.4，再次启动花色一，以实现四种花色的循环。整个花色一的控制是用 T37 组成的 1s 时钟脉冲发生器和循环左移指令实现的；C0 用以记录花色一的循环次数，循环次数达到设定值 2 时，C0 常开闭合复位状态位 M0.0 和 HL1 ～ HL8，同时置位 M0.1，准备进入花色二的动作。

④ 花色二控制程序。

花色 2 开始时 HL1 和 HL8 同时点亮，而花色一的最后也为 HL8 点亮，为了使程序执行时有更好的节奏感，因此在花色一与花色二的动作之间通过 M0.1 人为加入 1s 时间间隔，然后再置位花色二的状态位 M0.2，开始执行花色二的动作。其控制程序如图 3-54 所示。

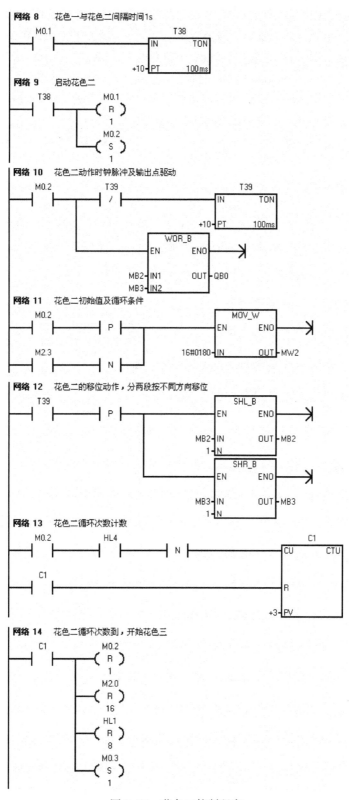

图 3-54　花色二控制程序

　　由于花色二要将 HL1 ～ HL4 与 HL5 ～ HL8 以不同方向逐个点亮，因此 QB0 要分为两部分分开执行移位动作，这可用两个辅助继电器字节单元按两个方向移位，相"或"后再赋值给 QB0 来实现。本程序先将初始值 16#0180 传送入 MW2（MB2、MB3），使 M2.0 与 M3.7 为"1"，然后用由 T39 组成的 1s 时钟脉冲分别控制 MB2 中的数据逐位左移，MB3 中的数据逐位右移，再将 MB2、MB3 的值用逻辑"或"指令（WOR_B）合并后输出至 QB0。当 M2.3 和 M3.4 动作结束后，由 M2.3 的下降沿对 MW2 重新赋予初始值，以实现花色二的循环动作；计数器 C1 用以花色二的循环次数计数，当循环满 3 次后，花色二的动作结束，准备进入花色三的动作。

　　⑤ 花色三控制程序。

　　花色二的动作结束后，状态位 M0.3 置位，进入花色三的动作。由于花色二最后动作的彩灯为 HL4、HL5，而花色三首先动作的是 HL1，因此无须在花色二和花色三之间人为加入时间间隔。在花色三中要实现 HL1 ～ HL8 的依次动作，使用寄存器移位（SHRB）指令最为合适，而改变彩灯的动作方向，可通过改变"N"操作数的符号实现。花色三的控制程序如图 3-55 所示。

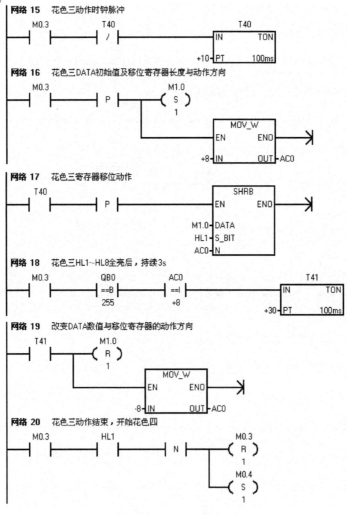

图 3-55　花色三控制程序

图 3-55 中仍然采用 1s 时钟脉冲控制数据移位，首先将 SHRB 指令 DATA 参数的初始值 M1.0 置 1，N 的初始值定义为"+8"，以保证按控制要求进行移位，即 HL1 ～ HL8 依次点亮直至全亮，此时由于 Q0.1 ～ Q0.7 均为 1，QB0 = 255，而 AC0 依然为 +8，所以 T41 得电延时，3s 后复位 DATA 参数 M1.0，使移入的数据为 0；同时，将数据"-8"送入 AC0，改变移位方向，以保证彩灯按花色三的控制要求动作。

⑥ 花色四控制程序。

花色三动作结束后，通过 M0.4 进入花色四的动作，由于花色四要求 HL1 ～ HL4 依次点亮，同时 HL8 ～ HL5 依次点亮，可通过两条自定义移位寄存器长度的 SHRB 指令，分别定义不同的 DATA 值和 N 值，并同时执行来实现。花色四的控制程序如图 3-56 所示。

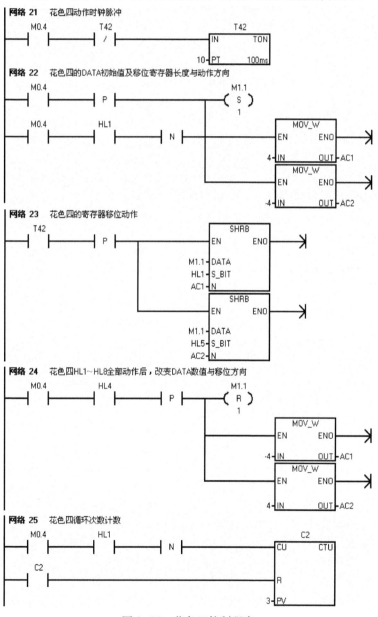

图 3-56　花色四控制程序

图 3-56 中将移位寄存器的长度均定义为 4，而移位方向相反，移入的数据均是 M1.1 的状态；开始时移入数据 M1.1 为 1，彩灯依次点亮，当全亮后再将 M1.1 复位为 0，使移入两个寄存器的数据均为 0，实现彩灯逐个熄灭。其中第一条 SHRB 指令执行时，HL1 ～ HL4 的正序依次动作；第二条 SHRB 指令执行时，HL5 ～ HL8 的逆序依次动作；C2 对 HL1 的下降沿计数，当 C2 的当前值为设定值 3 时，花色四循环次数达到 3 次，整个花色四的动作结束，重新开始执行花色一的动作。

⑦ 程序清单。

```
Network 1 //停止与初始化程序。
LD      SM0.1
O       I0.1
R       Q0.0,8
R       M0.0,32
R       C0,3
Network 2 //启动花色1:HL1～HL8 逐个动作,
循环 2 次;C2 为程序循环条件。
LD      I0.0
O       C2
S       M0.0,1
R       M0.4,1
Network 3 //花色一动作时钟脉冲。
LD      M0.0
AN      T37
TON     T37,+10
Network 4 //花色一初始值,HL1 先动作。
LD      M0.0
EU
MOVB    1,QB0
Network 5 //花色一循环移位操作。
LD      T37
EU
RLB     QB0,1
Network 6 //花色一循环次数计数。
LD      M0.0
A       Q0.7
ED
LD      C0
CTU     C0,+2
Network 7 //花色一循环次数到,启动花色二。
LD      C0
R       M0.0,1
R       Q0.0,8
S       M0.1,1
Network 8 //花色一与花色二间隔时间 1s。
```

```
LD      M0.1
TON     T38,+10
Network 9 //启动花色二。
LD      T38
R       M0.1,1
S       M0.2,1
Network 10 //花色二动作时钟脉冲及输出点
驱动。
LD      M0.2
LPS
AN      T39
TON     T39,+10
LPP
MOVB    MB2,QB0
ORB     MB3,QB0
Network 11 //花色二初始值及循环条件。
LD      M0.2
EU
LD      M2.3
ED
OLD
MOVW    16#0180,MW2
Network 12 //花色二的移位动作,分两段按不
同方向移位。
LD      T39
EU
SLB     MB2,1
SRB     MB3,1
Network 13 //花色二循环次数计数。
LD      M0.2
A       Q0.3
ED
LD      C1
CTU     C1,+3
Network 14 //花色二循环次数到,开始花色三。
LD      C1
```

R   M0.2,1
R   M2.0,16
R   Q0.0,8
S   M0.3,1
Network 15 //花色三动作时钟脉冲。
LD   M0.3
AN   T40
TON   T40,+10
Network 16 //花色三 DATA 初始值及移位寄存器长度与动作方向。
LD   M0.3
EU
S   M1.0,1
MOVW   +8,AC0
Network 17 //花色三寄存器移位动作。
LD   T40
EU
SHRB   M1.0,Q0.0,AC0
Network 18 //花色三 HL1～HL8 全亮后,持续 3s。
LD   M0.3
AB=   QB0,255
AW=   AC0,+8
TON   T41,+30
Network 19 //改变 DATA 数值与移位寄存器的动作方向。
LD   T41
R   M1.0,1
MOVW   -8,AC0
Network 20 //花色三动作结束,开始花色四。
LD   M0.3
A   Q0.0
ED
R   M0.3,1
S   M0.4,1

Network 21 //花色四动作时钟脉冲。
LD   M0.4
AN   T42
TON   T42,10
Network 22 //花色四的 DATA 初始值及移位寄存器长度与动作方向。
LD   M0.4
EU
LD   M0.4
A   Q0.0
ED
OLD
S   M1.1,1
MOVW   4,AC1
MOVW   -4,AC2
Network 23 //花色四的寄存器移位动作。
LD   T42
EU
SHRB   M1.1,Q0.0,AC1
SHRB   M1.1,Q0.4,AC2
Network 24 //花色四 HL1～HL8 全部动作后,改变 DATA 数值与移位方向。
LD   M0.4
A   Q0.3
EU
R   M1.1,1
MOVW   -4,AC1
MOVW   4,AC2
Network 25 //花色四循环次数计数。
LD   M0.4
A   Q0.0
ED
LD   C2
CTU   C2,3

（2）S7－300 PLC 控制程序。

对于西门子 S7－300 PLC，如果采用移位指令实现霓虹彩灯的控制，应注意西门子 S7－300 PLC 只有数据长度为 16 位及以上的移位指令，所以在本任务编程时，可将移位指令的控制对象设置为 16 位的数据单元，移位后再将结果传送至 8 盏彩灯对应的数据单元 QB0 中。S7－300 PLC 霓虹彩灯控制程序如图 3-57 所示，程序的编程思路与 S7－200 PLC 控制程序类似，读者可自行分析程序的执行过程。

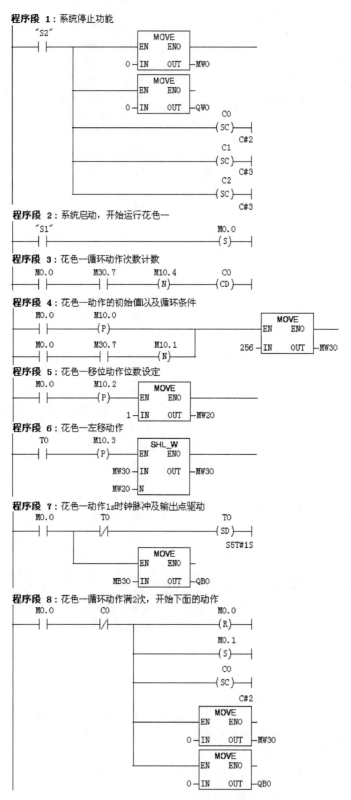

图 3-57　S7 - 300 PLC 霓虹彩灯系统控制程序

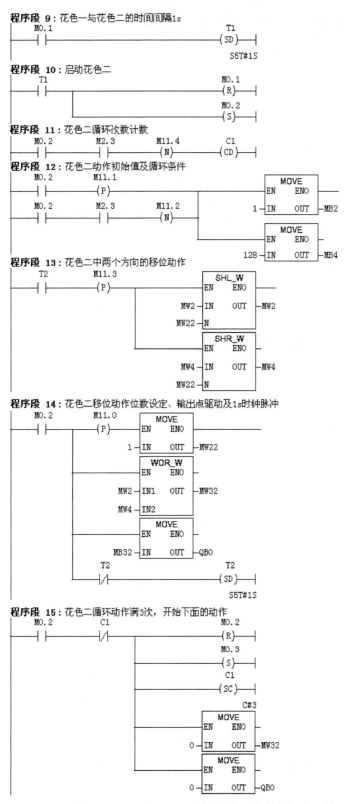

图 3-57 S7-300 PLC 霓虹彩灯系统控制程序（续）

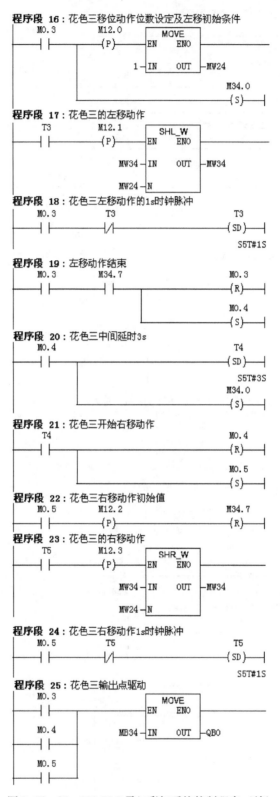

图 3-57   S7-300 PLC 霓虹彩灯系统控制程序（续）

程序段 26：花色三动作结束，开始下面的动作

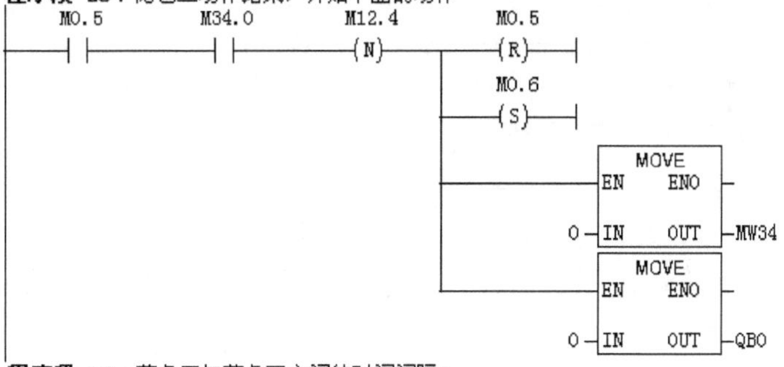

```
   M0.5      M34.0      M12.4        M0.5
───┤├────────┤├─────────(N)────┬────(R)───
                                │    M0.6
                                ├────(S)───
                                │
                                │  ┌──────────┐
                                │  │   MOVE   │
                                ├──┤EN     ENO│
                                │  │          │
                              0─┤IN    OUT├─MW34
                                │  └──────────┘
                                │  ┌──────────┐
                                │  │   MOVE   │
                                └──┤EN     ENO│
                                   │          │
                                 0─┤IN    OUT├─QB0
                                   └──────────┘
```

程序段 27：花色三与花色四之间的时间间隔1s

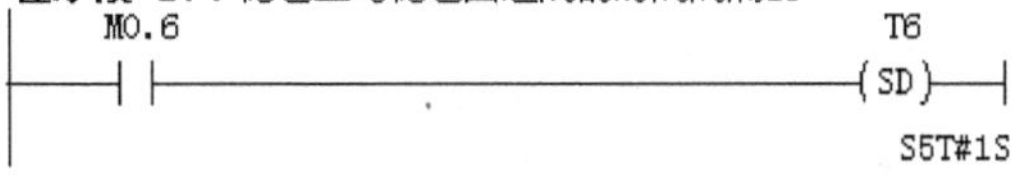

```
   M0.6                          T6
───┤├──────────────────────────(SD)───
                               S5T#1S
```

程序段 28：开始花色四

```
   T6                           M0.6
───┤├────────────────────┬─────(R)───
                         │     M0.7
                         ├─────(S)───
                         │      C2
                         └─────(SC)───
                                C#3
```

程序段 29：花色四中彩灯依次动作的初始值

```
   M0.7                         M6.0
───┤├────────────────────┬─────(S)───
                         │     M8.7
                         └─────(S)───
```

程序段 30：花色四移位动作位数设定及输出点驱动

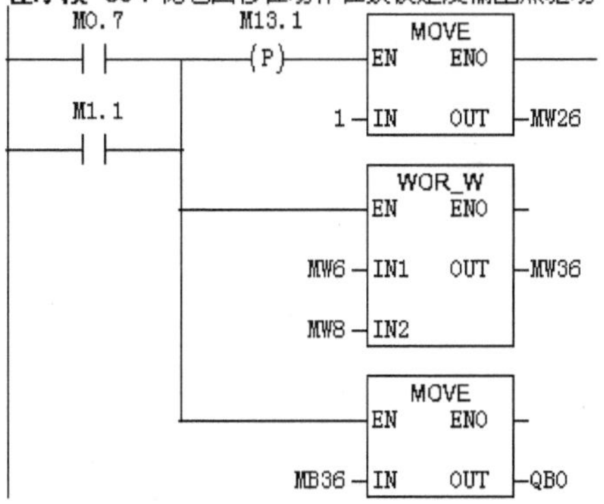

```
   M0.7      M13.1      ┌──────────┐
───┤├────────(P)───┬────│   MOVE   │
                   │    │EN     ENO│
   M1.1            │    │          │
───┤├─────────────┤  1─┤IN    OUT├─MW26
                   │    └──────────┘
                   │    ┌──────────┐
                   │    │  WOR_W   │
                   ├────┤EN     ENO│
                   │    │          │
                   │ MW6─┤IN1   OUT├─MW36
                   │    │          │
                   │ MW8─┤IN2       │
                   │    └──────────┘
                   │    ┌──────────┐
                   │    │   MOVE   │
                   └────┤EN     ENO│
                        │          │
                   MB36─┤IN    OUT├─QB0
                        └──────────┘
```

程序段 31：花色四中彩灯依次点亮的移位动作

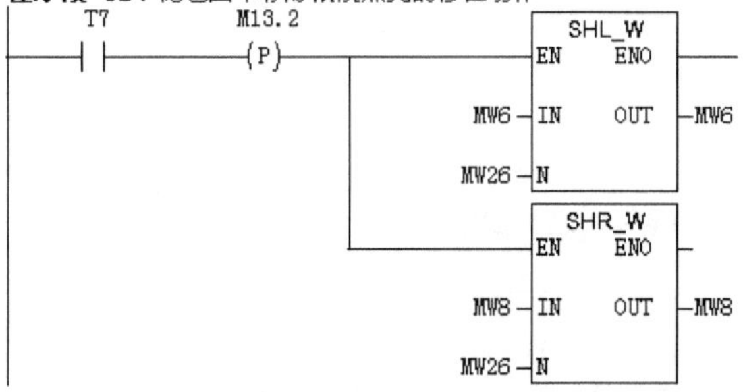

```
   T7       M13.2            ┌──────────┐
───┤├───────(P)───┬──────────│  SHL_W   │
                  │          │EN     ENO│
                  │          │          │
                  │      MW6─┤IN    OUT├─MW6
                  │          │          │
                  │     MW26─┤N         │
                  │          └──────────┘
                  │          ┌──────────┐
                  │          │  SHR_W   │
                  └──────────┤EN     ENO│
                             │          │
                         MW8─┤IN    OUT├─MW8
                             │          │
                        MW26─┤N         │
                             └──────────┘
```

图 3-57　S7-300 PLC 霓虹彩灯系统控制程序（续）

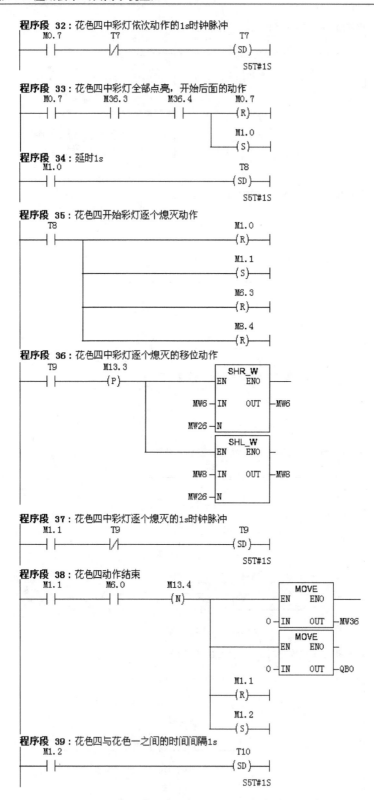

图 3-57　S7-300 PLC 霓虹彩灯系统控制程序（续）

程序段 40：花色四循环动作次数计数

```
    T10                                    C2
────┤├──────────────────────────────────(CD)
```

程序段 41：花色四循环次数不满3次，继续执行花色四；满3次则执行花色一

```
    T10      C2                            M1.2
────┤├──────┤├──────────┬───────────────(R)
                        │                 MO.7
                        └───────────────(S)

             C2                            M1.2
────────────┤/├─────────┬───────────────(R)
                        │                 MO.0
                        └───────────────(S)
```

图 3-57　S7-300 PLC 霓虹彩灯系统控制程序（续）

 技能训练

1. 训练目标

（1）能够正确编制、输入和传输霓虹彩灯系统的控制程序。

（2）能够独立完成霓虹彩灯系统控制线路的安装。

（3）按规定进行通电调试，出现故障能根据设计要求独立检修，直至系统正常工作。

2. 训练内容

1）程序的输入

（1）输入 S7-200 梯形图程序。

① 字节循环左移指令的输入。

a. 按前面学过的方法输入 S7-200 的控制程序至图 3-58 所示处，并在指令树"移位/循环"下找到 ROL_B 指令。

b. 双击或将其拖入所需输入处，并输入对应参数，完成 ROL_B 指令的输入，如图 3-59所示。

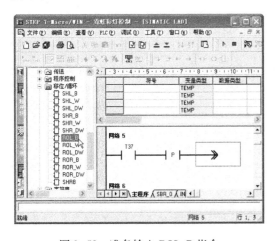

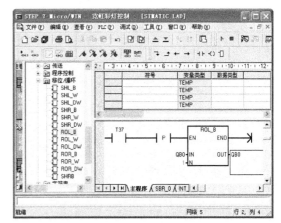

图 3-58　准备输入 ROL_B 指令　　　　　图 3-59　完成 ROL_B 指令的输入

② 字节逻辑"或"运算指令的输入。

a. 按前面学过的方法输入控制程序至图 3-60 所示处，并在指令树"逻辑运算"下找到

WOR_B 指令。

b. 双击或将其拖入所需输入处，并输入对应参数，完成 WOR_B 指令的输入，如图 3-61 所示。

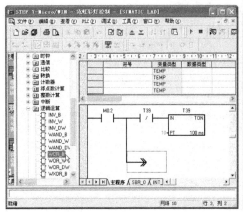 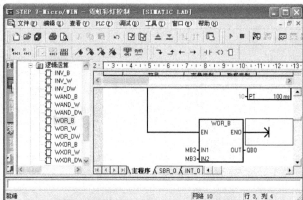

图 3-60 准备输入 WOR_B 指令   图 3-61 完成 WOR_B 指令的输入

③ 字节左移/右移指令的输入。

a. 按前面学过的方法输入控制程序至图 3-62 所示处，并在指令树"移位/循环"下找到 SHL_B 指令。

b. 双击或将其拖入所需输入处，并输入对应参数，完成 SHL_B 指令的输入，如图 3-63 所示。

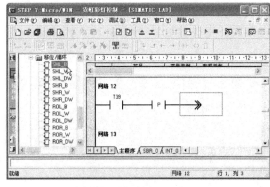 

图 3-62 准备输入 SHL_B 指令   图 3-63 完成 SHL_B 指令的输入

c. 按同样的方法输入 SHR_B 指令，如图 3-64 所示。

④ 寄存器移位指令的输入。

a. 按前面学过的方法输入控制程序至图 3-65 所示处，在指令树"移位/循环"下找到 SHRB 指令。

b. 双击或将其拖入所需输入处，并输入对应参数，完成 SHRB 指令的输入，如图 3-66 所示。

⑤ 按顺序将 S7－200 控制程序输入完毕，如图 3-67 所示。

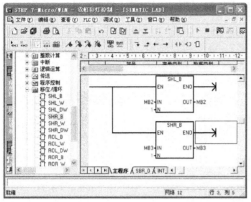

图 3-64 输入 SHR_B 指令

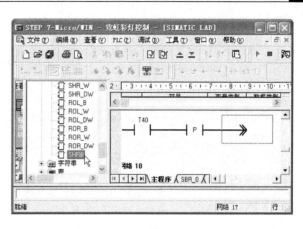

图 3-65 准备输入 SHRB 指令

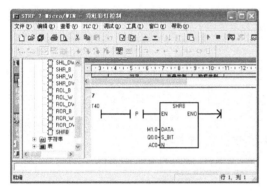

图 3-66 完成 SHRB 指令的输入

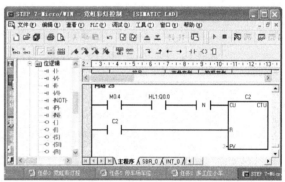

图 3-67 完成 S7-200 控制程序的输入

（2）输入 S7-300 梯形图程序。

① 字左移/右移指令的输入。

a. 按前面学过的方法输入 S7-300 的控制程序至图 3-68 所示处，并在指令树"移位/循环"下找到 SHL_W 指令。

b. 双击或将其拖入所需输入处，并输入对应参数，完成 SHL_W 指令的输入，如图 3-69所示。

图 3-68 准备输入 SHL_W 指令

图 3-69 完成 SHL_W 指令的输入

c. 按同样的方法输入 SHR_W 指令，如图 3-70 所示。

② 字逻辑"或"运算指令的输入。

a. 按前面学过的方法输入 S7-300 的控制程序至图 3-71 所示处，并在指令树"字逻辑"下找到 WOR_W 指令。

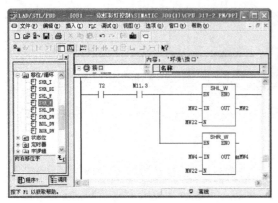

图 3-70 输入 SHL_W 指令

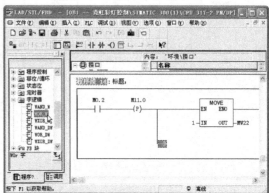

图 3-71 准备输入 WOR_W 指令

b. 双击或将其拖入所需输入处，并输入对应参数，完成 WOR_W 指令的输入，如图 3-72 所示。

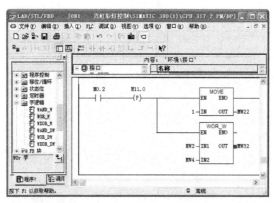

图 3-72 完成 WOR_W 指令的输入

③ 将 S7-300 的控制程序输入完毕。

2）程序的模拟调试

按前面的方法将 S7-200 和 S7-300 的霓虹彩灯控制程序分别下载至对应的模拟器进行仿真调试。

3）系统安装和调试

（1）准备工具和器材，如表 3-49 所示。

（2）按要求自行完成系统的安装接线，并用万用表检查电路，避免发生短路故障。

（3）程序下载。将 S7-200 和 S7-300 的控制程序分别下载至相应的 PLC。

（4）系统调试。

① 在教师现场监护下对不同的控制程序进行通电调试，验证系统功能是否符合控制要求。

② 如果出现故障，学生应独立检修。线路检修完毕和梯形图修改完毕应重新调试，直至系统正常工作。

表 3-49 所需工具、器材清单

序号	分类	名　称	型号规格	数量	单位	备注
1	工具	电工工具		1	套	
2	器材	万用表	MF47 型	1	块	
3		可编程序控制器	S7-200/S7-300	1	只	
4		计算机		1	台	
5		S7-200 编程软件	STEP 7 MicroWIN V4.0 SP6	1	套	
6		S7-300 编程软件	Step_7_V54_Chinese_SP3	1	套	
7		安装铁板	600×900mm	1	块	
8		导轨	C45	0.3	米	
9		空气断路器	Multi9 C65N D20	1	只	
10		熔断器	RT28-32	2	只	
11		指示灯	DC 24V	8	只	
18		控制变压器	JBK3-100　380/220	1	只	
13		按钮	LA4-3H	1	只	
14		端子	D-20	20	只	
16		铜塑线	BV1/1.13mm²	10	米	
17		软线	BVR7/0.75mm²	25	米	
18		紧固件	M4×20 螺杆	若干	只	
19			M4×12 螺杆	若干	只	
20			φ4 平垫圈	若干	只	
21			φ4 弹簧垫圈及 φ4 螺母	若干	只	
22		号码管		若干	米	
23		号码笔		1	支	

3. 考核评分

考核时同样采用两人一组共同协作完成的方式，按表 3-50 所示的评分作为成绩的 60%，并分别对两位学生进行提问作为成绩的 40%。

表 3-50 评分标准

内　容	考核要求	配分	评分标准	扣分	得分	备注
I/O 分配表设计	1. 根据设计功能要求，正确的分配输入和输出点。 2. 能根据课题功能要求，正确分配各种 I/O 量。	10	1. 设计的点数与系统要求功能不符合每处扣 2 分。 2. 功能标注不清楚每处扣 2 分。 3. 少、错、漏标每处扣 2 分。			
程序设计	1. PLC 程序能正确实现系统控制功能。 2. 梯形图程序及程序清单正确完整。	40	1. 梯形图程序未实现某项功能，酌情扣除 5～10 分。 2. 梯形图画法不符合规定，程序清单有误，每处扣 2 分。 3. 梯形图指令运用不合理每处扣 2 分。			
程序输入	1. 指令输入熟练正确。 2. 程序编辑、传输方法正确。	20	1. 指令输入方法不正确，每提醒一次扣 2 分。 2. 程序编辑方法不正确，每提醒一次扣 2 分。 3. 传输方法不正确，每提醒一次扣 2 分。			

续表

内　　容	考核要求	配分	评分标准	扣分	得分	备注
系统安装调试	1. PLC 系统接线完整正确，有必要的保护。 2. PLC 安装接线符合工艺要求。 3. 调试方法合理正确。	30	1. 错、漏线每处扣 2 分。 2. 缺少必要的保护环节每处扣 2 分。 3. 反圈、压皮、松动每处扣 2 分。 4. 错、漏编码每处扣 1 分。 5. 调试方法不正确，酌情扣 2～5 分。			
安全生产	按国家颁发的安全生产法规或企业自定的规定考核。		1. 每违反一项规定从总分中扣除 2 分（总扣分不超过 10 分）。 2. 发生重大事故取消考试资格。			
时间	不能超过 120 分钟		扣分：每超 2 分钟倒扣总分 1 分			

 **巩固提高**

用西门子 PLC 的移位指令编写彩灯控制程序，控制要求如下：

（1）I0.1 有信号时，Q0.0 ～ QQ0.7 正序逐个动作，然后再逆序逐个动作，每个输出点动作时间间隔为 1s，循环 3 次后转入控制要求 2。

（2）Q0.0 ～ Q0.3 正序依次动作，同时 Q0.4 ～ Q0.7 逆序依次动作；全亮 2s 后，Q0.0 ～ Q0.3 逆序逐个熄灭，同时 Q0.4 ～ Q0.7 正序逐个熄灭；以上动作循环 3 次后停止。

（3）程序在执行过程中，若 I0.2 有信号，则程序执行完当前循环后停止，并清除已经循环动作的次数。

项目四

可编程控制器通信基础

随着网络技术的不断发展，工业控制领域的网络化已势在必行，作为工业控制主要控制器之一的可编程控制器的网络通信技术更是逐步趋于完善和成熟，各大品牌的生产制造商都纷纷开发通信协议、完善网络结构。因此，在学习 PLC 控制技术时，如不能掌握一些有关 PLC 网络通信方面的知识，显然是不行的。本项目以西门子 PLC 几种常用的通信协议为主线，介绍几种简单的西门子 PLC 通信网络的构建方法。

任务 1 西门子 PLC 的 PPI 通信

 知识点

◎ 了解 PLC 通信的基础知识；

◎ 了解西门子 PLC PPI 通信协议和基本网络结构；

◎ 掌握西门子 S7–200 PLC 网络读写指令的基本使用方法。

 技能点

◎ 掌握通信电缆和网络接口的连接方法；

◎ 能对 PPI 通信网络进行正确设置，设定和修改数据缓冲区；

◎ 掌握应用网络读写指令编程实现 S7–200 PLC 间的 PPI 通信；

◎ 能够正确连接、调试 S7–200 PLC 间 PPI 通信网络。

 任务引入

在现代自动化生产过程中，一个产品的生产往往要经过多个生产环节，每一个生产环节完成一个生产步骤，而这些生产步骤大多是由生产控制单元完成的，这就要求各生产单元之间能互通信息，实现数据通信。如各单元采用 PLC 控制，利用 PLC 通信网络在各 PLC 间进行数据通信，则可方便地达到目的。本任务我们学习西门子 S7–200 PLC 间的 PPI 通信网络的构建和程序设计方法。

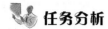 **任务分析**

1. 控制要求

（1）某设备有两台 S7 – 200 PLC 组成一个 PPI 网络，分别控制两台电动机 M1 和 M2，其中第一站的 PLC 为主站，第二站的 PLC 为从站；

（2）要求 M1 启动 5s 后 M2 自动启动，而 M2 一旦停止，M1 经 5s 后也自动停止；

（3）M1、M2 中有一个过载，则 M1、M2 立刻停止。

2. 任务分析

由控制要求可知，该设备由两台 PLC 控制，且主站和从站间需进行信息交流，这就要求必须在两台 PLC 间建立映射区，使自身的工作状态及时反映到对方的相应存储区域，从而做出反应，以达到控制要求。而在 S7 – 200 PLC 间采用 PPI 网络进行通信是十分方便有效的，因为在 PPI 网络中主、从站之间映射区的建立除了可以在 PLC 程序中编程实现外，还可以在编程软件中通过硬件配置的方法自动生成子程序实现。

 知识链接

1. 基础知识

PPI（Point to Point Interface，点对点接口）协议是 S7 – 200 CPU 最基本的通信方式，在不需要任何通信模块的情况下通过 S7 – 200 PLC 自带的端口（PORT0 或 PORT1）就可以实现通信，同时 PPI 通信也是 S7 – 200 CPU 和计算机编程软件（STEP 7 – Mico/MIN）的默认通信方式。

PPI 是一种主从协议，主站设备向从站设备发出请求，从站设备做出响应。从站设备不主动发出请求，只是等待主站设备向其发出请求并做出响应。主站通过一个 PPI 协议管理的共享连接与从站通信。PPI 支持在一个网络中定义多个主站，同时不限制与任意一个从站通信的主站数量，但在一个网络中，主站的个数不能超过 32 个。

选择高级 PPI 协议允许网络设备在设备之间建立逻辑连接，但对于高级 PPI 协议每个设备的连接数目有限。建立 PPI 连接可直接通过 PORT0 或 PORT1 端口，也可通过通信模块 EM277，但通过 EM277 连接时，必须启用高级 PPI 协议。在这两种连接方式下，高级 PPI 协议每个设备的连接数目是不同的，高级 PPI 协议单台设备提供的连接数如表 4-1 所示。

表 4-1　高级 PPI 协议单台设备提供的连接数

模　　块	波　特　率	连　接　数	协　　议
PORT0/PORT1	9.6～187.5Kbps	4	高级 PPI
EM277	9.6Kbps～12Mbps	6（每个模块）	高级 PPI

如果在用户程序中启用 PPI 主站模式，S7 – 200 CPU 在运行模式下可作为主站。启用主站模式后，即可使用网络读取或网络写入指令对另一个 S7 – 200 CPU 进行读写操作，同时也可以作为从站响应其他主站的请求，以实现与网络中所有 S7 – 200 CPU 间的 PPI 通信。

2. 相关 PLC 指令

1）网络读写指令

网络读取（NETR）指令初始化一个通信操作，通过指定的端口（PORT）从远程设备上采集数据到本地表格（TBL）；网络读取（NETW）指令初始化一个通信操作，通过指定的端口（PORT）根据表格（TBL）定义把本地表格（TBL）的数据写入远程设备。

网络读写指令最多可以从远程站点读取或向其写入 16 字节的信息，在程序中可以使用任意条网络读写指令，但在同一时间最多只能有 8 条网络读写指令被激活。如同一个 S7 – 200 CPU 中在同一时间最多可以是 4 条网络读取和 4 条网络写入指令被激活，也可以是 2 条网络读取和 6 条网络写入指令被激活，但总数不能超过 8 条。网络读写指令格式如表 4-2 所示。

表 4-2 网络读写指令格式

指令名称	指令格式		操作数（字节）	作 用
	LAD	STL		
网络读取	NETR EN ENO ????–TBL ????–PORT	NETR TBL,PORT	TBL：VB,MB,＊VD,＊LD,＊AC PORT：常数 0 或 1	从远程设备读取数据到本地表格（TBL）
网络写入	NETW EN ENO ????–TBL ????–PORT	NETW TBL,PORT	TBL：VB,MB,＊VD,＊LD,＊AC PORT：常数 0 或 1	把本地表格（TBL）的数据写入远程设备

表 4-2 中参数 PORT 是数据读写的通信端口号，对于 S7 – 200 CPU 221/222/224 由于自带端口只有 PORT0，所以使用网络读写指令时 PORT 参数只能取 0；而对于 S7 – 200 CPU 224XP/226/226XM 由于自带端口除了 PORT0 还有 PORT1，所以 PORT 参数可以取 0 或 1。TBL 参数指定了网络读写的通信报文。网络读写指令报文格式如表 4-3 所示。

表 4-3 网络读写指令报文格式

字节	bit7	bit6	bit5	bit4	bit3～bit0
0	D	A	E	0	错误代码
1	远程地址：被访问的 PLC 地址				
2	远程站的数据区指针（IB、QB、MB 或 VB）Byte 3				
3	远程站的数据区指针（IB、QB、MB 或 VB）Byte 2				
4	远程站的数据区指针（IB、QB、MB 或 VB）Byte 1				
5	远程站的数据区指针（IB、QB、MB 或 VB）Byte 0				
6	数据长度：远程站上被访问数据的字节数				
7	接收和发送的数据缓冲区：Byte 0				
8	接收和发送的数据缓冲区：Byte 1				
……	……				
22	接收和发送的数据缓冲区：Byte 15				

注：D：操作完成标识位（0 = 未完成，1 = 完成）　　A：操作有效标识位（0 = 无效，0 = 有效）
　　E：错误标识位（0 = 无错误，1 = 错误）

表 4-3 TBL 表格中 Byte 1 存放被访问的远程站的地址；Byte 2 ～ Byte 5 存放被访问远程站的数据区指针，共四个字节（双字），最低字节为 Byte 5，最高字节为 Byte 2；Byte 6 存放远程站上被访问的数据长度；Byte 7 ～ Byte 22 共 16 字节为接收和发送的数据缓冲区，当进行数据接收时，执行 NETR 指令后，从远程站接收的数据存放在该数据区域；当发送数据时，执行 NETW 指令前，要发送到远程站的数据则先存放在该数据区域。Byte 0 高 3 位（bit 5～ bit 7）为标识位，用于标识一些操作信息；bit 4 始终为 0；bit 0 ～ bit 3 用于存放错误信息代码。错误代码的定义如表 4-4 所示。

表 4-4　错误代码定义

字节	定　义
0	无错误
1	时间溢出错误，远程站点不响应
2	接收错误：奇偶校验错误，响应时帧或校验和出错
3	离线错误：相同的站地址或无效的硬件引发冲突
4	队列溢出错误：激活了超过 8 条 NETR/NETW 指令
5	违反通信协议：没有在 SM30/SM130 中允许 PPI，就试图执行 NETR/NETW 指令
6	非法参数：NETR/NETW 表中包含非法或无效的值
7	没有资源：远程站点正在忙中（上装或下装程序正在处理中）
8	第 7 层错误：违反应用协议
9	信息错误：错误的地址或不正确的数据长度
A～F	未用（为将来的使用保留）

2）端口通信控制

由于 PPI 是通过 S7-200 PLC 自带的端口通信的，因此在 PPI 通信时还需对端口通信方式进行定义，这可在端口控制特殊辅助寄存器 SMB30（对应端口 PORT0）和 SMB130（对应端口 PORT1）中进行。在 SM30 或 SM130 中写入相应的数据即可选择端口通信协议和设置端口通信的操作方式。端口通信控制字节各控制位的定义如表 4-5 所示。

表 4-5　端口通信控制字节各控制位的定义

通信端口		定　义
PORT0	PORT1	
SMB30	SMB130	端口通信控制字节： MSB　　　　　　LSB 7　　　　　　　0 p p d b b b m m
SM30.1～SM30.0	SM130.1～SM130.0	mm：协议选择 00：PPI 协议从站模式（默认值） 01：自由口协议 10：PPI 协议主站模式 11：保留
SM30.4～SM30.2	SM130.4～SM130.2	b b b：自由口波特率 000：38.4Kbps　　　100：2.4Kbps 001：19.2Kbps　　　101：1.2Kbps 010：9.6Kbps　　　110：115.2Kbps 011：4.8Kbps　　　111：57.6Kbps
SM30.5	SM130.5	d：每个字符的数据位数 0：8 位/字符 1：7 位/字符
SM30.7～SM30.6	SM130.7～SM130.6	p p：校验选择 0 0：无校验　　　1 0：无校验 0 1：偶校验　　　1 1：奇校验

表 4-5 中 SMB30 或 SMB130 的最低二位（bit 0 和 bit 1）用于协议选择，其默认值为 00，即 PPI 协议从站模式，当选择 PPI 协议主站模式（最低二位为 10）时，该 PLC 成为 PPI 网络的一个主站，可以执行 NETR 和 METW 指令，而 PPI 从站模式下的 PLC 是无权执行 NETR 和 METW 指令的。选择 PPI 协议（SMB30 或 SMB130 的最低二位为 00 或 10）后，控制字节的 bit 2 ～ bit 7 不起作用可忽略，因此在选择 PPI 主站模式时，只需在程序中用数据传

送指令将 2 传送到 SMB30 或 SMB130 即可。

3. PPI 网络连接

1）端口引脚分配

S7 - 200 CPU 上的通信端口（PORT0 和 PORT1）是符合欧洲标准 EN 50170 中的 PROFI-BUS 标准且与 RS - 485 兼容的 9 针 D 型连接器，通信端口的引脚分配如表 4-6 所示。

表 4-6　S7 - 200 通信端口引脚分配

引脚排列顺序	引脚编号	PROFIBUS	PORT0/PORT1
	1	屏蔽	机壳接地
	2	24V 返回	逻辑地
	3	RS - 485 信号 B	RS - 485 信号 B
	4	发出申请	RTS（TTL）
	5	5V 返回	逻辑地
	6	+5V	+ V，100Ω 串联电阻
	7	+24V	+24V
	8	RS - 485 信号 A	RS - 485 信号 A
	9	不用	10 位协议选择（输入）
	连接器外壳	屏蔽	机壳接地

2）网络连接器

西门子公司的网络连接器共有两种：标准连接器和带编程接口的连接器，后者是为了在不影响网络连接的情况下，再连接一个编程站或 HMI（人机接口）设备到网络。带编程接口的连接器将 S7 - 200 所有的信号（包括电源）传到编程接口，因此对于连接那些从 S7 - 200 上取得电源的设备（如 TD200，文本显示器）尤为方便。连接电缆和带编程接口的连接器如图 4-1 所示。

3）网络连接

进行网络连接时，首先应将电缆与连接器连接，绿色、红色导线分别对应与接线端 A 端和 B 端相连，处于首末端的连接器绿、红导线分别接入 A1、B1 端，并将终端和偏置接入，即将连接器上的开关打在 on 位置，如图 4-2 所示。

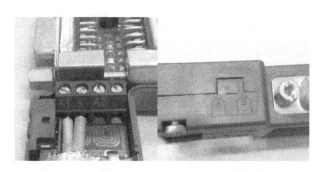

图 4-1　连接电缆和带编程接口的连接器　　图 4-2　首末端连接器电缆导线的连接与开关位置

当多个连接器连接时，处于首末端之间的网络连接器由端口 A2、B2 接入下一连接器 A1、B1 端，以此类推直至末端；同时将终端和偏置断开，即将连接器上开关打在 off 位置，如图 4-3 所示。

连接器开关处于 on 和 off 位置时，终端和偏置的连接情况如图 4-4 所示。

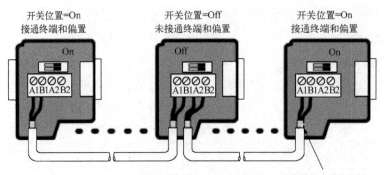

图 4-3　多个连接器的连接

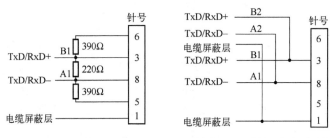

开关位置=On：接通终端和偏置　　　　开关位置=Off：未接通终端和偏置

图 4-4　不同开关位置对应的终端和偏置的连接情况

4. 程序设计

由前可知，在设计 PLC 控制程序时先要对输入/输出进行分配，涉及 PLC 间的数据通信时，还需对各站通信的数据缓冲区进行分配。本例控制简单，数据通信位数较少，数据缓冲区分配较为简单。

1）输入/输出分配

PLC1（主站）输入/输出分配如表 4-7 所示，PLC2（从站）输入/输出分配如表 4-8 所示。

表 4-7　PLC1（主站）输入/输出分配表

输　入			输　出		
元 件 代 号	作　用	输入继电器	输出继电器	元 件 代 号	作　用
SB1	M1 启动	I0.0	Q0.0	KM1	M1 运行控制
KH1	过载保护	I0.1			

表 4-8　PLC2（从站）输入/输出分配表

输　入			输　出		
元 件 代 号	作　用	输入继电器	输出继电器	元 件 代 号	作　用
SB2	M2 停止	I0.0	Q0.0	KM2	M2 运行控制
KH2	过载保护	I0.1			

2）PLC 接线图

本任务的 PLC 接线图如图 4-5 所示。

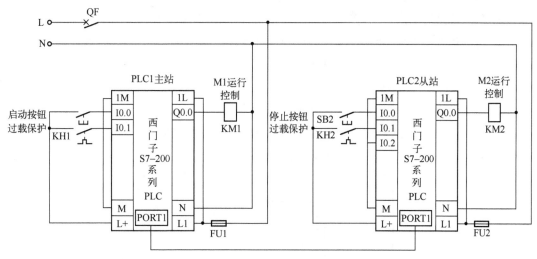

图 4-5　PLC 接线图

图 4-5 中两台 PLC 通过通信口 PORT1 相连，由于仅有两台 PLC，所以连接器开关的位置应放在 on 位置，以保证终端和偏置接入。

3）数据缓冲区的分配

PPI 通信的数据缓冲区的分配方法有两种，可在程序中运用 NETR/NETW 指令直接进行分配，也可通过"指令向导"进行，后者相对简单方便。

（1）在程序中设定。

由网络读写指令可知主站发送和接收的数据缓冲区的首地址分别通过 NETW 和 NETR 指令的 TBL 参数设定。如图 4-6 所示，图中主站发送（写出）数据缓冲区的首地址为 VB100，主站接收（读取）数据缓冲区的首地址为 VB200，通信端口为 PORT1。

由表 4-3 所示网络读写指令报文格式可知，在设定完主站数据缓冲区后，从主站数据缓冲区首地址开始的前数个字节用于存储从站的相关信息。如将主站的发送和接收的首地址分别设定为 VB100 和 VB200 后，VB101 用于存储主站发送数据的目的从站的站号，从站接收数据的数据缓冲区的地址可通过将其存入 VD102 的方法设定，主站发送数据的

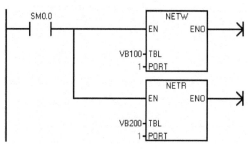

图 4-6　主站数据缓冲区首地址设定

字节数则应存入 VB106；同样，向主站发送数据的从站站号存于 VB201，从站发送数据的数据缓冲区的地址存于 VD202，主站接收数据的字节数存于 VB206。具体可通过编写一个初始化子程序，并在 PLC 运行时在主程序中调用的方法实现。

初始化子程序如图 4-7 所示，图中首先将 SMB130 设定为 2，选择通信方式为 PPI 通信，并将通信口设置为 PORT1；然后依次分别清除网络读写的状态字、装入与主站通信的远程从站地址、设定从站发送和接收的数据缓冲区的地址及主、从站通信的数据长度。由图 4-7 可以看出从站发送和接收的数据缓冲区的首地址分别为 VB400 和 VB300。由于本任务控制较为简单，因此将数据通信的长度设定为 1 字节，而主站数据缓冲区的前几个字节主要用于清除网络读写的状态字和存储通信的相关信息，因此，主、从站之间的数据通信实际上为主

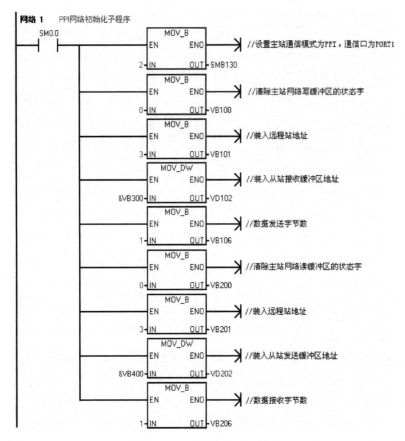

图 4-7 PPI 网络初始化子程序

站数据寄存器 VB107、VB207 和从站数据寄存器 VB300、VB400 间的数据通信。主、从站发送和接收数据缓冲区地址如表 4-9 所示。

表 4-9 主、从站发送和接收数据缓冲区地址表

主 站 发 送		从站接收	从站发送	主 站 接 收	
VB100	主站发送缓冲区状态字			VB200	主站接收缓冲区状态字
VB101	主站发送目的从站站号（3）			VB201	主站接收数据的从站站号（3）
VD102	从站发送缓冲区地址 &VB400	—	—	VD202	从站接收缓冲区地址 &VB200
VB106	主站发送数据字节数（1）			VB206	主站发送数据字节数（1）
VB107	主站发送数据缓冲区	VB300	VB400	VB207	主站发送数据缓冲区

（2）由指令向导分配。

① 单击 STEP 7 - Micro/WIN 软件主菜单"工具"→"指令向导"，如图 4-8 所示。

② 选择向导支持的指令操作为 NETR/NETW，单击"下一步"按钮，如图 4-9 所示。

③ 将网络读/写操作设置为"2"项，在此是指本地站向远程站 3 的数据发送和接收两项操作，若在 PPI 网络中还有其他远程站，并需进行读/写操作，则该项应设置为本地站与所有远程站读/写操作的和，但最多不能超过 24 项。设置后单击"下一步"按钮，如图 4-10 所示。

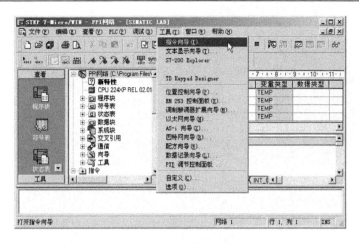

图 4-8　打开指令向导

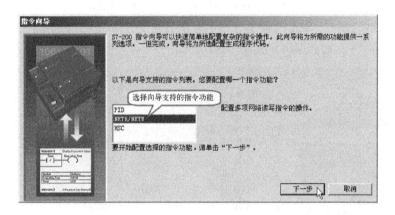

图 4-9　选择指令功能

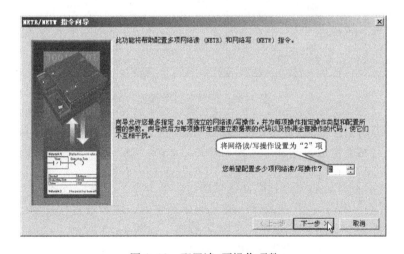

图 4-10　配置读/写操作项数

④ 选择 PLC 通信端口为 PORT1，并将向导自动生成的可执行子程序命名为"NET_
EXE"（默认）。单击"下一步"按钮，如图 4-11 所示。

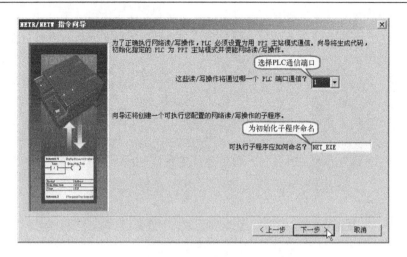

图 4-11　选择 PLC 通信口并命名子程序

⑤ 配置 NETW 操作。写入远程 3 号站的数据长度为 1 字节，本地站发送数据缓冲区为 VB107，远程 3 号站的接收数据缓冲区为 VB300。单击"下一项操作"按钮，如图 4-12 所示。

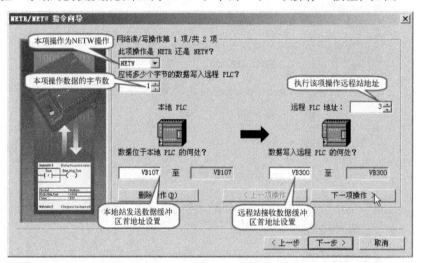

图 4-12　配置 NETW 操作

⑥ 配置 NETR 操作。接收远程 3 号站的数据长度为 1 字节，本地站接收数据缓冲区为 VB207，远程 3 号站的发送数据缓冲区为 VB400。单击"下一步"按钮，如图 4-13 所示。

⑦ 配置分配存储区，通常选择默认区域即可。单击"下一步"按钮，如图 4-14 所示。

⑧ 到此可执行子程序"NET_EXE"的代码已经生成，用户通过调用该子程序即可完成通信所需的数据缓冲区的分配。单击"完成"按钮，如图 4-15 所示。

⑨ 单击完成对话框中的"是"按钮，如图 4-16 所示。

⑩ 回到主程序中，单击下方的"NET_EXE（SBR1）标签"，打开该加锁的子程序，用户无法看到代码，但有该子程序的说明，其中详细列出了通信的数据缓冲区、数据长度和通信远程 PLC 地址等信息，如图 4-17 所示。

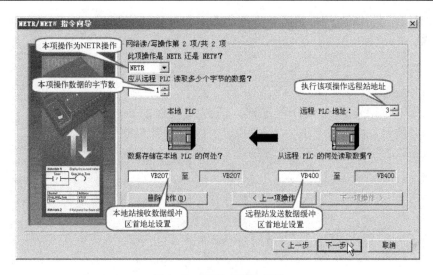

图 4-13　配置 NETR 操作

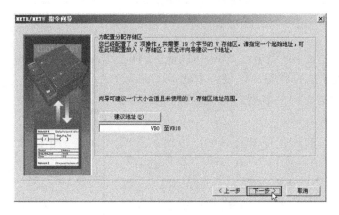

图 4-14　配置分配存储区

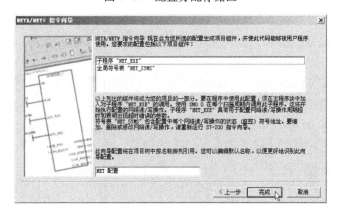

图 4-15　生成子程序代码

　　使用指令向导生成可执行子程序后，只需在主站主程序中调用该子程序即可完成 PPI 网络通信本地站和远程站的数据缓冲区的分配，无须再在主站主程序中使用 NETR/NETW 指令，也省去了网络初始化子程序的编写。由此可见，采用指令向导生成子程序进行 PPI 通信要比采用网络读写指令进行通信简单方便得多，且能使程序更加通俗易懂。

图 4-16　完成向导配置

4）程序设计

（1）运用网络读/写（NETR/NETW）指令设计。

运用 NETR/NETW 指令设计程序时，应先编写如前所述图 4-7 所示的网络初始化子程序，并在主站主程序中用 SM0.1

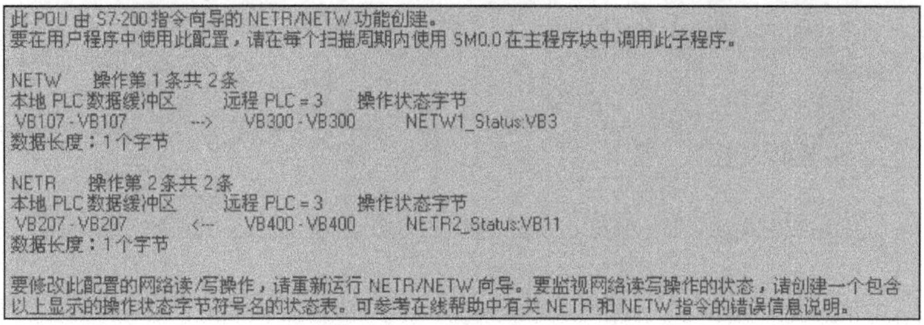

> 此 POU 由 S7-200 指令向导的 NETR/NETW 功能创建。
> 要在用户程序中使用此配置，请在每个扫描周期内使用 SM0.0 在主程序块中调用此子程序。
>
> NETW　操作第 1 条共 2 条
> 本地 PLC 数据缓冲区　　远程 PLC = 3　　操作状态字节
> VB107-VB107　　-->　　VB300-VB300　　NETW1_Status:VB3
> 数据长度：1 个字节
>
> NETR　操作第 2 条共 2 条
> 本地 PLC 数据缓冲区　　远程 PLC = 3　　操作状态字节
> VB207-VB207　　<--　　VB400-VB400　　NETR2_Status:VB11
> 数据长度：1 个字节
>
> 要修改此配置的网络读/写操作，请重新运行 NETR/NETW 向导。要监视网络读写操作的状态，请创建一个包含以上显示的操作状态字节符号名的状态表。可参考在线帮助中有关 NETR 和 NETW 指令的错误信息说明。

图 4-17　子程序说明

常开调用；同时，用常 ON 继电器 SM0.0 保证 NETR/NETW 指令始终处于执行状态，以保持本地 PLC 和远程 PLC 之间数据缓冲区内的数据的交换，顺利实现两 PLC 之间的 PPI 通信。

本地主站 PLC1 的主程序如图 4-18 所示，图中 Q0.0（控制电动机 M1 启动）为 ON 5s 后，启动电动机 M2 的信号经 V107.0 发送至远程 PLC 的 V300.0，以控制与远程 PLC 相连的电动机 M2 启动；由于任务要求 M1 过载时 M2 也应立即停止，所以 M1 过载信号也经 V107.1 发送至远程站的 V300.1，而 V107.2 是将停止 M1 的信号传给远程 PLC，以使它的定时器恢复初始状态。

由于在此远程 PLC2 为从站，因此在其控制程序中无须进行 PPI 网络初始化和分配数据缓冲区，因此控制程序相对较为简单。如图 4-19 所示，图中 V300.0 用于接收来自主站 V107.0 的启动 M2 的信号，V300.1 用于接收来自主站 V107.1 的 M1 的过载信号；而 V400.0 用于将信号发送给主站的 V207.0 以使主站的定时器恢复初始状态，而 V400.1 和 V400.2 则将停止 M1 和 M2 过载的信号分别传送给主站的 V207.1 和 V207.2，以实现从站对主站的控制。

（2）运用指令向导设计。

运用指令向导进行程序设计时，应按前所述方法用

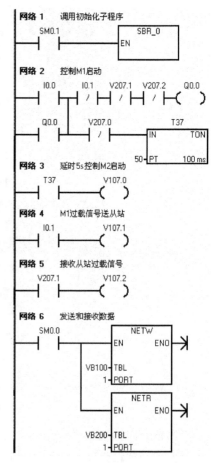

图 4-18　本地主站 PLC1 的主程序

指令向导在主站生成 PPI 网络可执行子程序，并在主站主程序中用 SM0.0 调用，这样就可完成网络初始化和通信数据缓冲区的分配，NETR/NETW 指令无须再在主站程序中出现，其他部分与图 4-18 所示程序相同；而此时从站的程序则完全与图 4-19 所示相同。本任务运用指令向导设计的主站参考程序如图 4-20 所示。

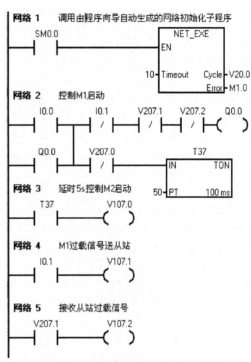

图 4-19　从站控制主程序　　　　　图 4-20　运用指令向导设计的主站参考程序

图 4-20 中 NET_EXE 子程序块中共有三个参数需用户自行设置，其中"Timeout"为通信超时时间，WORD 类型，设定范围为 1～32767，单位为秒，设定为 0 时则不设置通信超时间；"Cycle"为 BOOL 类型，子程序中所有网络读/写操作每完成一次则改变一次状态；"Error"同样为 BOOL 类型，当网络通信正常时为 0，出错时则为 1，由此可标示网络通信是否正常。

 **技能训练**

1. 训练目标

（1）能够正确编制、输入 PLC 的 PPI 通信程序；

（2）能够独立完成 PLC 控制线路的安装和 PPI 网络的连接；

（3）按规定进行通电调试，出现故障能根据设计要求独立检修，直至系统正常工作。

2. 训练内容

1）程序的输入

（1）NETR/NETW 指令输入。

按前面学过的方法在主站主程序中将如图 4-18 所示程序输入至网络 5 结束，并在网络 6 中输入 SM0.0 常开触点。

① 在指令树中单击"通信"前的"＋"，找到 NETW 指令，并将光标停在如图 4-21 所示处。

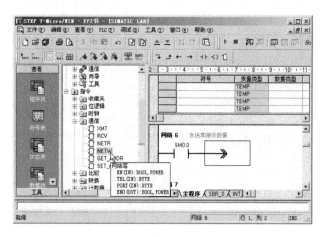

图 4-21 准备输入 NETW 指令

② 双击 NETW 指令或将其拖至 SM0.0 常开后，并输入相关参数，如图 4-22 所示。

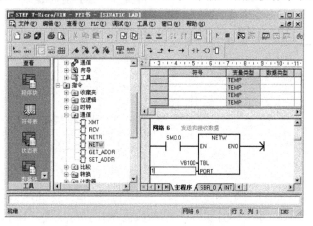

图 4-22 输入 NETW 指令和相关参数

③ 按前面学过的方法输入分支，找到 NETR 指令，并将光标停在如图 4-23 所示处。

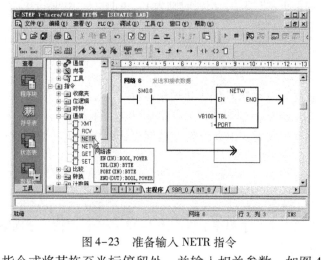

图 4-23 准备输入 NETR 指令

④ 双击 NETR 指令或将其拖至光标停留处，并输入相关参数，如图 4-24 所示。

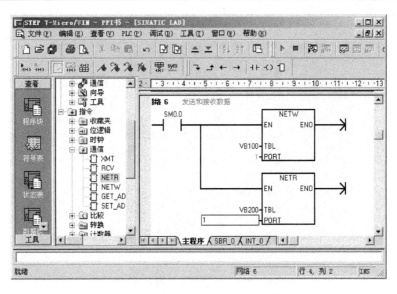

图 4-24 输入 NETR 指令和相关参数

（2）输入 NET_EXE 的调用程序。

① 在指令树中单击"调用子程序"前的"+"，找到 NET_EXE（SBR1）子程序，并将光标停在如图 4-25 所示处。

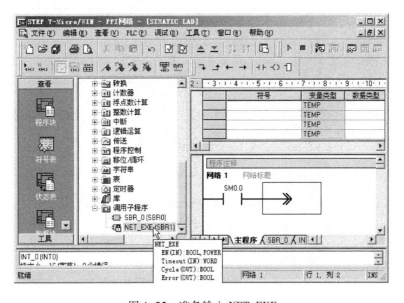

图 4-25 准备输入 NET_EXE

② 双击 NET_EXE（SBR1）或将其拖至 SM0.0 常开后，并输入相关参数，如图 4-26 所示。

分别将主站程序和从站程序按前所学方法继续输入完成，当输入用网络读写指令编程的主站主程序时，还应在 SBR0 中输入网络初始化子程序。

2）系统安装和调试

（1）准备工具和器材，如表 4-10 所示。

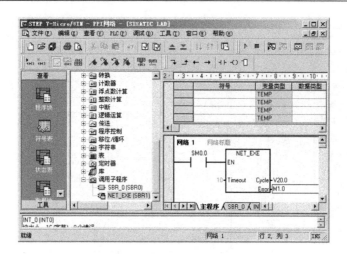

图 4-26　输入 NET_EXE

表 4-10　所需工具、器材清单

序　号	分　类	名　称	型号规格	数　量	单　位	备　注
1	工具	电工工具		1	套	
2		万用表	MF47 型	1	块	
3		可编程序控制器	S7 - 200 CPU 224XP	1 × 2	台	
4		计算机	装有 STEP 7 V4.0	1	台	
6		安装铁板	600 × 900mm	1 × 2	块	
7		导轨	C45	0.6	米	
8		空气断路器	Multi9 C65N D20	1 × 2	只	
9		熔断器	RT28 - 32	5 × 2	只	
10	器材	接触器	NC3 - 09/AC220	1 × 2	只	
12		热继电器	NR4—63（1 - 1.6A）	1 × 2	只	
14		三相异步电动机	JW6324-380V 250W 0.85A	1 × 2	只	
15		控制变压器	JBK3 - 100　380/220	1 × 2	只	
16		按钮	LA4-3H	1 × 2	只	
17		端子	D - 20	40	只	
18		网络电缆	带有两个总线适配器的 PROFIBUS 电缆（3 米左右）	1	根	
19		铜塑线	BV1/1.37mm^2	20	米	主电路
20		软线	BVR7/0.75mm^2	20	米	
21			M4 × 20 螺杆	若干	只	
22	消耗材料	紧固件	M4 × 12 螺杆	若干	只	
23			ϕ4 平垫圈	若干	只	
24			ϕ4 弹簧垫圈及 ϕ4 螺母	若干	只	
25		号码管	若干	米		
26		号码笔		1	支	

（2）系统安装。

系统安装时两人一组，对两台 PLC 的接线进行分工，自行进行元件布置，按要求各自独立完成一台 PLC 的接线。正确连接 PPI 网络，并将两个连接器的开关均打到 on 位置。

（3）程序下载。

① 分两次将两个不同的主程序下载到主站 PLC；

② 将从站子程序下载到从站 PLC。

（4）系统调试。

① 在教师现场监护下对两种程序进行通电调试，验证系统功能是否符合控制要求，并在监控状态下观察两种程序的执行过程有何异同。

② 如果出现故障，学生应独立检修。线路检修完毕和梯形图修改完毕应重新调试，直至系统正常工作。

3. 考核评分

考核时同样采用两人一组共同协作完成的方式，按表 4-11 所示评分标准作为成绩的60%，并分别对两位学生进行提问作为成绩的 40%。

表 4-11　评分标准

内　容	考核要求	配　分	评分标准	扣分	得分	备注
I/O 分配表设计	1. 根据设计功能要求，正确的分配输入和输出点。 2. 能根据课题功能要求，正确分配各种 I/O 量。	10	1. 设计的点数与系统要求功能不符合每处扣 2 分。 2. 功能标注不清楚每处扣 2 分。 3. 少、错、漏标每处扣 2 分。			
程序设计	1. PLC 程序能正确实现系统控制功能。 2. 梯形图程序及程序清单正确完整。	40	1. 梯形图程序未实现某项功能，酌情扣除 5～10 分。 2. 梯形图画法不符合规定，程序清单有误，每处扣 2 分。 3. 梯形图指令运用不合理每处扣 2 分。			
程序输入	1. 指令输入熟练正确。 2. 程序编辑、传输方法正确。	20	1. 指令输入方法不正确，每提醒一次扣 2 分。 2. 程序编辑方法不正确，每提醒一次扣 2 分。 3. 传输方法不正确，每提醒一次扣 2 分。			
系统安装调试	1. PLC 系统接线完整正确，有必要的保护。 2. PLC 安装接线符合工艺要求。 3. 调试方法合理正确。	30	1. 错、漏线每处扣 2 分。 2. 缺少必要的保护环节每处扣 2 分。 3. 反圈、压皮、松动每处扣 2 分。 4. 错、漏编码每处扣 1 分。 5. 调试方法不正确，酌情扣 2～5 分。			
安全生产	按国家颁发的安全生产法规或企业自定的规定考核。		1. 每违反一项规定从总分中扣除 2 分（总扣分不超过 10 分）。 2. 发生重大事故取消考试资格。			
时间	不能超过 120 分钟		扣分：每超 2 分钟倒扣总分 1 分			

 **巩固提高**

若将本任务扩展为三台 PLC 分别控制三台电动机 M1 ～ M3，控制要求和本任务相同，即启动时 M1 启动 5s→M2 启动 5s→M3 启动；停止时 M3 停止 5s→M2 停止 5s→M1 停止；M1 ～ M3 有一过载，所有电动机均立刻停止。应如何连接 PPI 网络并用两种方法进行程序设计。

任务 2　西门子 PLC 的 MPI 通信

知识点

○ 了解 MPI 通信的基础知识；

○ 掌握西门子 S7 - 300 PLC 数据发送（SFC68）/数据接收（SFC67）指令的使用方法；

○ 掌握西门子 S7 - 300 PLC 之间 MPI 全局数据通信方法。

技能点

○ 掌握 MPI 通信的网络连接方法；

○ 能独立应用 SFC67 和 SFC68 编写、调试程序实现 S7 - 300 和 S7 - 200 间的 MPI 通信；

○ 掌握 S7 - 300 MPI 硬件组态和全局数据的定义方法，并能独立编写、调试程序实现 S7 - 300 间的 MPI 全局数据通信。

任务引入

PPI 通信尽管简单方便，但仅适用与 S7 - 200 PLC 间的通信，不能实现 S7 - 200 PLC 和 S7 - 300 PLC 及 S7 - 300 PLC 之间的网络通信；自由口通信尽管能实现任何带通信口的设备之间的通信，但它编程比较繁琐。为弥补上述两种通信方式的不足，西门子公司特意开发了一种适用于小范围、通信数据量不大的场合的保密通信协议，即 MPI 协议。本任务我们学习西门子 S7 - 200 和 S7 - 300 PLC 及 S7 - 300 PLC 之间的 MPI 通信网络的构建和程序设计方法。

任务分析

1. 控制要求

（1）某设备有三台 PLC 连接成 MPI 网络，PLC1（CPU315 - 2PN/DP）能分别控制与 PLC2（CPU315 - 2PN/DP）相连的电动机 M1 和与 PLC3（CPU224XP）相连的 M2 的启动和停止。

（2）PLC1 能监视电动机 M1 和 M2 的工作状态。

2. 任务分析

由控制要求可知，该设备三台 PLC 连接成 MPI 通信网路，PLC1 的控制信号应通过 MPI 网发送至 PLC2 和 PLC3，同时，由于 PLC1 要监视 M1、M2 是处于运行还是停止状态，因此 PLC2 和 PLC3 应将这一信息发送给 PLC1，PLC1 可设置两个指示灯分别显示两台电动机的状态。在构建网络时，为方便起见，可以将 PLC1 设为主站，PLC2、PLC3 设为从站，PLC1（S7 - 300 PLC）调用系统功能 SFC67（接收数据）和 SFC68（发送数据）直接与 PLC2（S7 - 200 PLC）进行数据交换；两台 S7 - 300 PLC（PLC1、PLC3）则采用全局数据通信的方式实现相互之间的数据交换。

知识链接

1. 基础知识

MPI 是多点接口（Multi Point Interface）的简称，是 PPI 的扩展。它是西门子公司开发的用于 S7/M7/C7 系列 PLC、操作面板 TP/OP 及上位机 MPI/PROFIBUS 通信卡等多种设备之间进行数据通信的内部协议，对外不公开。

MPI 接口是 RS – 485 物理接口，S7 – 200/300/400 PLC 自带的通信接口不仅是编程接口，同时也是 MPI 接口；MPI 通信的传输速率为 19.2Kbps 或 187.5Kbps 或 1.5Mbps，通常默认设置为 187.5Kbps；两个相邻节点之间的最大连接距离为 50m，可以用中继器进行扩展，扩展后一个总线段的最大连接距离可延长至 1000m，采用光纤和星形偶合时最大连接距离可达 23.8km。

MPI 既支持主 – 主通信，也允许主 – 从通信，网络中 S7 – 300/400 PLC 可作为主站，而 S7 – 200 PLC 在 MPI 网络中作为从站，S7 – 200 PLC 之间不能直接进行 MPI 通信。MPI 通信主要有基本通信、全局数据通信和扩展通信三种通信方式。

1）基本通信

基本通信通过 MPI 子网或站中的 K 总线来传送数据，适用于所有 S7 – 300/400 CPU 之间的通信。用户可以调用系统功能 SFC 来实现通信，使通信连接被动态地建立和断开，用户通信最大数据量为 76B。

2）全局数据通信

全局数据通信不需要编程，而是利用全局数据表来配置数据缓冲区，PLC 通过 MPI 接口在网络中各 CPU 间循环地交换数据。对于 S7 – 400 PLC，数据交换可以用系统功能 SFC 启动。全局数据可以是输入/输出、标志位、定时器、计数器及数据块区。

3）扩展通信

扩展通信是一种支持有应答的通信，用户可通过调用系统功能块 SFB 来实现，它可通过任何子网（MPI，Profibus，Industrial Ethernet）传送最多 64KB 的数据信息，适用于所有的 S7 – 400 PLC，也可以通过调用系统功能 SFC 对 S7 – 300 PLC 进行读入和写出操作。扩展通信需要配置连接表，并在一个站全启动时建立和保持连接。

2. 相关 PLC 指令

西门子 S7 系列 PLC 之间支持无组态的通信方式，此时，无须在 STEP 7 软件中进行组态，而是通过编写通信程序来实现相互间的通信。S7 – 300 PLC 可直接调用 SFC67 "X_GET" 和 SFC68 "X_PUT" 来对 S7 – 200 PLC 进行数据的读写。

S7 – 300 PLC 的 SFC67（数据接收）和 SFC68（数据发送）指令格式如表 4–12 所示。

表 4–12　S7 – 300 PLC 的 SFC67（数据接收）和 SFC68（数据发送）指令格式

指令名称	指令格式 LAD	操 作 数	作　用
数据接收 SFC67		REQ：接收请求，BOOL 类型； CONT：继续接收请求，BOOL 类型； DEST_ID：目标站地址，WORD 类型； VAR_ADDR：目标站发送数据区，ANY 类型； SD：本站接收数据区，ANY 类型； RET_VAL：返回值。出错时，返回相应的错误代码；否则，返回接收数据块的长度，为一以字节为单位的正数。INT 类型； BUSY：标志位。接收完成为 0，否则为 1。	从本地 S7 站以外的通信伙伴中读取数据（通信伙伴上没有相应的 SFC）。

续表

指令名称	指令格式		操 作 数	作 用
	LAD			
数据发送 SFC68	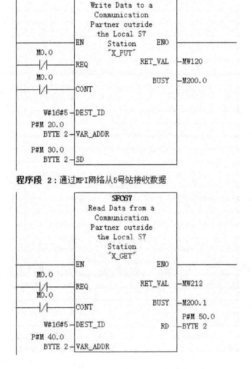		REQ：发送请求，BOOL 类型； CONT：继续发送请求，BOOL 类型； DEST_ID：目标站地址，WORD 类型； VAR_ADDR：目标站接收数据区，ANY 类型； SD：本站发送数据区，ANY 类型； RET_VAL：返回值。出错时，返回相应的错误代码；否则，返回发送数据块的长度，为一以字节为单位的正数。INT 类型； BUSY：标志位。发送完成为 0，否则为 1。	将数据写入不在同一个本地 S7 站中的通信伙伴（通信伙伴上没有相应 SFC）。

表中 REQ 是电平触发式控制参数，为 1 时触发通信操作；CONT 是继续通信操作控制参数，决定通信操作结束后是否继续保持与通信伙伴的连接。CONT 为 0 时，在数据传送结束后终止与通信伙伴的连接；CONT 为 1 时，则在数据传送结束后继续保持与通信伙伴的连接，此时，可在两个站之间进行连续的周期性数据交换。指令的用法如图 4-27 所示。

图 4-27　SFC67 和 SFC68 的应用

图 4-27 中，SFC67 和 SFC68 的使能端 EN 和左母线直接相连，当 M0.0 =0 时，REQ 和 CONT 端为 1，本站和 5 号站始终进行通信连接，处于周期性数据交换状态。本站的发送数据缓冲区为 M30.0 开始的 2 字节，即 MB30 ～ MB31；接收数据缓冲区为 MB50 ～ MB51。通信时本站将 MB30 ～ MB31 中的数据写入 5 号站的 MB20 ～ MB21 中，将 5 号站 MB40 ～ MB41 中的数据读入本站的 MB50 ～ MB51 中，实现本站与 5 号站的数据通信，并将通信的

数据长度 2 返回到 MW210（发送数据的字节数）和 MW212（接收数据的字节数）中，此时 BUSY 位置 1（发送数据时 M200.0 置 1，接收数据时 M200.1 置 1），直到通信结束 BUSY 位为 0。当 M0.0 = 1 时，REQ = CONT = 0，本站与 5 号站断开连接，停止数据通信。

3. S7 - 300 间的全局数据 MPI 通信

S7 - 300 与 S7 - 300 之间的 MPI 通信可采用全局数据的通信方式，MPI 网上各 PLC 站点的数据发送和接收区域可直接在硬件组态时进行分配，无须用户另外编写程序，应用较为简单方便。

1）MPI 网络的组态

（1）先按前面的方法进行硬件组态，如图 4-28 所示。

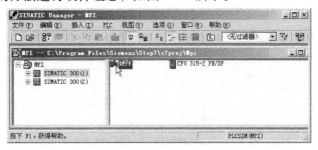

图 4-28 硬件组态

（2）双击"硬件"，打开 PLC1 的硬件配置窗口，如图 4-29 示。

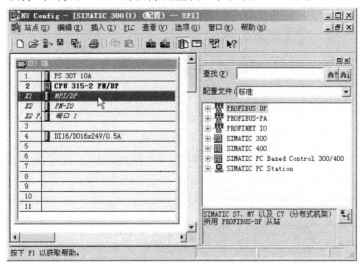

图 4-29 PLC1 硬件配置窗口

（3）双击"MPI/DP"打开 MPI/DP 属性窗口，如图 4-30 所示。

（4）单击"属性"按钮打开 MPI 接口属性窗口，PLC1 的地址为默认值 2，如图 4-31 所示。

（5）单击"新建"按钮打开新建子网 MPI 属性窗口，并在网络设置标签下，选择 MPI 网络传输率为 187.5Kbps，如图 4-32 所示。

（6）单击"确定"按钮，则在 MPI 属性窗口中已显示了新建的 MPI（1）网路，如图 4-33 所示。

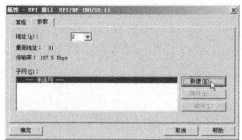

图 4-30　PLC1 MPI/DP 属性窗口　　　　图 4-31　PLC1 MPI 接口属性窗口

（7）依次单击"确定"按钮，回到硬件配置窗口，并单击工具栏中的"保存和编译"按钮，则可在 Manager 主窗口中看到创建的 MPI（1）网络，如图 4-34 所示。

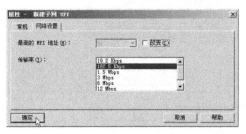
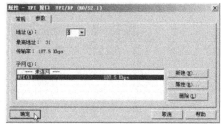

图 4-32　选择 MPI 网络传输率　　　　图 4-33　显示 MPI（1）网络及传输率

（8）按同样的方法对第二台 S7 - 300 PLC 进行硬件组态和设置，但其地址不能与其他 PLC 相同，在此设定为 4，传输速率则所有 PLC 都应设定为相同值，在此为 187.5Kbps。

图 4-34　主窗口中显示新建的 MPI 网络

（9）双击图 4-34 中 Manager 主窗口的 MPI（1）网路图标，打开 NetPro 窗口，则可看到生成的 MPI 网路和两台 S7 - 300 PLC，其中 PLC1 已和网络相连，而另一台并未和网络相连，并显示主系统不可用，如图 4-35 所示。

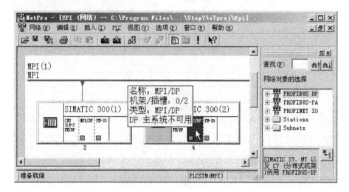

图 4-35　NetPro 窗口所显示的 MPI 网络信息

（10）单击 4 号 PLC 的 MPI 接口使光标变成十字，并将光标拖至 MPI 网络线上，使其与 MPI 网络线相连，并单击工具栏中保存编译按钮完成与 PLC1 创建的 MPI（1）网络的连接，如图 4-36 所示。

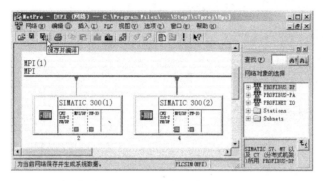

图 4-36　完成 S7-300 PLC 间的 MPI 组态连接

2）定义全局数据表

全局数据表简称 GD（Global Date）表，实际上是 PLC 进行 MPI 数据通信时进行数据读写的区域，因此定义全局数据表就是规定 MPI 数据通信的区域。

（1）全局数据表的定义可在 NetPro 窗口中选中要定义的 MPI 网络，然后单击菜单"选项"→"定义全局数据"，如图 4-37 所示。

（2）打开全局数据表窗口，并单击第一个表头，单击右键出现"CPU"，如图 4-38 所示。

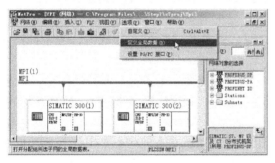

图 4-37　准备定义全局数据

图 4-38　全局数据表界面

（3）单击"CPU"出现如图 4-39 所示的选择 CPU 的界面。

（4）双击所要选择的 CPU 或选择 CPU 后按"确定"按钮，依次将 MPI 网络上 PLC 的 CPU 加入 GD 表的表头，如图 4-40 所示。

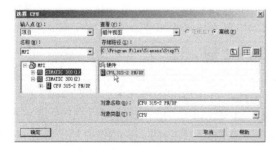

图 4-39　选择 CPU 界面

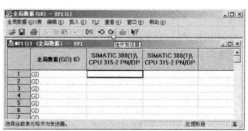

图 4-40　将 PLC CPU 加入表头

（5）通过工具栏可以方便地设定发送数据区和接收数据区，并单击"编译"按钮，生成 GD 环，GD1.1.1 表示 1 号 GD 环 1 号数据包中的 1 号数据，GD1.2.1 表示 1 号 GD 环 2 号数据包中的 1 号数据，如图 4-41 所示。

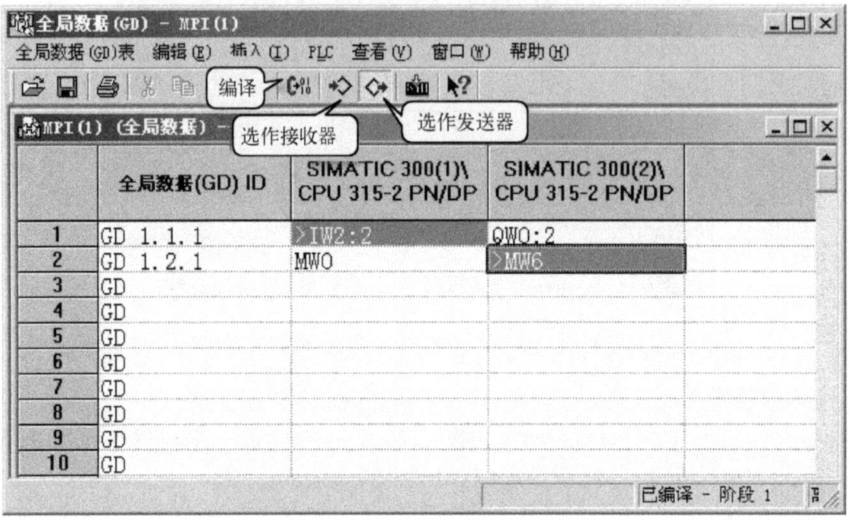

图 4-41　定义完成的全局数据表

几乎所有 S7-300 CPU 的存储器区均可输入到全局数据表中，并在各 CPU 之间数据进行交换，字格式是唯一可以使用的数据格式，定时器和计数器只能用做发送器，发送器 CPU 和接收器 CPU 中的数据区必须兼容，即它们的数据长度必须相等，且不能超过 32 字节。

相同数据类型的一组相关变量在全局数据表中仅需要一个条目，该条目包含一个地址以及紧随其后的重复因数，重复因数定义数据区的大小。如：QW0:2 即表示 QW0 开始的 2 个字。图 4-66 中 CPU1 IW2 开始的 2 个字用于接收来自 CPU2 QW0 开始的 2 个字的数据；而要发送数据时则通过 MW0 发送到 CPU2 的 MW6 中，以此来实现两个 CPU 之间的数据通信。

当多个 CPU 进行 MPI 的全局数据通信时，GD 数据表中会出现多个 GD 环，用不同的数据区域接收来自其他各个 CPU 的信息，S7-300 CPU 最多可以发送和接收 4 个数据包，且参与全局数据交换的 CPU 个数不能超过 16 个。GD 表中每一个单元格都默认为接收端，且每一行中的所有单元格均可被定义为接收端；而要将一个单元格定义为发送端时，必须选择该单元格，然后单击工具栏中的"发送器"图标，此时在该单元格中出现"＞"标识符。每一行中可有多个接收数据区，但最多只能有一个发送数据的 CPU 单元格，将数据发送到需要的 CPU 的接收区。

（6）单击全局数据表菜单中"查看"→"扫描速率"，如图 4-42 所示。

（7）扫描速率是 CPU 刷新全局数据的时间间隔，每个数据包有一个 SR 行，在此为 SR1.1 和 SR1.2 两行，显示默认值 23，分别表示两个数据包的扫描速率，如图 4-43 所示。

不同型号 CPU 扫描速率的默认值是不同的，如 SIMATIC 315-2 DP 型 CPU 扫描速率的默认值是 8，且可以在 1～255 间进行重新设定；而 SIMATIC 315-2 PN/DP 型 CPU 扫描速率默认为 23，且不能更改。

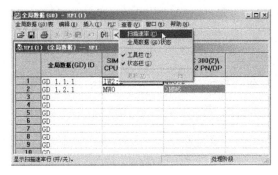

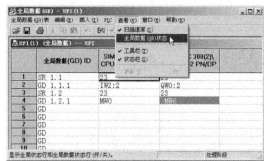

图 4-42 准备显示扫描速率　　　　　　　图 4-43 显示扫描速率

（8）单击全局数据表菜单中"显示"→"全局数据（GD）状态"，表中出现 GST 和 GDS1.1、GDS1.2。GDS 是一个数据包的状态双字，用以存放全局数据传输是否正确的信息；GST 则存放表中各 GDS 状态字相与的结果。如可定义 GST 为 MD100，如图 4-44 所示。

SIMATIC 315-2 DP 型 CPU 还可定义 GDS1.1 和 GDS1.2，如图 4-45 所示。

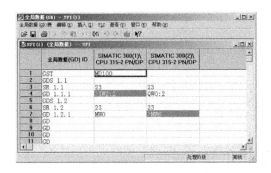

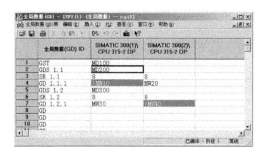

图 4-44 GST 的定义　　　　　　　　　图 4-45 GDS 的定义

对于 SIMATIC 315-2 PN/DP 型 CPU，GDS 不能定义，所以在本任务中无须定义 GDS 和 GTS 状态双字，在此只是对 GDS 和 GTS 的定义方法做一简单介绍。

4. MPI 通信的硬件连接

S7-300 PLC 和 S7-300 PLC MPI 通信网络的连接，可直接用 PROFIBUS 网络电缆及总线连接器将两台 PLC 的 MPI 端口相连。S7-300 PLC 和 S7-200 PLC 的 MPI 网络连接既可直接和 S7-200 PLC 的 PORT 口相连，也可通过任务 1 提到过的 EM277 和 S7-200 PLC 相连。采用直接连接的方式时，应更改所连接 PORT 口（本任务采用 PORT1 口）的地址，由于 S7-300 PLC 主站的地址为"2"，所以 PORT 口的地址不能重复为"2"，在此可设定为"3"；而采用 EM277 连接时，也不能将其地址设定为"2"，且设置完成后应将 EM277 断电，使设置的地址生效。因 MPI 网络上所有 PLC 的地址不能重复，所以另一台 S7-300 PLC 的地址可以设置为"4"。

5. 梯形图程序

1）输入/输出分配表

PLC 输入/输出分配如表 4-13 所示。

表 4-13　PLC 输入/输出分配表

PLC1（S7 - 300）					
输　入			输　出		
元 件 代 号	作　用	输入继电器	输出继电器	元 件 代 号	作　用
SB0	M1 启动按钮	I0.0	Q0.0	HL1	M1 运行指示
SB1	M1 停止按钮	I0.1			
SB2	M2 启动按钮	I0.2	Q0.1	HL2	M2 运行指示
SB3	M2 停止按钮	I0.3			
PLC2（S7 - 200）			PLC3（S7 - 300）		
输　出			输　出		
元 件 代 号	作　用	输出继电器	输出继电器	元 件 代 号	作　用
KM1	控制 M1	Q0.2	Q0.3	KA	控制 KM2 进而控制 M2

2）PLC 接线图

本任务的 PLC 接线图如图 4-46 所示。

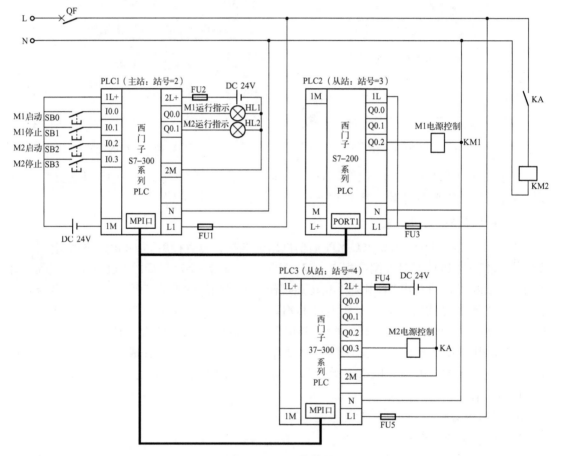

图 4-46　PLC 接线图

3）数据缓冲区的分配

本任务 MPI 通信时，PLC1 和 PLC2 之间采用调用 SFC67 和 SFC68 的直接通信方式，而 PLC1 和 PLC3 之间则采用全局数据通信的方式。尽管 PLC 之间相互传递的数据信息量较少，但全局数据通信的通信区域是以字为单位的，为统一起见，所以在此三台 PLC 之间的数据通信区都设定为 1 个字。另外，PLC2 和 PLC3 之间没有数据信息交换，所以无须在这两台 PLC 间设置数据缓冲区。本任务的数据缓冲区分配如表 4-14 所示。

表 4-14　PLC 发送和接收数据缓冲区地址表

发　送		接　收		发　送		接　收	
PLC 号	对应数据区	PLC 号	对应数据区	PLC 号	对应数据区	PLC 号	对应数据区
PLC1	MW10	PLC2	MW20	PLC2	MW30	PLC1	MW60
PLC1	MW30	PLC3	MW40	PLC3	MW70	PLC1	MW80

表 4-24 中 PLC1 分别将 MW10 和 MW30 中的数据发送至 PLC2 的 MW20 和 PLC3 的 MW40，而 PLC2 的 MW30 和 PLC3 的 MW70 分别发送到 PLC1 的 MW60 和 MW80，建立 MPI 网络数据通道，使 PLC1 既能控制与 PLC2 连接的 M1 及与 PLC3 相连的 M2 的启动和停止，又能接收来自 PLC2 和 PLC3 的电动机运行状态的信息。

4）程序设计

（1）PLC1（2 号站）程序设计。

PLC1 和 PLC2 之间采用直接数据读/写的 MPI 通信方式，在 PLC1 的 OB1 中调用 SFC67 和 SFC68，建立如表 4-24 所示的数据通道，即将 PLC1 中 MW10 的数据发送至 PLC 的 MW20，同时将 PLC2 的 MW30 中的数据接收至 PLC1 的 MW60 中；而 PLC1 和 PLC3 之间则采用全局数据 MPI 通信方式，通过定义全局数据（GD）表将 PLC1 MW30 中的数据发送至 PLC3 的 MW40，同时接收 PLC3 中 MW70 的数据至 PLC1 的 MW80，建立数据通道。从而，完成 PLC1 和 PLC2、PLC3 之间的通信。

连接于 PLC1 的 M1 启动（I0.0）和停止（I0.1）信号，分别驱动 M10.0 和 M10.1 发送至 PLC2 的 M20.0 和 M20.1，以控制受 PLC2 驱动控制的 M1 的启动和停止，而 M1 的运行状态由 M60.0 接收，并通过驱动 Q0.0 以显示 M1 的运行状态；同样，连接于 PLC1 的 M2 启动（I0.2）和停止（I0.3）信号，分别通过 M30.0 和 M30.1 控制受 PLC3 驱动控制的 M2 的启动和停止，并将运行状态返回至 PLC1 的 M80.0，以驱动 Q0.1 完成 PLC1 上 M2 运行状态的显示。PLC1 的 OB1 程序如图 4-47 所示。

（2）PLC2（3 号站）程序设计。

PLC2 的控制程序比较简单，主要通过 M20.0 和 M20.1 接收来自 PLC1 的启动和停止信号，以控制 Q0.2 驱动 KM1 控制 M1 的启动、停止，并将 Q0.2 的状态通过 M30.0 发送至 PLC1，使 PLC1 上能显示 M1 的运行状态。PLC2 的控制程序如图 4-48 所示。

（3）PLC3（4 号站）程序设计。

PLC3 的控制程序和 PLC2 类似，其 OB1 程序如图 4-49 所示。

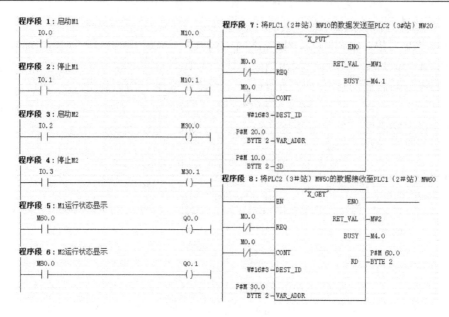

图 4-47　PLC1 控制程序

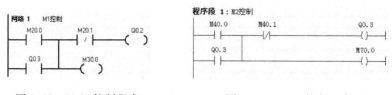

图 4-48　PLC2 控制程序　　　　图 4-49　PLC3 控制程序

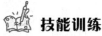 **技能训练**

1. 训练目标

（1）能够正确调用 SFC67 和 SFC68 建立 S7–300 和 S7–200 之间的数据通道，实现两者之间直接数据读写 MPI 通信，并能独立编程实现相互控制。

（2）能够正确定义全局数据 GD 表，建立 S7–300 之间的数据通道，并能独立编程实现相互控制。

（3）能够独立完成 S7–300 和 S7–200 及 S7–300 和 S7–300 之间 MPI 通信连接，并独立进行 S7–300 和 S7–200 的外围 I/O 设备的安装接线。

（4）能按规定进行通电调试，出现故障能根据设计要求独立检修，直至系统正常工作。

2. 训练内容

1）程序的输入

（1）输入 PLC1 梯形图程序。

① 新建项目“MPI”，并按前面学过的方法进行硬件组态，如图 4-50 所示，并将 PLC1 的地址设置为默认值“2”，PLC3 的地址设置为“4”，两台 S7–300 的 MPI 传输速率均设定为默认值 187.5Kbps。

② 双击 PLC1 的“硬件”，打开 PLC1 的硬件配置，如图 4-51 所示。

图 4-50 新建项目

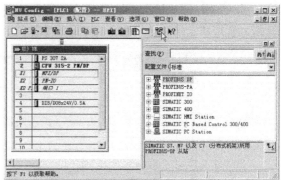

图 4-51 打开 PLC1 的硬件配置

③ 单击"组态网络"按钮，在"NetPro"窗口中按前面的方法定义全局数据（GD）表，如图 4-52 所示。

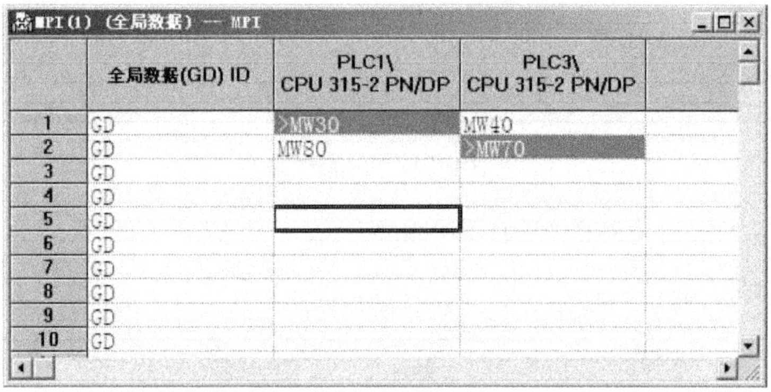

图 4-52 定义全局数据表

④ 打开 PLC1 的 OB1，并输入图 4-48 所示的控制程序至图 4-53 所示位置。

图 4-53 输入控制程序

⑤ 单击左侧"库"→"Standard Library"→"System Function Blocks"，找到 SFC68，将其拖入程序段，并输入如图 4-54 所示参数。

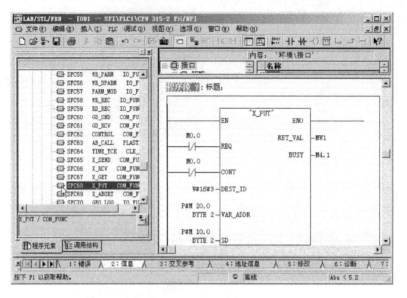

图 4-54　输入 SFC68

⑥ 按同样的方法输入 SFC67，如图 4-55 所示。

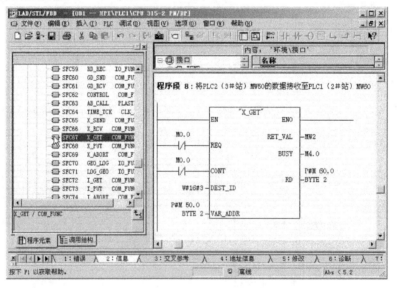

图 4-55　输入 SFC67

（2）PLC2（3 号站）程序输入。

将 PLC2 的地址设定为"3"，波特率设定为 187.5Kbps，并用 Step7 - MicroWIN 软件将如图 4-49 所示程序输入 PLC2。

（3）PLC2（4 号站）程序输入。

将 PLC3 的地址设定为"4"，波特率设定为 187.5Kbps。并输入如图 4-50 所示程序。

2）系统安装和调试

（1）准备工具和器材，如表4-15所示。

表4-15 所需工具、器材清单

序 号	分 类	名 称	型 号 规 格	数 量	单 位	备 注
1	工具	电工工具		1	套	
2		万用表	MF47型	1	块	
3		可编程序控制器	S7-200 CPU 224XP	1	只	
			S7-300 CPU 315-2PN/DP	1×2	只	
4		计算机	装有STEP7 V4.0、V5.4	1	台	
5		安装铁板	600×900mm	1×3	块	
6		导轨	C45	1	米	
7		空气断路器	Multi9 C65N D20	1×3	只	
8		熔断器	RT28-32	5×3	只	
9	器材	接触器	NC3—09/AC220	1×2	只	
10		继电器	HH54P/DC 24V	1×2	只	
11		热继电器	NR4—63（1-1.6A）	1×2	只	
12		直流开关电源	DC 24V、50W	1×2	只	
13		三相异步电动机	JW6324-380V 250W0.85A	1×2	只	
14		控制变压器	JBK3-100 380/220	1×3	只	
15		按钮	LA4-3H	1×3	只	
16		端子	D-20	60	只	
17		网络电缆	带有两个总线适配器的	2	根	
18			PROFIBUS电缆（3米左右）			
19		铜塑线	BV1/1.37mm²	30	米	主电路
20		软线	BVR7/0.75mm²	30	米	
21			M4×20 螺杆	若干	只	
22	消耗材料	紧固件	M4×12 螺杆	若干	只	
23			ϕ4 平垫圈	若干	只	
24			ϕ4 弹簧垫圈及ϕ4 螺母	若干	只	
25		号码管		若干	米	
26		号码笔		1	支	

（2）系统安装。系统安装时三人一组，对三台PLC的接线进行分工，自行进行元件布置，各自独立完成一台PLC的接线。

（3）程序下载。将程序分别下载到相应的PLC中。

（4）系统调试。

① 在教师现场监护下进行通电调试，验证系统功能是否符合控制要求。

② 如果出现故障，学生应独立检修。线路检修完毕和程序修改完毕应重新调试，直至系统正常工作。

3. 考核评分

考核时同样采用三人一组共同协作完成的方式，按表 4-16 评分作为成绩的 60%，并分别对三位学生进行提问作为成绩的 40%。

表 4-16　评分标准

内　容	考核要求	配　分	评分标准	扣分	得分	备注
I/O 分配表设计	1. 根据设计功能要求，正确的分配输入和输出点。 2. 能根据课题功能要求，正确分配各种 I/O 量。	10	1. 设计的点数与系统要求功能不符合每处扣 2 分。 2. 功能标注不清楚每处扣 2 分。 3. 少、错、漏标每处扣 2 分。			
程序设计	1. PLC 程序能正确实现系统控制功能。 2. 梯形图程序及程序清单正确完整。	40	1. 梯形图程序未实现某项功能，酌情扣除 5～10 分。 2. 梯形图画法不符合规定，程序清单有误，每处扣 2 分。 3. 梯形图指令运用不合理每处扣 2 分。			
程序输入	1. 指令输入熟练正确。 2. 程序编辑、传输方法正确。	20	1. 指令输入方法不正确，每提醒一次扣 2 分。 2. 程序编辑方法不正确，每提醒一次扣 2 分。 3. 传输方法不正确，每提醒一次扣 2 分。			
系统安装调试	1. PLC 系统接线完整正确，有必要的保护。 2. PLC 安装接线符合工艺要求。 3. 调试方法合理正确。	30	1. 错、漏线每处扣 2 分。 2. 缺少必要的保护环节每处扣 2 分。 3. 反圈、压皮、松动每处扣 2 分。 4. 错、漏编码每处扣 1 分。 5. 调试方法不正确，酌情扣 2～5 分。			
安全生产	按国家颁发的安全生产法规或企业自定的规定考核。		1. 每违反一项规定从总分中扣除 2 分（总扣分不超过 10 分）。 2. 发生重大事故取消考试资格。			
时间	不能超过 120 分钟	扣　分：每超 2 分钟倒扣总分 1 分				

 巩固提高

将本任务的控制要求改成控制信号由 S7 - 200 发出，并显示 M1 和 M2 的运行状态，而 M1 和 M2 分别由两台 S7 - 300 驱动控制。

任务 3　西门子 PLC 的 PROFIBUS 通信

 知识点

○ 了解 PROFIBUS - DP 通信的基础知识；

○ 掌握西门子 S7 - 300 PLC 数据发送（SFC15）/数据接收（SFC14）指令的使用方法；

○ 掌握西门子 S7 - 300 PLC 之间数据不打包和打包通信的方法。

 技能点

○ 掌握 PROFIBUS - DP 通信的网络连接方法；

○ 掌握 S7 - 300 PROFIBUS - DP 网络硬件组态及 DB 数据块的定义方法；

○ 掌握 S7 - 300 和 S7 - 200 间、S7 - 300 之间通信通道的定义方法；

○ 能独立编写、调试程序实现 S7 - 300 和 S7 - 200 间的 PROFIBUS - DP 通信；

○ 能独立应用 SFC14 和 SFC15 编写、调试程序，实现 S7 - 300 间的数据打包通信。

 任务引入

现场总线（Fieldbus）是一种应用于生产现场，在现场设备之间、现场设备和控制装置之间实行双向、串行、多结点的数字通信技术。它以分散的、数字化、智能化的测量和控制设备作为网络结点，用总线将其连接，实现相互之间的信息交换，完成自动控制功能的网络控制系统。

现场总线以开放的、独立的、全数字化的双向多变量通信信号代替现场电动仪表信号，集检测、数据处理、通信为一体，安装简单，连接方便，能大大节省自控系统在配线、安装和调试等方面的费用。

使用现场总线后，操作员可以在中央控制室实现远程监控，对现场设备进行参数调整，还可通过现场设备的自诊断功能预测故障和寻找故障点，使用户具有高度的系统集成主动权；同时，由于现场总线的智能化和数字化，与模拟信号相比，从根本上提高了测量与控制的精确度，减少了传送误差，从而提高系统的准确度和可靠性。

正是由于现场总线有着众多的优点，所以这种技术如今已广泛应用于工业现场，并逐渐成为工业数据通信和网络控制技术的核心。目前国际通用的现场总线标准有多种，PROFIBUS 是其中应用广泛的标准之一。本任务我们学习 PROFIBUS 通信网络的构建和程序设计的基本方法。

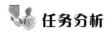 **任务分析**

1. 控制要求

某生产线上有三台 PLC 组成 PROFIBUS - DP 网络，主站 PLC1（CPU315 - 2PN/DP）、从站 1 PLC2（CPU224XP 连有 EM277）和从站 2 PLC2（CPU315 - 2PN/DP），电动机 M1、M2 和 M3 分别与主站、从站 1 和从站 2 相连。控制要求如下：

（1）按下与主站连接的启动按钮，与其连接的电动机 M1 启动；

（2）5s 后与从站 1 连接的电动机 M2 启动；

（3）再过 5s 后，与从站 2 相连的电动机 M3 启动；

（4）每一台 PLC 都能监视未与之相连电动机的运行状态；

（5）按下与主站相连的停止按钮，电动机 M1 ~ M3 立即同时停止。

2. 任务分析

该生产线上的三台 PLC 组成 PROFIBUS - DP 通信网路，由于从站 1 为 S7 - 200 PLC，所以需通过 EM277 通信模块与 PROFIBUS - DP 现场总线连接，两台 S7 - 300 PLC 则可通过 CPU 自带的 DP 接口直接进行网络连接。然后再在主站中进行硬件组态，设定各站的地址，并合理分配各站之间的数据缓冲区。

由控制要求可知，主站在启动电动机 M1 后 5s 将启动信号通过 PROFIBUS - DP 现场总线发送至 PLC2，再过 5s 后发送给 PLC3，从而使 M2 和 M3 虽未和主站相连也能受主站控制启动；同样，主站的停止信号也可发送至 PLC2、PLC3，以使 M1 停止时，M2 和 M3 也同时停止。

PROFIBUS – DP 网络在硬件组态时，S7 – 200PLC 是一个被动从站，不需要组态，只需将 EM277 连接于主站生成的 PROFIBUS – DP 总线上，并对其进行必要的设置即可；而 S7 – 300 PLC 作为智能从站，必须对其进行硬件组态，并下载到存储器内。

S7 – 300 PLC 之间的 PROFIBUS – DP 通信可直接通过传送指令实现数据的读取，也可调用系统功能 SFC14 和 SFC15 进行数据通信；但直接通信的数据量较小，最多不能超过 4 个字节，若要增大通信的数据量，则可采用第二种通信方式。

💡 知识链接

1. 基础知识

PROFIBUS 是目前国际上通用的现场总线标准之一，它以其独特的技术特点、严格的认证规范、开放的标准、众多厂商的支持和不断发展的应用行规，已被纳入现场总线的国际标准 IEC61158 和欧洲标准 EN50170，并于 2001 年被定为我国的国家标准。

PROFIBUS 主要用于分布式 I/O 设备、传动装置、电动机控制器、PLC 和基于 PC 的自动化系统，与其连接的各种自动化设备均可以通过同样的接口交换信息，适合于快速、时间要求严格而复杂的通信任务，特别适用于工厂自动化和过程化控制领域。主要有以下三部分组成：

1）PROFIBUS – DP

PROFIBUS – DP（Decentralized Periphery，分布式外围设备）是一种高速低成本通信，用于设备级控制系统与分布式 I/O 的通信，可以取代 4 ～ 20mA 模拟信号传输。

PROFIBUS – DP 用户接口规定了设备的应用功能、PROFIBUS – DP 系统和设备的行为特性。主站之间为令牌通信方式，主站与从站之间为主从方式，以及这两种方式的混合。S7 – 300/400 系列 PLC 有的 CPU 本身配备有集成的 PROFIBUS – DP 接口，可直接进行连接，也可通过通信处理器（CP）连接到 PROFIBUS – DP；S7 – 200 PLC 则需通过 EM277 通信模块才能和 PROFIBUS – DP 连接。

2）PROFIBUS – PA

PROFIBUS – PA（Process Automation，过程自动化）：专为过程自动化设计，用于过程自动化的现场传感器和执行器的低速数据传输，使用扩展的 PROFIBUS – DP 协议，此外还描述了现场设备的 PA 行规。

PROFIBUS – PA 传输技术采用 IEC 61158 – 2 标准，确保了本质安全，并可通过总线对现场设备供电，可用于防爆区域的传感器和执行器与中央控制系统的通信。如化工和石油生产等领域。

PROFIBUS – PA 使用屏蔽双绞线电缆，由总线提供电源。使用分段耦合器可以方便地将 PROFIBUS – PA 设备集成到网络中，在危险区域，每个 DP/PA 链路可以连接 15 个现场设备，在非危险区域每个 DP/PA 可以连接 31 个现场设备。

3）PROFIBUS – FMS

PROFIBUS – FMS（Fieldbus Message Specification，现场总线报文规范）：是一种用于工厂自动化车间级监控和现场设备层数据通信与控制的现场总线。主要用于系统级和车间级不同供应商的自动化系统之间的数据传输，处理单元级（PLC 和 PC）多主站数据通信，为解决复杂的通信任务提供很大的灵活性。适用于纺织、楼宇自动化等领域。

2. 相关 PLC 指令

1) 指令格式

西门子 S7 – 300 PLC 之间进行 PROFIBUS – DP 通信，当数据流量较大时，在主、从站的主程序 OB1 中分别调用 SFC14 "DPRD_DAT" 和 SFC15 "DPWR_DAT" 可实现主、从站间的双向数据通信，也可在一边单独调用 SFC15，另一边调用 SFC14，实现单向通信。若要使用数据块 DB 存储数据，还必须在项目管理器内建立所使用的 DB 块。

S7 – 300 PLC 的 SFC14（数据接收）和 SFC15（数据发送）指令格式如表 4–17 所示。

表 4–17　DPRD_DAT（SFC14）和 DPWR_DAT（SFC15）指令格式

指令名称	指令格式 LAD	操 作 数	作 用
数据接收 SFC14	"DPRD_DAT" EN　　ENO ???—LADDR　RET_VAL—??? 　　　RECORD—???	LADDR：模块的 I 区域中已组态的起始地址，将从该处读取数据。十六进制格式（W#16#）。 RECORD：已读取的用户数据的目标区域，必须与用 STEP 7 为选定模块组态的长度完全相同，指针形式。区域以 BYTE 为单位。 RET_VAL：返回值。出错时，则返回值将包含一个错误代码。	读取 DP 从站的连续数据。
数据发送 SFC15	"DPWR_DAT" EN　　ENO ???—LADDR　RET_VAL—??? ???—RECORD	LADDR：模块的过程映像输出区域中已组态的起始地址，数据将被写入该地址。十六进制格式（W#16#）。 RECORD：要写入用户数据的源区域，必须与用 STEP 7 为选定模块组态的长度完全相同，指针形式。区域以 BYTE 为单位。 RET_VAL：返回值。出错时，则返回值将包含一个错误代码。	向 DP 从站写入连续的数据。

表中 LADDR 参数是组态时已设定的起始地址，为十六进制格式；RECORD 是在 STEP 7 中已组态的数据通信映射区的起始地址，必须以指针形式给出，以字节 BYTE 为单位；RET_VAL 为 SFC 返回值，无错误发生时，返回 W#16#0000；出错时，则返回规定的错误代码。

2) DB 数据块的建立

主、从站之间通信需要用数据块 DB 存储数据时，应在项目管理器内建立 DB 数据块。

（1）在主站项目管理器右侧空白处单击右键，选择"插入新对象"→"数据块"，单击"确定"按钮，如图 4–56 所示。

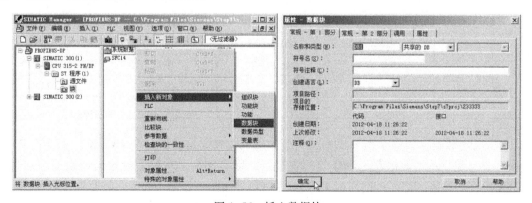

图 4–56　插入数据块

（2）建立如图 4-57 所示数据结构的数据块 DB1，数据类型为 WORD。

地址	名称	类型	初始值	注释
0.0		STRUCT		
+0.0	DATE_IN1	WORD	W#16#0	读取从站的数据1
+2.0	DATE_IN2	WORD	W#16#0	读取从站的数据2
+4.0	DATE_IN3	WORD	W#16#0	读取从站的数据3
+6.0	DATE_IN4	WORD	W#16#0	读取从站的数据4
+8.0	DATE_OUT1	WORD	W#16#0	写入从站的数据1
+10.0	DATE_OUT2	WORD	W#16#0	写入从站的数据2
+12.0	DATE_OUT3	WORD	W#16#0	写入从站的数据3
+14.0	DATE_OUT4	WORD	W#16#0	写入从站的数据4
=16.0		END_STRUCT		

图 4-57　主站 DB1 的数据结构

3）指令应用

要实现主站和从站之间的超过 4 字节的数据通信，还必须在主、从站中项目管理器插入功能 FC1，并在 FC1 中调用 SFC14 和 SFC15。FC1 中通信程序的设计方法如图 4-58 所示。

图 4-58 为主站的通信程序，通过调用 SFC14 和 SFC15 建立和从站通信的数据通道，其中参数 LADDR 为组态时主站设定的数据映射区的首地址，十六进制 W#16#A 对应的十进制数为 10。数据块 DB1 中前 8 字节 DB1. DBB0 ～ DB1. DBB7 为主站数据接收区，后 8 字节 DB1. DBB8 ～ DB1. DBB15 为主站数据发送区，其长度由参数 RECORD 设定，即指针参数中的 BYTE 8，与主站 I/O 映射区的对应关系如表 4-18 所示。

程序段 1：将主站的DB1.DBB8～DB1.DBB15共8字节的内容写入从站。

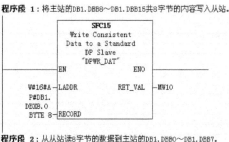

程序段 2：从站读8字节的数据到主站的DB1.DBB0～DB1.DBB7。

图 4-58　SFC14 和 SFC15 的应用

表 4-18　主站数据的发送和接收数据区对应表

编　号	发　送		接　收	
	O 映射区	控制程序调用	I 映射区	控制程序调用
1	QW10	DB1. DBW8	IW10	DB1. DBW0
2	QW12	DB1. DBW10	IW12	DB1. DBW2
3	QW14	DB1. DBW12	IW14	DB1. DBW4
4	QW16	DB1. DBW14	IW16	DB1. DBW6

从站 DB 数据表的建立和 FC1 中通信程序的编写和主站类似，在从站 FC1 中调用 SFC14 和 SFC15 可建立从站数据发送和接收的数据区，以实现主、从站之间的双向通信。从站的发送和接收的数据区与 I/O 的对应关系如表 4-19 所示。

表4-19　从站数据的发送和接收数据区对应表

编　号	发　送		接　收	
	O映射区	控制程序调用	I映射区	控制程序调用
1	QW20	DB1. DBW0	IW20	DB1. DBW8
2	QW22	DB1. DBW2	IW22	DB1. DBW10
3	QW24	DB1. DBW4	IW24	DB1. DBW12
4	QW26	DB1. DBW6	IW26	DB1. DBW14

表4-29中的数据区和映射区对应的参数LADDR为组态时设定的从站数据映射区的首地址，在此设定为十进制数20，对应的十六进制数为W#16#14。从站中SFC14的参数RECORD设定为P#DB1. DBX8.0 BYTE 8，SFC15的参数RECORD设定为P#DB1. DBX0.0 BYTE 8。

3. PROFIBUS – DP 网络的组态

1）S7 – 300 主站的组态

（1）按前面的方法对S7 – 300主站进行硬件组态，如图4-59所示。

（2）双击CPU自带的集成MPI/DP口，选择接口类型为PROFIBUS，如图4-60所示。

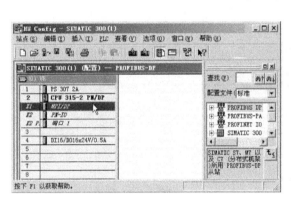

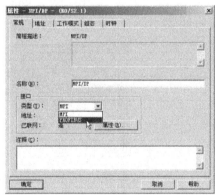

图4-59　主站硬件组态　　　　　　　　　图4-60　接口类型选择

（3）单击"确定"按钮，在参数选项卡中单击"新建"按钮，如图4-61所示。

（4）单击"确定"按钮，网络参数采用默认值，如图4-62所示。

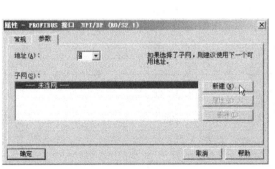

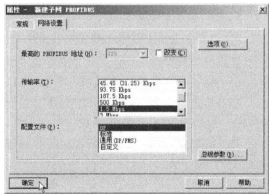

图4-61　新建子网　　　　　　　　　图4-62　新建 PROFIBUS 子网

（5）单击"确定"按钮，则新建了 PROFIBUS 网路，主站地址为默认值"2"，如图 4-63 所示。

（6）单击"确定"按钮，在工作模式选项卡中选择"DP 主站"，如图 4-64 所示。

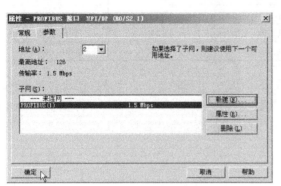 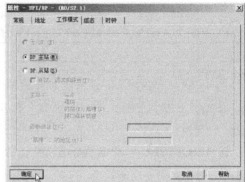

图 4-63 新建的 PROFIBUS 网及接口地址   图 4-64   选定主站工作模式

（7）单击"确定"按钮，即生成 PROFIBUS 总线，单击工具栏中"保存和编译"按钮，如图 4-65 所示。

图 4-65   生成的 PROFIBUS 总线

2）S7-200 从站的组态

S7-200 从站可通过模块 EM277 连接至 PROFIBUS-DP 总线，EM277 模块必须安装了 GSD 文件（SIEM089D. GSD）才能被主站识别。

（1）在"选项"菜单下选择"安装 GSD 文件"命令，如图 4-66 所示。

（2）单击"浏览"选择 GSD 文件（如没有可以上网下载）所在位置，选择 EM277 对应的 GSD 文件 SIEM089D. GSD，单击"安装"按钮即可，如图 4-67 所示。

（3）安装成功后，在"HW Config"界面右侧配置文件栏如图 4-68 所示目录中即会出现 EM277 PROFIBUS-DP，如文件配置栏本来已有，说明 GSD 文件已经存在，则不需要另行安装。

（4）选择 EM277 PROFIBUS-DP，并将其拖至主站的 PROFIBUS-DP 总线和其连接，出现如图 4-69 所示对话框，选择 PROFIBUS 接口地址为"3"。

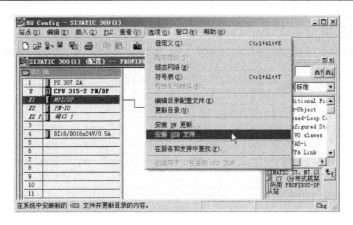

图 4-66　安装 GSD 文件

（5）单击"确定"按钮，EM277 则已和网络连接，在右侧配置文件栏中 EM277 PROFI-BUS - DP 目录下，根据需要通信的字节数，选择一种通信数据长度，在此选择 2 字节输出/2 字节输入，如图 4-70 所示。

图 4-67　选择安装 EM277 对应 GSD 文件

图 4-68　选择 EM277 PROFIBUS - DP

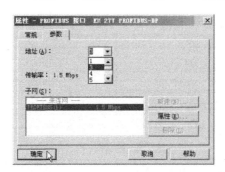

图 4-69　PROFIBUS 接口对话框

（6）双击或拖至下方插槽，从站组态完成，默认通信通道地址输入为 IB2 ～ IB3，输出为 QB2 ～ QB3，如图 4-71 所示。

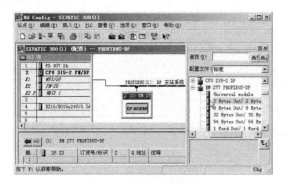

图4-70　选择通信数据长度　　　　图4-71　分配数据通信通道

（7）也可双击下方 EM277 的地址，可在 DP 从站属性对话框中，修改通信通道的地址，如图 4-72 所示。

（8）双击总线上 EM277 的图标或在其上单击右键选择"对象属性"，显示如图 4-73 所示的属性对话框，修改 S7-200 的数据通信通道起始地址，默认值为"0"，在此改为"100"。

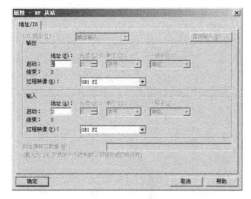
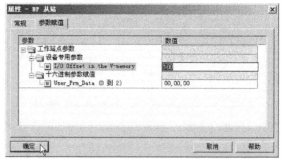

图4-72　S7-300 端数据通道起始地址的修改　　　图4-73　S7-200 端数据通道起始地址的修改

至此就完成了 EM277 的组态，建立了 S7-300 主站和 S7-200 从站的数据通道。其地址对应表如表 4-20 所示。

表4-20　S7-300 主站和 S7-200 从站数据通信映射区地址对应表

S7-300 主站		S7-200 从站	
发送映射区（O）	QB2→	→VB100	接收映射区（I）
	QB3→	→VB101	
接收映射区（I）	IB2←	←VB102	发送映射区（O）
	IB3←	←VB103	

3）S7-300 从站的组态

S7-300 与 S7-300 之间的 PROFIBUS-DP 通信可采用直接通信和调用 SFC14、SFC15 两种方式，直接通信的数据发送和接收区域可直接在硬件组态时进行分配，传送数据量较少，无须用户另外编写程序；但通信的数据量较大时，则必须编程调用 SFC14 和 SFC15 进行通信数据区域设定。

（1）先按前面的方法对 S7–300 从站进行硬件组态，如图 4–74 所示。

（2）双击 CPU 上集成的"MPI/DP"，打开接口属性窗口，接口类型选择 PROFIBUS，如图 4–75 示。

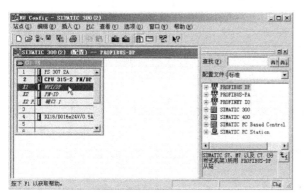

图 4-74　硬件组态

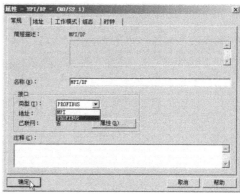

图 4-75　选择接口类型

（3）单击"确定"按钮，在属性窗口的"参数"选项卡中将地址改为"4"，如图 4–76 所示。

（4）单击"确定"按钮回到接口属性窗口，在"工作模式"选项卡下选择"DP 从站"，如图 4–77 所示。

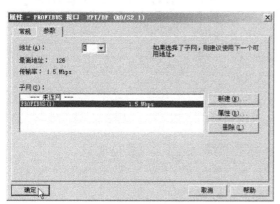

图 4-76　设定接口地址

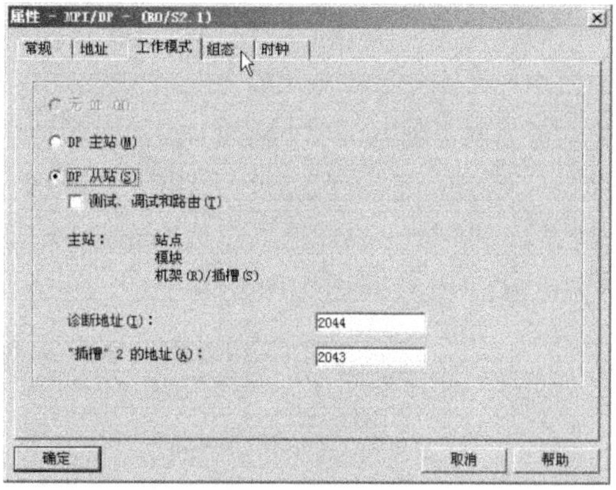

图 4-77　选择工作模式

（5）单击"组态"选项卡，准备新建，如图 4-78 所示。

（6）单击"新建"按钮，出现地址设定窗口。选择地址类型为"输入"，选择起始地址为"10"，长度为"2"，单位为"字节"，一致性为"单位"。值得注意的是当长度小于等于 4 字节时，通信不需要调用 SFC14 和 SFC15，一致性选择为"单位"；当长度大于 4 个字节时，通信则需要调用 SFC14 和

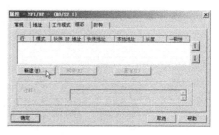

图 4-78　准备新建

SFC15，一致性应选择"全部"，而设定的输入起始地址即为调用 SFC14 时的 LADDR 参数

的十进制数。本例中输入起始地址为 10，因此调用 SFC14 时的 LADDR 参数应为"10"的十六进制数 W#16#A，如图 4-79 所示。

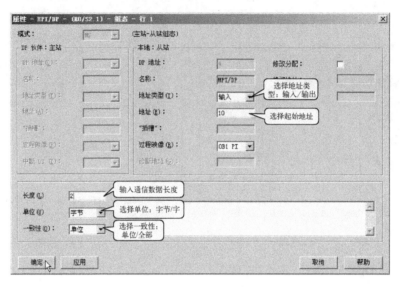

图 4-79　组态从站输入区

（7）单击"确定"按钮，生成从站的输入区，如图 4-80 所示。

（8）单击"新建"按钮，在再次出现的地址设定窗口中选择地址类型为"输出"，如图 4-81 所示。同样应注意当需要调用 SFC14 和 SFC15 时一致性应选择"全部"，而设定的输出起始地址为调用 SFC15 时的 LADDR 参数的十进制数。在此输入起始地址为 10，调用 SFC15 时的 LADDR 参数同样为 W#16#A。

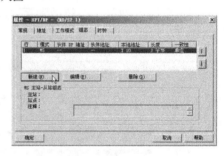

图 4-80　生成从站输入区

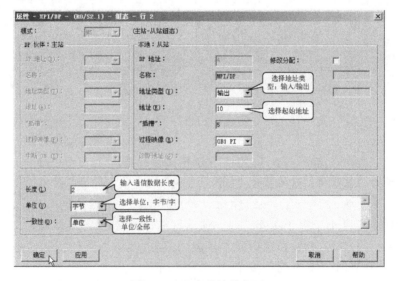

图 4-81　组态从站输出区

（9）单击"确定"按钮，生成从站的输出区，如图4-82所示。

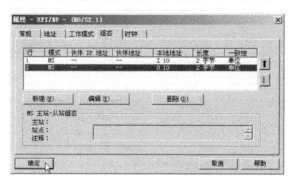

图4-82　生成从站输出区

（10）单击"确定"按钮，回到项目管理界面，选择主站→硬件图标，如图4-83所示。

图4-83　选择主站

（11）双击"硬件"图标，进入主站硬件配置界面，在配置文件目录 PROFIBUS DP→Configured Stations 下找到 CPU 31x，如图4-84所示。

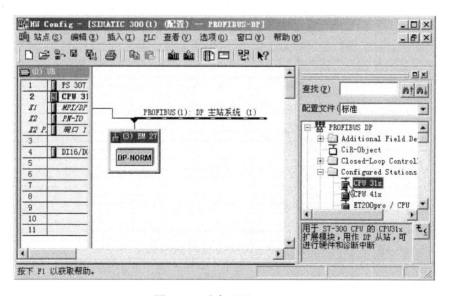

图4-84　准备配置 CPU 31x

（12）将 CPU 31x 拖至主站系统的 PROFIBUS：DP 总线上，出现如图4-85所示对话框。

（13）单击"确认"按钮，出现从站（4 号站）与主站（2 号站）连接的界面，再单击"连接"按钮，将从站和主站连接，如图 4-86 所示。

（14）进入如图 4-87 所示的"组态"选项卡，选中第 1 行，双击之或单击"编辑"按钮。

图 4-85　附加站组态编辑确认

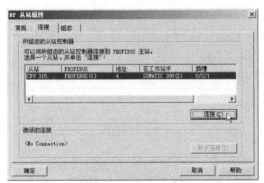

图 4-86　从站的连接

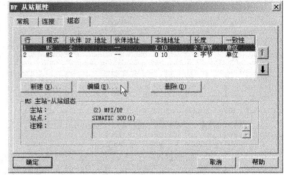

图 4-87　准备组态编辑

（15）在如图 4-88 所示界面中输入主站输出起始地址，长度、单位和一致性等参数应和从站保持一致。

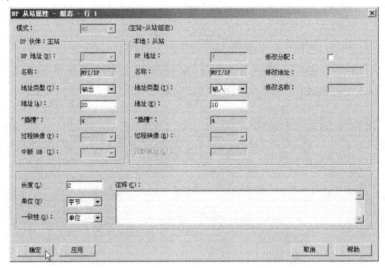

图 4-88　主站输出组态

（16）单击"确定"按钮，并在图 4-89 中选中第 2 行，双击之或单击"编辑"按钮。

（17）按前面同样的方法，输入主站输入起始地址，如图 4-90 所示。

（18）单击"确定"按钮，从站和主站间的通信组态如图 4-91 所示。

（19）单击"确定"按钮，回到主站的硬件配置界面，此时 S7－300 从站已于 DP 总线相连接，如图 4-92 所示。

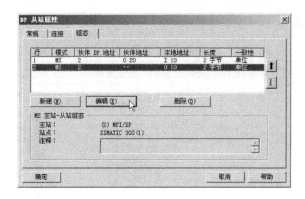

图4-89 准备主站输出组态

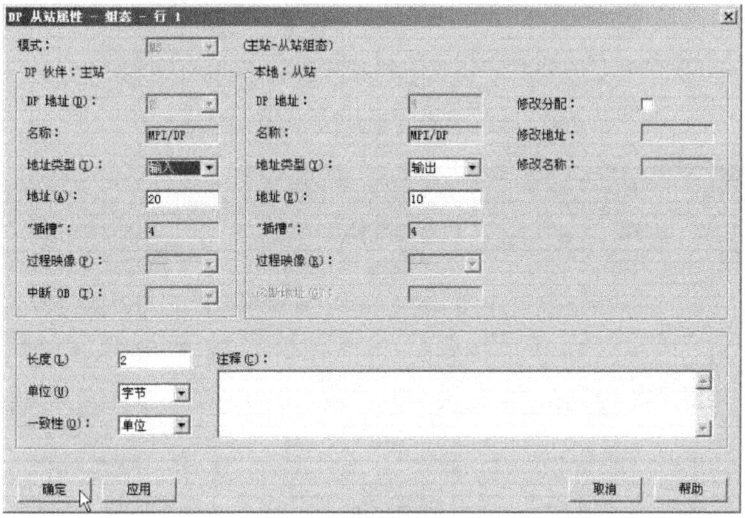

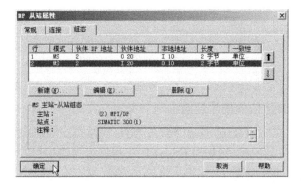

图4-90 主站输入组态

图4-91 已组态的通信通道

（20）单击工具栏"保存并编译"按钮，再单击"组态网络"进入如图4-93所示的 NetPro窗口，主站和从站间已进行PROFIBUS-DP连接，单击"保存并编译"按钮，完成主从站间的网络连接。

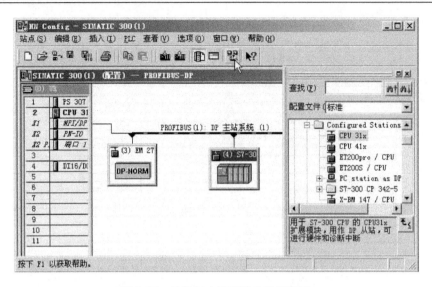

图 4-92　从站与主站系统总线的连接

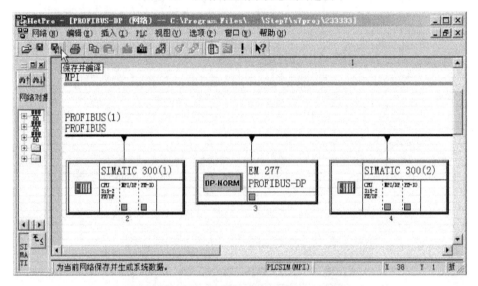

图 4-93　已完成的主、从站间的总线连接

4. PROFIBUS - DP 通信的硬件连接

若 S7 - 300 PLC CPU 本身集成有 DP 接口，则可直接用 PROFIBUS 网络电缆及总线连接器通过其自身的 DP 接口实现和 PROFIBUS - DP 现场总线的连接；若 PLC 自身 CPU 没有 DP 接口，则需要通过通信处理模板（如 CP - 342 - 5 等）才可以实现 S7 - 300 与 PROFIBUS - DP 现场总线的连接。S7 - 200 PLC 必须通过 EM277 通信模块和 PROFIBUS - DP 现场总线相连，设定地址后同样应将 EM277 断电，使设置的地址生效。进行 PROFIBUS - DP 现场总线相连时不能忘记将网络两端或中继器两端的连接器开关设置为 on。

5. 梯形图程序

1）输入/输出分配表

PLC 输入/输出分配如表 4-21 所示。

表 4-21 PLC 输入/输出分配表

PLC1 (S7-300)					
输 入			输 出		
元件代号	作 用	输入继电器	输出继电器	元件代号	作 用
SB0	M1 启动按钮	I0.0	Q0.0	KA1	控制 KM1 进而控制 M1
SB1	总停按钮	I0.1	Q0.1	HL1	M2 运行监控
			Q0.2	HL2	M3 运行监控
PLC2 (S7-200)			PLC3 (S7-300)		
输 出			输 出		
元件代号	作 用	输出继电器	输出继电器	元件代号	作 用
KM2	控制 M2	Q0.0	Q0.0	KA2	控制 KM3 进而控制 M3
HL3	M1 运行监控	Q0.1	Q0.1	HL5	M1 运行监控
HL4	M3 运行监控	Q0.2	Q0.2	HL6	M2 运行监控

2）PLC 接线图

本任务的 PLC 接线图如图 4-94 所示。

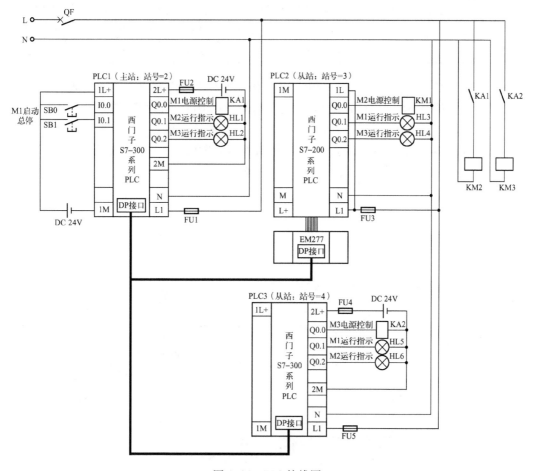

图 4-94 PLC 接线图

3）数据缓冲区的分配

由于本任务需要相互进行通信的数据信息量较少，仅为电动机启动、停止及各自对与其他 PLC 相连电动机的运行监控信息等，所以相互之间的数据通道长度设定为 2 字节即已足够，但由于这种情况下，数据通信的信息量小于 4 字节，两台 S7－300 PLC 之间的数据通信可直接进行，不需要调用 SFC14 和 SFC15，编程较为简单。为了说明使用 SFC14 和 SFC15 进行较多数据信息通信的方法，在此将通信通道设定为 8 字节。

本任务中电动机启动信息由主站 PLC1 发出，与主站相连的 M1 启动后 5 s，主站发送信息给从站 PLC2 控制电动机 M2 启动，再过 5 s 后再由主站发送给从站 PLC3 控制电动机 M3 启动；当停止时，主站停止 M1，同时发出停止给从站 PLC1 和 PLC2，以使三台电动机同时停止。而 M2、M3 的运行状态则先传送给主站，再主站传送给从站 PLC3 和从站 PLC2，这样可以省去在两个从站之间再建立数据缓冲区。主站与两个从站间的数据缓冲区分配如表 4-22 所示。

表 4-22　主站与两个从站间的数据缓冲区地址表

发　送		接　收		发　送		接　收	
PLC 号	对应数据区	PLC 号	对应数据区	PLC 号	对应数据区	PLC 号	对应数据区
PLC1	QB2～QB9	PLC2	VB100～VB107	PLC2	VB108～VB115	PLC1	IB2～IB9
PLC1	Q20～Q27	PLC3	IB10～IB17	PLC3	Q10～Q17	PLC1	IB20～IB27

表 4-32 中 PLC1 分别将 QB2 ～ QB9 和 Q20 ～ Q27 中的数据发送至 PLC2 的 VB100 ～ VB107 和 PLC3 的 IB10 ～ IB17，而 PLC2 的 VB108 ～ VB115 和 PLC3 的 Q10 ～ Q17 分别发送到 PLC1 的 IB2 ～ IB9 和 IB20 ～ IB27，由于通信数据长度超过了 4 字节，所以在两台 S7－300 PLC 之间需发送数据端应调用 SFC15 将数据打包发送，而在接收端需调用 SFC14 将数据解包；若既需发送，又需接收数据，则应同时调用 SFC14 和 SFC15。

4）程序设计

（1）PLC1（2 号主站）程序设计。

① 打开 PLC1→块，按前面介绍的方法插入并定义 DB1 如图 4-95 所示，用于接收数据，在此采用了数组类型，共 8 字节。"类型"可以在"STRUCT"下方单击右键后选择。

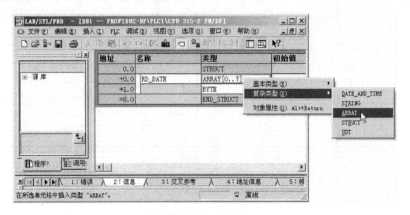

图 4-95　定义 DB1

② 按同样的方法定义 DB2 如图 4−96 所示，用于发送数据。

图 4−96　定义 DB2

③ PLC1 控制程序。

在本任务中 PLC1 设置为 PROFIBUS – DP 网络的主站，负责控制 M2 和 M3 的启动和停止，为将控制信号传递至 PLC2 和 PLC3，必须与两者建立数据通信通道。PLC1 和 PLC2 之间的通信通道可直接按前面所述方法进行定义，而与 PLC3 的通信通道由于定义为 8 字节，所以必须调用 SFC14 和 SFC15 进行数据打包通信，以保证通信数据的连续性。

在 PLC1 的块中定义了两个数据块 DB1 和 DB2，分别作为数据发送和接收区域，发送和接收的数据与对方数据块的字节号一一对应，以保证进行数据通信时双方数据块对应字节数据的一致性。在编程时应注意 DB 数据块是可以位寻址的，如 DB1.DBX0.0 为数据块 DB1 中第 0 号字节的 0 号位，可以在程序中使用其触点和线圈，当该位为 1 时，其线圈得电，触点动作，应用十分方便。

PLC1 的控制程序如图 4−97 所示，首先调用 SFC14 和 SFC15 将 DB1 中的数据发送到 PLC3，同时将 PLC3 的数据接收至 DB2，LADDR 的参数应和前面定义的数据映射区首地址相同，在此由于主站定义为 I20 和 O20，所以设定为十六进制的"14"，即十进制的"20"。数据发送 I 和接收 O 的地址也可以不相同，但此时应注意 SFC14 和 SFC15 的 LADDR 参数要分别与之相对应。

图 4−97 中网络 3 实现电动机 M1 的启动和停止，同时将 Q0.0 的状态分别通过 Q2.1 和数据块 DB2 的位 DB2.DBX0.1 发送到 PLC2 和 PLC3，并通过 M0.0 启动定时器 T0 和 T1；T0 和 T1 的启动信号则通过网路 5 和网络 6 中的 Q2.0 和 DB2.DBX0.0 发送给 PLC2 和 PLC3 用于启动 M2 和 M3；网路 7 通过 Q0.2 显示 DB1.DBX0.0 中来自 PLC3 的 M3 状态信息，并通过 Q2.2 发送给 PLC2；同样 I2.0 则将 PLC2 的 M2 的状态信息通过 Q0.1 显示出来，并通过 DB2.DBX0.2 发送给 PLC3；停止信号 I0.1 通过 Q2.3 和 DB2.DBX0.3 发送给 PLC2 和 PLC3，并复位 M0.0，停止 M1。

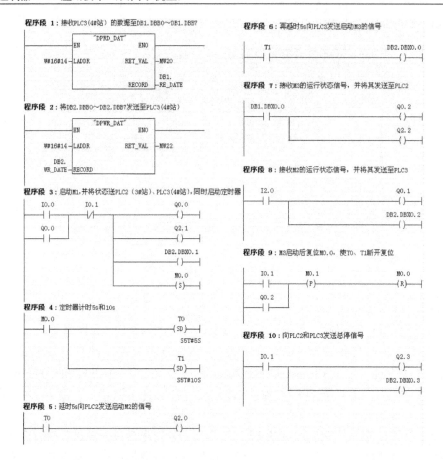

图 4-97　PLC1 控制程序

（2）PLC2（3 号从站）程序设计。

PLC2 为一 S7 - 200 PLC，其控制程序较为简单，通过 V100.0 接收 PLC1 发出的启动信息，启动电动机 M2，并将 M2 的运行信息通过 V108.0 发送给 PLC1 主站，以使 PLC1 能显示 M2 的运行状态；同时，通过 V100.1 和 V100.2 接收 M1 和 M2 的运行状态信息，并在 Q0.1 和 Q0.2 上显示出来。其控制程序如图 4-98 所示。

（3）PLC3（4 号从站）程序设计。

① 按前面所述方法在 PLC3 的块中定义 DB1（接收区）和 DB2（发送区），如图 4-99 所示。

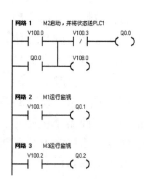

图 4-98　PLC2 控制程序

② PLC3 控制程序。

PLC3 的数据映射区首地址前面已定义为 I10 和 O10，所以在调用 SFC14 和 SFC15 时，其 LADDR 参数均为十六进制 A，其余部分和 PLC1 程序类似。DB1.DBX0.0 接收来自 PLC1 的启动信号，启动 M3，DB1.DBX0.1、DB1.DBX0.2 接收来自 PLC1 的 M1 和 M2 的运行状态信息，并通过本机的 Q0.1 和 Q0.2 显示，而 M3 的运行状态信息则通过 DB2.DBX0.0 发送至 PLC1，以供其他两台 PLC 采集显示。其控制程序如图 4-100 所示。

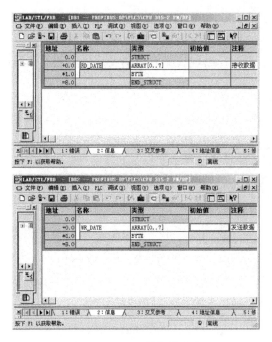

图 4-99　PLC3 数据块定义

图 4-100　PLC3 控制程序

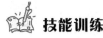 **技能训练**

1. 训练目标

（1）能够正确进行 S7-300 和 EM277 及 S7-300 之间的 PROFIBUS-DP 网络组态，并独立设定通信数据缓冲区。

（2）能够正确定义数据块 DB，调用 SFC14 和 SFC15 通过数据块建立 S7-300 之间的数据通道，实现两者之间 PROFIBUS-DP 打包通信，并独立编程实现相互控制。

（3）能够独立完成 S7 – 300 和 EM277 及 S7 – 300 之间的 PROFIBUS 通信连接，并独立进行 S7 – 300 和 S7 – 200 的外围 I/O 设备的安装接线。

（4）按规定进行通电调试，出现故障能根据设计要求独立检修，直至系统正常工作。

2. 训练内容

1）设定通信数据通道

（1）按前面介绍过的方法进行 PROFIBUS – DP 网络组态如图 4–101 所示。

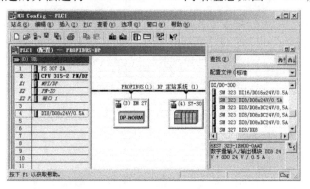

图 4–101　PROFIBUS – DP 网络组态

（2）按前面所述方法，将 PLC1 和 EM277 通信通道的地址设定为 IB 2 ～ IB9 和 QB2 ～ QB9，如图 4–102 所示。

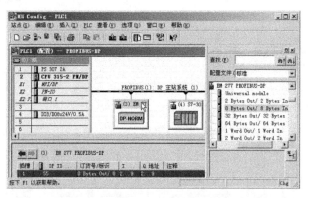

图 4–102　设定 PLC1 与 PLC2 间的通信通道

（3）双击 EM277 图标，修改 PLC2 通信通道的地址，如图 4–103 所示。

（4）按前面介绍的方法设定 PLC1 和 PLC3 间通信通道的地址，如图 4–104 所示。

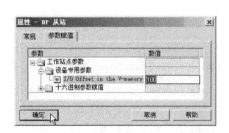

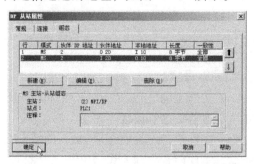

图4–103　修改 PLC2 与 PLC1 通信通道的地址　　图 4–104　设定 PLC1 与 PLC3 间的通信通道

2）程序的输入

（1）输入 PLC1 梯形图程序。

① 打开 PLC1 的 OB1 主程序，单击左侧"库"→"Standard Library"→"System Function Blocks"，找到 SFC14，将其拖入程序段，并输入如图 4-105 所示参数，其中"RECORD"参数采用指针格式，输入"P#DB2. DBX0. 0 BYTE 8"。

② 按同样的方法输入 SFC15，如图 4-106 所示。

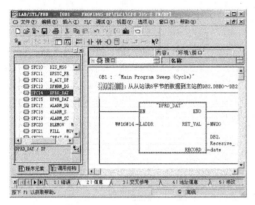 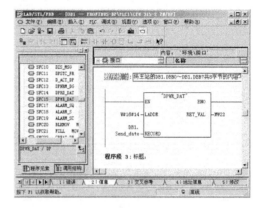

图 4-105　输入 SFC14　　　　　　　　　图 4-106　输入 SFC15

③ 按前面学过的方法完整输入图 4-89 所示 PLC1 控制程序，如图 4-107 所示。

（2）输入 PLC2 梯形图程序。

打开 STEP 7 Micro/Win V4.0 编程软件，输入如图 4-99 所示程序。

（3）输入 PLC3 梯形图程序。

完整输入如图 4-125 所示 PLC3 控制程序，如图 4-108 所示。

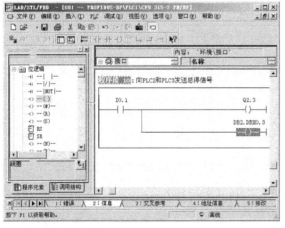

图 4-107　完整输入 PLC1 控制程序　　　　　图 4-108　完整输入 PLC3 控制程序

2）系统安装和调试

（1）准备工具和器材，如表 4-23 所示。

表 4-23　所需工具、器材清单

序　号	分　类	名　称	型号规格	数　量	单　位	备　注
1	工具	电工工具		1	套	
2		万用表	MF47 型	1	块	
3		可编程序控制器	S7－200 CPU 224XP	1	只	
			S7－300 CPU 315－2PN/DP	1×2	只	
4		计算机	装有 STEP7 V4.0、V5.4	1	台	
6		安装铁板	600×900mm	1×3	块	
7		导轨	C45	1	米	
8		空气断路器	Multi9 C65N D20	1×3	只	
9		熔断器	RT28－32	5×3	只	
10	器材	接触器	NC3－09/AC220	1×3	只	
11		继电器	HH54P/DC 24V	1×2	只	
12		热继电器	NR4—63（1－1.6A）	1×2	只	
13		直流开关电源	DC 24V、50W	1×2	只	
14		三相异步电动机	JW6324-380V 250W 0.85A	1×3	只	
15		控制变压器	JBK3－100　380/220	1×3	只	
16		按钮	LA4－3H	1×3	只	
17		端子	D－20	60	只	
18		网络电缆	带有两个总线适配器的 PROFIBUS 电缆（3 米左右）	2	根	
20		铜塑线	BV1/1.37mm²	30	米	主电路
21		软线	BVR7/0.75mm²	30	米	
22			M4×20 螺杆	若干	只	
23	消耗材料	紧固件	M4×12 螺杆	若干	只	
24			φ4 平垫圈	若干	只	
25			φ4 弹簧垫圈及 φ4 螺母	若干	只	
26		号码管		若干	米	
27		号码笔		1	支	

（2）系统安装。系统安装时三人一组，对三台 PLC 的接线进行分工，自行进行元件布置，各自独立完成一台 PLC 的接线。

（3）程序下载。将程序分别下载到相应的 PLC 中。

（4）系统调试。

① 在教师现场监护下进行通电调试，验证系统功能是否符合控制要求。

② 如果出现故障，学生应独立检修。线路检修完毕和程序修改完毕应重新调试，直至系统正常工作。

3. 考核评分

考核时同样采用三人一组共同协作完成的方式，按表 4-24 所示的评分标准作为成绩的 60%，并分别对三位学生进行提问作为成绩的 40%。

表4-24　评分标准

内　容	考核要求	配　分	评分标准	扣分	得分	备注
I/O分配表设计	1. 根据设计功能要求，正确的分配输入和输出点。 2. 能根据课题功能要求，正确分配各种I/O量。	10	1. 设计的点数与系统要求功能不符合每处扣2分。 2. 功能标注不清楚每处扣2分。 3. 少、错、漏标每处扣2分。			
程序设计	1. PLC程序能正确实现系统控制功能。 2. 梯形图程序及程序清单正确完整。	40	1. 梯形图程序未实现某项功能，酌情扣除5～10分。 2. 梯形图画法不符合规定，程序清单有误，每处扣2分。 3. 梯形图指令运用不合理每处扣2分。			
程序输入	1. 指令输入熟练正确。 2. 程序编辑、传输方法正确。	20	1. 指令输入方法不正确，每提醒一次扣2分。 2. 程序编辑方法不正确，每提醒一次扣2分。 3. 传输方法不正确，每提醒一次扣2分。			
系统安装调试	1. PLC系统接线完整正确，有必要的保护。 2. PLC安装接线符合工艺要求。 3. 调试方法合理正确。	30	1. 错、漏线每处扣2分。 2. 缺少必要的保护环节每处扣2分。 3. 反圈、压皮、松动每处扣2分。 4. 错、漏编码每处扣1分。 5. 调试方法不正确，酌情扣2～5分。			
安全生产	按国家颁发的安全生产法规或企业自定的规定考核。		1. 每违反一项规定从总分中扣除2分（总扣分不超过10分）。 2. 发生重大事故取消考试资格。			
时间	不能超过120分钟		扣　分：每超2分钟倒扣总分1分			

 巩固提高

实现本任务时，若不通过定义DB数据块方式进行PROFIBUS-DP通信，应如何定义各站数据通道，并编写、调试各站控制程序。

附录 A　S7 - 200 指令表

布尔指令	LD　Bit	装载
	LDI　Bit	立即装载
	LDN　Bit	取反后装载
	LDNI　Bit	取反后立即装载
	A　Bit	与
	AI　Bit	立即与
	AN　Bit	取反后与
	ANI　Bit	取反后立即与
	O　Bit	或
	OI　Bit	立即或
	ON　Bit	取反后或
	ONI　Bit	取反后立即或
	LDBx　N1，N2	装载字节比较结果 N1 （x：<，<=，>=，>，<>=） N2
	AB x　N1，N2	与字节比较结果 N1 （x：<，<=，>=，>，<>=） N2
	OB x　N1，N2	或字节比较结果 N1 （x：<，<=，>=，>，<>=） N2
	LDW x　N1，N2	装载字比较结果 N1 （x：<，<=，>=，>，<>=） N2
	AW x　N1，N2	与字比较结果 N1 （x：<，<=，>=，>，<>=） N2
	OW x　N1，N2	与字比较结果 N1 （x：<，<=，>=，>，<>=） N2
	LDD x　N1，N2	装载双字比较结果 N1 （x：<，<=，>=，>，<>=） N2
	AD x　N1，N2	与双字比较结果 N1 （x：<，<=，>=，>，<>=） N2
	OD x　N1，N2	或双字比较结果 N1 （x：<，<=，>=，>，<>=） N2
	LDR x　N1，N2	装载实数比较结果 N1 （x：<，<=，>=，>，<>=） N2
	AR x　N1，N2	与实数比较结果 N1 （x：<，<=，>=，>，<>=） N2
	OR x　N1，N2	或实数比较结果 N1 （x：<，<=，>=，>，<>=） N2
	NOT	栈顶值取反
	EU	上升沿检测

布尔指令	ED	下降沿检测
	=　N	赋值（线圈）
	=I　N	立即赋值
	S　S_BIT，N	置位一个区域
	R　S_BIT，N	复位一个区域
	SI　S_BIT，N	立即置位一个区域
	RI　S_BIT，N	立即复位一个区域
传送、移位、循环和填充指令	MOVB　IN，OUT	字节传送
	MOVW　IN，OUT	字传送
	MOVD　IN，OUT	双字传送
	MOVR　IN，OUT	实数传送
	BIR　IN，OUT	立即读取物理输入字节
	BIW　IN，OUT	立即写物理输出字节
	BMB　IN，OUT，N	字节块传送
	BMW　IN，OUT，N	字块传送
	BMD　IN，OUT，N	双字块传送
	SWAP　IN	交换字节
	SRB　OUT，N	字节右移 N 位
	SRW　OUT，N	字右移 N 位
	SRD　OUT，N	双字右移 N 位
	SLB　OUT，N	字节左移 N 位
	SLW　OUT，N	字左移 N 位
	SLD　OUT，N	双字左移 N 位
	RRB　OUT，N	字节循环右移 N 位
	RRW　OUT，N	字循环右移 N 位
	RRD　OUT，N	双字循环右移 N 位
	RLB　OUT，N	字节循环左移 N 位
	RLW　OUT，N	字循环左移 N 位
	RLD　OUT，N	双字循环左移 N 位
	SHRB　DATA，S_BIT，N	移位寄存器
逻辑操作	ALD	电路块串联
	OLD	电路块并联
	LPS	入栈
	LRD	读栈
	LPP	出栈
	LDS	装载堆栈
	AENO	对 ENO 进行与操作
	ANDB　IN1，OUT	字节逻辑与
	ANDW　IN1，OUT	字逻辑与
	ANDD　IN1，OUT	双字逻辑与
	ORB　IN1，OUT	字节逻辑或
	ORW　IN1，OUT	字逻辑或

逻辑操作	ORD IN1, OUT	双字逻辑或
	XORB IN1, OUT	字节逻辑异或
	XORW IN1, OUT	字逻辑异或
	XORD IN1, OUT	双字逻辑异或
	INVB OUT	字节取反（1 的补码）
	INVW OUT	字取反
	INVD OUT	双字取反
定时器	TON Txxx, PT	通电延时定时器
	TOF Txxx, PT	断电延时定时器
	TON RTxxx, PT	保持型通电延时定时器
计数器	CTU Txxx, PV	加计数器
	CTD Txxx, PV	减计数器
	CTUD Txxx, PV	加减计数器
整数计算指令	+I IN1, OUT	整数相加
	+D IN1, OUT	双整数相加
	+R IN1, OUT	实数相加
	－I IN1, OUT	整数相减
	－D IN1, OUT	双整数相减
	－R IN1, OUT	实数相减
	＊I IN1, OUT	两个 16 位整数相乘得 16 位整数
	MUL IN1, OUT	两个 16 位整数相乘得 32 位整数
	＊D IN1, OUT	两个 32 位的双整数相乘得 32 位双整数
	＊R IN1, OUT	两个 32 位实数相乘得 32 位实数
	／I IN1, OUT	两个 16 位整数相除得 16 位整数
	DIV IN1, OUT	两个 16 位整数相除得 32 位整数
	／D IN1, OUT	两个 32 位双整数相除得 32 位双整数
	／R IN1, OUT	两个 32 位实数相除得 32 位实数
	SQRT IN, OUT	平方根
	LN IN, OUT	自然对数
整数计算指令	EXP IN, OUT	自然指数
	SIN IN, OUT	正弦
	COS IN, OUT	余弦
	TAN IN, OUT	正切
	INCB OUT	字节加 1
	INCW OUT	字加 1
	INCD OUT	双字加 1
	DECB OUT	字节减 1
	DECW OUT	字减 1
	DECD OUT	双字减 1

	ATT　TABLE, DATA	把数据加到表中
	LIFO　TABLE, DATA	从表中取数据，后入先出
	FIFO　TABLE, DATA	从表中取数据，先入后出
	FND =　TBL, PATRN, INDX FND < >　TBL, PATRN, INDX FND <　TBL, PATRN, INDX FND >　TBL, PATRN, INDX	在表中查找符合比较条件的数据
	BCDI　OUT	BCD 码转换成整数
	IBCD　OUT	整数转换成 BCD 码
	BTI　IN, OUT	字节转换成整数
	IBT　IN, OUT	整数转换成字节
表查找和转换指令	ITD　IN, OUT	整数转换成双整数
	TDI　IN, OUT	双整数转换成整数
	DTR　IN, OUT	双整数转换成实数
	TRUNC　IN, OUT	实数四舍五入为双整数
	ROUND　IN, OUT	实数截位取整位双整数
	ATH　IN, OUT, LEN	ASCII 码转换成十六进制数
	HTA　IN, OUT, LEN	十六进制数转换成 ASCII 码
	ITA　IN, OUT, FMT	整数转换成 ASCII 码
	DTA　IN, OUT, FMT	双整数转换成 ASCII 码
	RTA　IN, OUT, FMT	实数转换成 ASCII 码
	DECO　IN, OUT	译码
	ENCO　IN, OUT	编码
	SEG　IN, OUT	7 段译码
程序控制指令	END	程序的条件结束
	STOP	切换到 STOP 模式
	WDR	看门狗复位
	JMP　N	跳到指定的标号
	LBL　N	定义一个跳转的标号
	CALL　N（N1…）	调用子程序，有 16 个可选参数
	CRET	从子程序条件返回
程序控制指令	FOR　INDX, INIT, FINAL NEXT	For/Next 循环
	LSCR　N	顺序控制段的开始
	SCRT　N	顺序控制段的转移
	SCRE　N	顺序控制段的结束
	XMT　TABLE, PORT	自由端口发送
	RCV　TABLE, PORT	自由端口接受
通信指令	NETR　TABLE, PORT	网络读
	NETW　TABLE, PORT	网络写
	GPA　ADDR, PORT	获取端口地址
	SPA　ADDR, PORT	设置端口地址

续表

高速计数器指令	HDEF HSC, MODE	定义高速计数器模式
	HSC N	激活高速计数器
	PLS X	脉冲输出

附录 B S7 - 200 特殊功能存储器 （SM）

SM0.0	PLC 运行时始终为 1
SM0.1	PLC 首次扫描时为 1，保持一个扫描周期
SM0.2	若保持数据丢失，该位为 1，保持一个扫描周期
SM0.3	开机进入 RUN 模式，将 ON 一个扫描周期
SM0.4	提供一个周期为 1 分钟、占空比为 0.5 的时钟脉冲
SM0.5	提供一个周期为 1 秒钟、占空比为 0.5 的时钟脉冲
SM0.6	该位是扫描周期时钟，为一次扫描打开，然后为下一次扫描关闭
SM0.7	该位表示"模式"开关的当前位置（0 为 TERM 位置，1 为 RUN 位置）
SM1.0	当操作结果为零时，某些指令的执行使该位置 1
SM1.1	当溢出结果或检测到非法数字数值时，某些指令的执行使该位置 1
SM1.2	数学操作产生负结果时，该位置 1
SM1.3	尝试除以零时，该位置 1
SM1.4	"增加至表格"指令尝试过度填充表格时，该位置 1
SM1.5	LIFO 或 FIFO 指令尝试从空表读取时，该位置 1
SM1.6	将非 BCD 数值转换为二进制数值时，该位置 1
SM1.7	当 ASCII 数值无法转换成有效的十六进制数值时，该位置 1
SMB2	自由口通信过程中从 PLC 端口 0 或端口 1 接收的每个字符
SM3.0	该位表示在端口 0 和端口 1 中出现校验错误（0 = 无错；1 = 错误）
SM4.0	通信中断队列溢出时，该位置 1
SM4.1	输入中断队列溢出时，该位置 1
SM4.2	定时中断队列溢出时，该位置 1
SM4.3	在运行时，发现编程有错误，该位置 1
SM4.4	启用全局中断时，该位置 1
SM4.5	变送器闲置（端口 0）时，该位置 1
SM4.6	变送器闲置（端口 1）时，该位置 1
SM4.7	当任何内存位置被强制时该位置 1
SM5.0	有 I/O 错误时，该位置 1
SM5.1	过多数字 I/O 点与 I/O 总线连接时，该位置 1
SM5.2	过多模拟 I/O 点与 I/O 总线连接时，该位置 1
SM5.7	如果存在 DP 标准总线故障，该位置 1

附录 C　S7 – 300 指令表

+	累加器 1 的内容与 16 位或者 32 位整数常数相加，运算结果存储在累加器 1 中
=	赋值
)	嵌套结束
+ AR1	将累加器 1 中指定的偏移量加到 AR1 的内容上，结果存储在 AR1 中
+ AR2	将累加器 1 中指定的偏移量加到 AR2 的内容上，结果存储在 AR2 中
+ D	将累加器 1、2 中双整数相加，将结果存储在累加器 1 中
– D	将累加器 2 中的双整数减去累加器 1 中的双整数，将结果存储在累加器 1 中
* D	将累加器 1、2 中双整数相乘，将 32 位双整数的结果存储在累加器 1 中
/D	将累加器 2 中的双整数除以累加器 1 中的双整数，32 位商存储在累加器 1 中，不保留余数
? D	比较累加器 2 和累加器 1 中的双整数是否 ==、< >、>、<、>=、<=，如果条件满足，RLO = 1
+ I	将累加器 1、2 低字中的整数相加，运算结果存储在累加器 1 的低字中
– I	累加器 2 低字中的整数减去累加器 1 低字中的整数，运算结果存储在累加器 1 低字中
* I	将累加器 1、2 低字中的整数相乘，32 位双整数运算结果存储在累加器 1 中
/I	累加器 2 低字中的整数除以累加器 1 低字中的整数，商存储在累加器 1 的低字中，余数存储在累加器 1 的高字中
? I	比较累加器 2 和累加器 1 低字中的整数是否 ==、< >、>、<、>=、<=，如果条件满足，RLO = 1
+ R	将累加器 1、2 中的浮点数相加，并将结果存储到累加器 1 中
– R	累加器 2 中的浮点数减去累加器 1 的浮点数，并将结果存储到累加器 1 中
* R	将累加器 1、2 中的浮点数相乘，并将结果存储到累加器 1 中
/R	将累加器 2 中的浮点数除以累加器 1 的浮点数，商存储在累加器 1 中，不保留余数
? R	比较累加器 2 和累加器 1 中的浮点数是否 ==、< >、>、<、>=、<=，如果条件满足，RLO = 1
A	与运算
A (	与运算嵌套开始
ABS	在累加器 1 中计算浮点数的绝对值
ACOS	在累加器 1 中计算浮点数的反余弦值
AD	双字与运算
AN	与非运算
AN (	将 RLO 和 OR 位及一个函数代码保存到嵌套的堆栈中
ASIN	在累加器 1 中计算浮点数的反正弦值
ATAN	在累加器 1 中计算浮点数的反正切值
AW	将累加器 1 和累加器 2 中低字的对应位相与，结果存放在累加器 1 的低字中
BE	块结束
BEC	块条件结束
BLD	程序显示指令，不执行任何功能，用于编程设备（PG）的图形显示
BTD	将累加器 1 中的 7 位 BCD 码转换成双整数
BTI	将累加器 1 中的 3 位 BCD 码转换成整数

CAD	改变累加器 1 中的字节顺序
CALL	块调用
CAR	交换地址寄存器 AR1 和 AR2 的内容
CAW	改变累加器 1 低字中两个字节的位置
CC	在 RLO = 1 时调用一个逻辑块
CD	减计数器
CDB	交换共享数据块与背景数据块
CLR	清除 RLO（逻辑运算结束）
COS	求累加器 1 中的浮点数的余弦函数
CU	加计数器
DEC	累加器 1 的最低字节减 8 位常数
DTB	将累加器中的双整数转换为 7 位 BCD 码
DTR	将累加器 1 中的双整数转换成浮点数
EXP	求累加器 1 中的浮点数的自然指数
FN	下降沿检测
FP	上升沿检测
FR	使能计数器或使能定时器，允许定时器再启动
INC	累加器 1 的最低字节加 8 位常数
INVD	求累加器 1 中双整数反码
INVI	求累加器 1 低字节中的 16 位整数反码
ITB	将累加器 1 中整数转换成 3 位 BCD 码
ITD	将累加器 1 中的整数转换成双整数
JBI	BR = 1 时跳转
JC	RLO = 1 时跳转
JCB	RLO = 1 且 BR = 1 时跳转
JCN	RLO = 0 时跳转
JL	多分支跳转，跳步模板号在累加器 1 最低字节中
JM	运算结果为负时跳转
JMZ	运算结果小于等于 0 时跳转
JN	运算结果非 0 时跳转
JNB	RLO = 0 且 BR = 1 时跳转
JNBI	BR = 0 时跳转
JO	OV = 1 时跳转
JOS	OS = 1 时跳转
JP	运算结果为正时跳转
JPZ	运算结果大于等于 0 时跳转
JU	无条件跳转
JUO	指令出错时跳转
JZ	运算结果为 0 时跳转
L < 地址 >	装入指令，将数据装入累加器 1，累加器 1 原有的数据装入累加器 2
L　DBLG	将共享数据块的长度装入累加器 1
L　DBND	将共享数据块的编号装入累加器 1

L　DILG	将背景数据块的长度装入累加器 1
L　DINO	将背景数据块的编号装入累加器 1
L　STW	将状态字装入累加器 1
LAR1	将累加器 1 的内容装入地址寄存器 1
LAR1 < D >	将 32 位双字指针 < D > 装入地址寄存器 1
LAR1 AR2	将地址寄存器 2 的内容装入地址寄存器 1
LAR2	将累加器 1 的内容装入地址寄存器 2
LAR2 < D >	将 32 位双字指针 < D > 装入地址寄存器 2
LC	定时器或计数器的当前值以 BCD 码的格式装入累加器 1
LN	求累加器 1 中的浮点数的自然对数
LOOP	循环跳转
MCR（	打开主控继电器区
）MCR	关闭主控继电器区
MCRA	启动主控继电器区
MCRD	取消主控继电器功能
MOD	累加器 2 中的双整数除以累加器 1 中的双整数，32 位余数在累加器 1 中
NEGD	求累加器 1 中双整数的补码
NEG1	求累加器 1 低字中的 16 位整数的补码
NEGR	求累加器 1 中浮点数的符号位相反
NOP0	空操作指令，指令各位全为 "0"
NOT	将 RLO 取反
O	或运算
O（	或运算嵌套开始，将 RLO 和 OR 位及一个函数代码保存到嵌套的堆栈中
ON	或非运算
ON（	或非运算嵌套开始，将 RLO 和 OR 位及一个函数代码保存到嵌套的堆栈中
OW	将累加器 1 和累加器 2 中的低字的对应位相或，结果存储在累加器 1 的低字中
POP	出栈
PUSH	入栈
R	复位指定的位或定时器、计数器
RLD	累加器 1 中的双字循环左移
RLDA	通过 CC 1 将累加器 1 的整个内容循环左移 1 位
RND	将浮点数转换为四舍五入的双整数
RND －	将浮点数转换为小于等于它的最大双整数
RND +	将浮点数转换为大于等于它的最大双整数
S	将指定的位置位，或设置计数器的预设值
SAVE	将状态字中的 RLO 保存到 BR 寄存器
SD	接通延时定时器
SE	扩展脉冲定时器
SET	将位进行置位
SF	断开延时定时器
SIN	计算累加器 1 中浮点数的正弦值
SLD	将累加器 1 中的双字左移

SLW	将累加器 1 中的字左移
SP	脉冲定时器
SQR	计算累加器 1 中浮点数的平方
SQRT	计算浮点数（32 位）的平方根
SRD	将累加器 1 中的双字右移
SRW	将累加器 1 中的字右移
SS	带保持的接通延时定时器
SSD	将累加器 1 中有符号的双整数右移
SSI	将累加器 1 低字中有符号整数右移
T	传送指令
T　STW	将累加器 1 中的 0 至 8 位传送给状态字
TAK	将累加器 1 与累加器 2 的内容互换
TAN	计算累加器 1 中浮点数的正切值
TAR1	将地址寄存器 1 中的数据传送至累加器 1，累加器 1 中的原有内容保存在累加器 2 中
TAR1 < D >	将地址寄存器 1 传送至目标地址
TAR1 AR2	将地址寄存器 1 传送至地址寄存器 2
TAR2	将地址寄存器 2 传送至累加器 1，累加器 1 的数据保存到累加器 2 中
TAR2 < D >	将地址寄存器 2 传送至目标地址
TRUNC	将浮点数转换为截位取整的双整数
UC	无条件调用
X	异或运算
X（	异或运算嵌套开始，将 RLO 和 OR 位及一个函数代码保存到嵌套堆栈中
XN	同或运算
XN（	同或运算嵌套开始，将 RLO 和 OR 位及一个函数代码保存到嵌套堆栈中
XOD	双字异或运算
XOW	单字异或运算

参 考 文 献

［1］向晓汉主编．西门子 PLC 高级应用实例精解［M］．北京：机械工业出版社，2010．

［2］吉顺平等编著．西门子 PLC 与工业网络技术．北京：机械工业出版社，2008．

［3］胡学林主编．可编程控制器教程（实训篇）．北京：电子工业出版社，2004．

［4］张运刚等编著．从入门到精通 – 西门子 S7 – 200 PLC 技术应用．北京：人民邮电出版社，2007．

［5］罗红福等编著．PROFIBUS – DP 现场总线工程应用实例．北京：中国电力出版社，2008．

［6］西门子公司．S7 – 200 可编程控制器系统手册．2004．

［7］西门子公司．SIMTIC 300 和 400 梯形逻辑（LAD）编程参考手册．2004．

反侵权盗版声明

电子工业出版社依法对本作品享有专有出版权。任何未经权利人书面许可，复制、销售或通过信息网络传播本作品的行为；歪曲、篡改、剽窃本作品的行为，均违反《中华人民共和国著作权法》，其行为人应承担相应的民事责任和行政责任，构成犯罪的，将被依法追究刑事责任。

为了维护市场秩序，保护权利人的合法权益，我社将依法查处和打击侵权盗版的单位和个人。欢迎社会各界人士积极举报侵权盗版行为，本社将奖励举报有功人员，并保证举报人的信息不被泄露。

举报电话：（010）88254396；（010）88258888

传　　真：（010）88254397

E－mail：dbqq@ phei. com. cn

通信地址：北京市海淀区万寿路 173 信箱

　　　　　电子工业出版社总编办公室

邮　　编：100036